"十五"国家科技攻关计划项目
《重大环境问题对策与关键支撑技术研究》系列丛书

中国环境政策改革与创新

王金南　夏　光　高敏雪　葛察忠
张惠远　李海生　宋国君　刘舒生　著

中国环境科学出版社·北京

图书在版编目（CIP）数据

中国环境政策改革与创新/王金南等著. —北京：中国环境科学出版社，2008.7

（“十五”国家科技攻关计划项目“重大环境问题对策与关键支撑技术研究”系列丛书）

ISBN 978-7-80209-489-5

Ⅰ. 环… Ⅱ. 王… Ⅲ. 环境政策—研究—中国 Ⅳ. X-012

中国版本图书馆 CIP 数据核字（2006）第 160436 号

策　　划　沈　建
责任编辑　陈金华
责任校对　刘凤霞
封面设计　龙文视觉

出版发行　中国环境科学出版社
（100062　北京崇文区广渠门内大街 16 号）
网　　址：http://www.cesp.cn
联系电话：010-67112765（总编室）
发行热线：010-67125803

印　　刷　北京中科印刷有限公司
经　　销　各地新华书店
版　　次　2008 年 7 月第 1 版
印　　次　2008 年 7 月第 1 次印刷
开　　本　787×1092　1/16
印　　张　17.5
字　　数　380 千字
定　　价　60.00 元

“十五”国家科技攻关计划项目
《重大环境问题对策与关键支撑技术研究》系列丛书

《若干重要环境政策与环境科技发展战略研究》

承担单位

国家环保总局环境规划院
中国环境科学研究院
国家环保总局环境与经济政策研究中心
中国人民大学
国家环保总局环境工程评估中心
财政部财政科学研究所
国家税务总局税收科学研究所

课题负责人

王金南　国家环保总局环境规划院，总工程师，研究员

主要研究人员

夏　光　国家环保总局环境与经济政策研究中心，主任，研究员
高敏雪　中国人民大学统计学院，教授
葛察忠　国家环保总局环境规划院，研究员
张惠远　国家环保总局环境规划院，研究员
李海生　国家环保总局环境评估中心，主任，研究员
宋国君　中国人民大学环境学院，教授
刘舒生　中国环境科学研究院，处长，研究员
曹　东　国家环保总局环境规划院，研究员
於　方　国家环保总局环境规划院，副教授
张　辉　国家环保总局环境评估中心，研究员
席北斗　中国环境科学研究院，副研究员
钟晓红　国家环保总局环境规划院，副研究员
高树婷　国家环保总局环境规划院，研究员
万　军　国家环保总局环境规划院，副研究员
严　刚　国家环保总局环境规划院，助理研究员
吴舜泽　国家环保总局环境规划院，研究员
周国梅　国家环保总局环境与经济政策研究中心，研究员
沈晓悦　国家环保总局环境与经济政策研究中心，副研究员
周景博　中国人民大学环境学院，副教授

序　言

国家“十五”科技攻关计划项目“重大环境问题对策与关键支撑技术研究”，是在我国环境总体形势依然十分严峻，生态系统和环境质量恶化、核和电磁辐射污染等重大环境问题日益凸显的社会大背景下设立的。2003 年，在原国家环保总局科技标准司的组织和领导下，中国环境科学研究院联合了 20 余家在环境领域具有较强影响的科研和教学单位，开始了“重大环境问题对策与关键支撑技术研究”项目研究。该项目设立了 15 个课题，着重研究我国环境领域急需的管理政策、管理手段和相关支撑技术。

通过近 3 年的研究，项目组完成了项目计划任务书设定的总体目标和任务，提出了一系列重大环境技术政策，为完善国家环境技术政策体系和环境管理决策提供了支持；建立了区域大气污染物、面向水生态安全的流域水污染物总量控制理论与技术方法体系，为我国实施污染物总量控制管理制度提供了科学依据和技术支持；构建了区域生态环境质量及生物多样性评估理论与方法体系，为我国生态保护管理提供了技术支撑；突破了一批重大环境监控技术，为我国环境污染控制和监督管理提供了可操作手段和工具。本项目建立了 18 项具有国际水平的重大环境技术（体系），取得了 20 项重大环境科技成果，形成了 8 项技术标准，52 项技术导则与规范，16 项技术指南，以及若干技术政策、战略研究专题报告，大大提升了我国环境管理的整体技术水平，为“十一五”期间环境管理提供了强有力的科学技术支撑。

本丛书全面总结、归纳了国家“十五”科技攻关计划项目“重大环境问题对策与关键支撑技术研究”在重要环境政策、污染防治管理支撑技术、生态保护管理支撑技术、环境监管技术等领域所取得的关键技术和重大成果，同时对成果转化和推广应用前景进行了详细的分析和评估，总结了项目组织管理过程中得到的宝贵经验，分析了项目研究中存在的问题，并对今后的研究提出了技术和组织管理方面的建议。

本丛书涉及内容大多是国家当前重要的环境保护技术政策和环境管理制度。在当前推进环境保护历史性转变、环保工作进入国家政治经济社会生活主干线、主战场和大舞台的重要历史时期，该书的出版将对我国制定新的环境技术政策、完善环境管理制度、理顺环境保护管理体制起到很好的推动作用，使环保科技在环保工作中真正发挥先导性、基础性、支撑性和保障性作用，同时对今后我国环保科学技术的进一步研究和创新提供了宝贵的经验。

路漫漫其修远兮，吾将上下而求索。环境问题的复杂性决定了环境科技的重要性和艰巨性。当前，尚有许多环境领域的问题需要环境科研工作者艰苦探索、不断攻克。在此，我祝愿我国环境保护科学事业不断取得新的进步，创造繁花似锦、硕果累累的未来。

中华人民共和国环境保护部副部长

吴晓青

2008 年 5 月 10 日

前　言

环境政策改革与创新是一个永恒的研究课题。为了适应社会主义市场经济与全面建设小康社会的需要，科技部与国家环保总局在“十五”期间，主持开展了科技攻关“重大环境问题对策与关键支撑技术研究”项目，并在该项目中设立了“若干重要环境政策与环境科技发展战略研究”课题。本书取名《中国环境政策改革与创新》，主要是在“若干重要环境政策与环境科技发展战略研究”课题成果基础上完成的。这是一项集体研究成果的智慧结晶。

《中国环境政策改革与创新》基于的课题主要由《环境保护法》修订研究、绿色国民经济核算体系框架研究、环境税收政策与实施框架研究、生态补偿机制和政策实施研究、规划环境影响评价技术方法研究、综合环境指标体系研究和国家环境科技发展战略研究 7 个专题组成。这 7 个专题都是当前和今后一段时期内环境政策改革和创新的研究重点。通过课题的研究，课题组提出了市场经济环境下《环境保护法》的修订框架、中国绿色国民经济核算体系框架、环境税收政策方案、生态补偿政策框架、规划环境影响评价方法体系、综合环境统计指标体系和国家环境科技发展战略规划，这些都将为全面落实科学发展观、实现人与自然和谐相处以及环境政策创新直接提供了科学依据。

在课题研究过程中，我们得到了科技部社会发展司孙洪副司长、田宝国处长，国家环保总局科技标准司赵英民司长、罗毅副司长、刘鸿志副司长、刘舒生处长、王泽林副处长，国家环保总局科学技术顾问委员会尹改秘书长等同志的指导和支持。中国环境规划院对本书的出版给予了财政上的支持。在此，我们表示诚挚的感谢。

作　者

2008.2

目 录

第 1 章

导 论

本书取名《中国环境政策改革与创新》，主要涉及当前我国环境战略和重要环境政策的改革和创新问题。本书是在“若干重要环境政策与环境科技发展战略研究”课题成果基础上完成的。“若干重要环境政策与环境科技发展战略研究”课题是国家“十五”科技攻关项目“重大环境问题对策与关键支撑技术研究”（项目编号：2003BA614A）课题之一。本课题由《环境保护法》修订研究、绿色国民经济核算体系框架研究、环境税收政策与实施框架研究、生态补偿机制和政策实施研究、规划环境影响评价技术方法研究、综合环境指标体系研究和国家环境科技发展战略研究 7 个专题组成。

1.1 环境政策改革的重要意义

环境政策、法律与管理手段是环境保护的基石。环境政策及其管理手段的有效性直接影响着环境保护的各个方面。针对我国市场经济体制的建立与完善、加入 WTO 以及全球性环境问题的压力，环境管理与政策的研究应该：围绕环境保护形势的发展和市场经济的需求，研究环境政策的结构性改革和制度创新；围绕社会、经济与环境的协调发展，制定和完善宏观和中观的环境政策（包括经济政策与技术政策）；围绕日趋脆弱的生态环境、环境影响评价中新出现的内容等，研究并提出国家生态环境补偿机制以及规划环境影响评价的技术方法。因此，环境管理与环境政策的研究是一项十分艰巨的任务。

1.1.1 修订《环境保护法》，建立环境保护新体系

党的十六大报告提出我国将全面建设小康社会，走新型工业化道路，未来 20 年我国经济将实现翻两番，这将使我国生态环境面临前所未有的压力和挑战，也为我国环境保护工作提出了更新、更高的目标。为了实现全面建设小康社会的可持续发展目标，必须坚持实施可持续发展战略，既要发展经济，又要保护生态环境，实现“生产发展、生活富裕、生态良好”三位一体的发展目标。高水平的小康社会必然是高水平的法治社会，全面建设小康社会并强调可持续发展，即意味着在发展目标政策中纳入对环境的特别关注与法制保障，构建一套以可持续发展为指导、以《环境保护基本法》为统领的环境法治体系将是法治国家建设的重要内容。而《环境保护法》应当承担起作为一部基本法来全面体现和宣示其以可持续发展为指导，为保护环境提供法律保障的作用。

现行《环境保护法》是 1989 年在原《环境保护法（试行)》的基础上修改制定的。面对新形势、新挑战，现行《环境保护法》越来越显现出与其地位和作用不相适应之处和明显的缺陷，不能承担起新时期，特别是党的十六大提出的全面建设小康社会目标和十六届五中全会提出的建设资源节约型和环境友好型社会下环境保护工作对环境法律的要求。归纳起来，现行《环境保护法》存在以下问题：①立法指导思想和原则与时代发展不相适应；②作为实现环境法治首要环节和前提的《环境保护法》，其基本法的地位和作用难以体现；③内容和结构上存在严重缺陷。

面对新的经济快速增长时期的到来，我国环境保护法律体系必须与时俱进、开拓创新，我国需要有一部高位阶的环境保护基本法来宣示环境保护的基本政策和基本法律原则，指导和统领单项环境与资源保护法律，为全面实现小康目标和可持续发展战略保驾护航。因此，必须对现行《环境保护法》从基本原理、指导思想、战略思路到功能、内容、实施机制、程序等要进行全面修改、全面创新，使其真正成为我国的环境保护基本法。

1.1.2 改革国民经济核算，建立绿色核算体系

环境与经济的结合是国际上加强以经济手段管理环境和促进企业污染控制的重要手段。目前，国内外环境经济和政策的研究和实际主要集中在两个大的方面，环境经济与政策的理论研究和不同的经济手段和政策的制定与运用。在环境经济与政策的理论研究

上，主要包括环境外部性理论、环境—经济优化、物质平衡与经济效率理论、环境资源价值理论和环境政策制定理论等方面的内容，同时包括了环境经济评价与环境经济计量模型、宏观资源核算模型和气候变化宏观经济模型等大规模模型的开发和运用。在这方面，目前国内的理论研究已经逐步接近国际的发展趋势和水平，但在理论运用和宏观模型的开发方面，国内尚有较大的差距。

所谓绿色国民经济核算，就是要在国民经济核算基础上，将环境因素纳入其间，进行环境经济综合核算，围绕环境经济核算的一套理论方法就是综合环境经济核算体系（以下简称 SEEA）。和国民经济核算体系（SNA）一样，SEEA 也是一套以一国为整体的宏观核算体系。从世界范围来看，绿色 GDP 核算制度这项研究还处于研究、探索阶段。目前，大多数环境资源评价的工作是在发达国家进行的。在绿色 GDP 账户的建立中，目前的研究方向主要致力于对 GDP 账户的修改，在 GDP 会计账户上引入环境因子，传统的计量方法由于没有考虑环境资产的损害，同时又计入环境恢复成本，造成国民收入的高估。目前，主要在这个领域进行的工作是在宏观经济政策的改革中加入环境的调整，而且一般采用的是一般均衡分析，也就是 CGE 宏观经济模型。在过去的 15 年内，该模型被广泛应用于发达国家的环境问题定量化研究中。同样也有许多研究进行了更为细致的部门水平上的环境调整，在这个层面上的环境调整主要是进行价格水平的调整乃至整个价格体系的改革。

绿色国民核算体系在反映、分析环境与经济关系上具有两方面重要作用：一方面，以全面的指标体系覆盖环境与经济各领域，提供详细的数据信息，为分析和决策提供依据；另一方面，提供综合、监测、评价的手段，以经过集成的综合指标表述环境经济状况，服务于环境经济管理，为政策实施提供技术支持。近年来，中国经济高速增长的过程中面临日益严峻的环境问题。为了实施可持续发展战略，迫切需要环境经济统计和国民经济核算改革的支持，由此特别需要绿色国民核算体系的研究与开发，在此意义上，绿色国民核算体系是可持续发展管理决策中的关键支撑技术。

我国在绿色 GDP 核算方面的研究还处于尝试阶段，要将发达国家的研究应用成果移植到中国的国情下使用还有许多评估技术和方法等待解决。据世界银行估计，1995 年我国环境污染造成的经济损失为 540 亿美元，占到当年 GDP 的 8%。这个估算虽然在评估技术方面还有许多不足之处，但也引起了我国政府和许多学者的高度关注。环境与发展的综合决策需要科学研究工作者对我国 GDP 的绿色化程度做出回答。

环境污染和生态破坏的经济损失计量是进行国民经济核算体系绿色化的重要前提和基础，因为只要量化的损失才能够纳入核算体系。国家综合决策部门，迫切需要环境污染、生态破坏经济损失以及环境保护投资效益这类宏观决策信息。尽管目前我国一些专家已经进行了这方面的研究，但尚未形成一套完整的和规范化的环境污染和生态破坏损失的计量方法，也没有得到一套令人信服的损失数据，研究的深度基本上处于一个文献综述的水平。因此，迫切需要加强这方面的研究。许多国家都进行过其自身的环境污染和生态破坏损失的计量工作，但目前国际上尚未形成统一的计量方法和规范。随着可持续发展指标体系的国际化，我国环境污染和生态损失的研究必须与国际接轨，保证损失计算的准确性和可比性。

1.1.3 建立环境税收制度，促进财税政策生态化

环境税是指对开发、保护和使用环境资源的单位和个人，按其对环境资源的开发利用、污染、破坏和保护程度进行征收或减免的一种税收。征收环境税的主要目的是通过对环境资源的定价，改变市场信号，降低生产和消费过程中的污染排放，同时鼓励有利于环境的生产和消费行为。因此，从理论上说，环境税的主要功能是刺激降低污染的行为，而不是创造税收收入。

我国目前已经基本建立起增长稳定的财政收入体系和灵活有效的财政宏观调控体系，正在构建管理规范的财政支出体系，而且环境保护正在成为公共财政支持的一个主要方面。按照社会主义市场经济体制的要求，遵循统一税法、公平税负、简化税制、合理分权，理顺分配关系、保证财政收入的指导思想，中国政府对财政税收制度进行了全方位的改革。在这些税种中，消费税、资源税、车船使用税、固定资产投资方向调节税和城市维护建设税等税种都与环境保护存在着直接或间接的联系。资源税最早于 1984 年设立，城市维护建设税和城镇土地使用税分别于 1985 年和 1988 年设立。但是，这些税种的设立一般很少直接出于保护环境的考虑。

建立环境税并将税收收入专项用于污染治理和环境保护是解决我国环保投资不足的一条途径。通过开征环境税，增加政府收入并专项用于环境保护，从而解决政府环保投入资金来源问题。另外，征收环境税可调节企业或个人的生产和消费行为，减少其对环境污染。我国工业每年仍排放大量的废气、废水和废渣，居民消费掉大量的一次性快餐盒、含磷洗涤剂等，这些都对环境产生严重危害。为了实现可持续发展和保护环境，必须对这些行为进行调控，征收环境税就是一种调控手段。

在这种形势下，引进环境税既能够增加我国公共财政收入，提高财政综合实力，而且通过专项使用，促进环境保护，又可以改变污染者的行为，减少污染排放，有效保护生态环境，建设环境友好型社会。因此，我国引进环境税具有重要意义。目前，应积极抓住第二轮财税改革时机，研究制定环境税收政策。

1.1.4 探索生态补偿机制，加快建设秀美山川

中国自然环境条件复杂多样，生物多样性和生态资源十分丰富，但很大一部分地区自然环境恶化，生态环境脆弱。加强我国生态系统的环境保护、恢复与建设，是功在当代、惠及子孙的伟大事业和宏伟工程。建设和保护中国的生态环境，不仅对中国的经济建设，特别是改善贫困地区人民的生产和生活条件，具有极其重要的战略意义，而且对于全球的生态安全与生物多样性保护，也具有十分深远的国际影响。为此，急需建立崭新的生态效益补偿制度，创造可持续的生态保护经济动力，在满足生态保护自身基本经济收益的过程中，实现环境、经济和社会的协调发展。

建立健全生态环境补偿机制是实施可持续发展战略的基本需求。我国人口众多，人均自然资源严重不足，加之长期掠夺式的过度开发，使资源的供需矛盾十分突出。全国生态环境状况面临严峻形势，生态环境破坏范围日益扩大，危害程度不断加剧。建立相应的生态环境保护政策与补偿机制，确保资源的开发利用建立在生态系统的自我恢复能力可承受范围之内，是国家实施可持续发展战略的基本需求。

建立生态环境补偿机制是国家生态环境保护与建设的核心环节。1998 年以来，国家明确了建设秀美山川、确保生态安全的总体目标，相继制定了全国生态环境建设规划和生态环境保护纲要，并逐步纳入国民经济和社会发展计划予以实施。建立完善的生态环境补偿机制，为生态保护和建设提供强有力的政策支持和稳定的资金渠道，是“在开发中保护，在保护中开发”思想得以长期、稳定实施的核心环节。

建立生态环境补偿机制是生态环境管理规范化、市场化的制度保障。目前，国家已经建立了一些初步的生态环境补偿资金和渠道，但由于机制不到位，补偿不能完全依理、依法进行，部门垄断导致补偿受益者与需要补偿者相脱节。国家需要建立完善、统一的生态环境补偿机制，确保在公平、合理、高效的原则下，实现生态环境保护与建设投入的制度化、规范化、市场化。

1.1.5 制订规划环评指南，切实推行规划环评制度

建设项目环境影响评价经过 20 多年的实践，在防治建设项目污染和推进产业的合理布局与优化选址、加快污染治理设施的建设、规范环境影响评价工作等方面都发挥了积极作用，同时也形成了较完整的建设项目环境影响评价技术支持体系。

我国于 2003 年 9 月 1 日实施的《环境影响评价法》，除进一步确立了环境影响评价的法律地位外，还将环境影响评价的范围从单个的建设项目层次，扩展到各级政府编制的规划层次上，明确要求：国务院有关部门、设区的市级以上地方人民政府及其有关部门，对其组织编制的土地利用的有关规划，区域、流域、海域的建设、开发利用规划，工业、农业、畜牧业、林业、能源、水利、交通、城市建设、旅游、自然资源开发的有关专项规划进行环境影响评价。

《环境影响评价法》的配套规章已经公布，但规划环境影响评价无论是在国际还是国内都属于较新的领域，虽然很多专家做过大量的研究工作，但大部分都停留在规划环评可行性及重要性的论证上，对方法学的研究虽有涉猎但不是很深入，缺乏对规划环境影响评价的实际操作具有指导意义的方法学研究。

对规划环境影响评价的方法进行深入系统的研究，是确保《环境影响评价法》顺利实施、推动规划环境影响评价顺利开展的必要和充分条件，没有科学合理的技术方法支持，规划环境影响评价将无从下手，规划不合理可能带来的环境影响不能有效地识别和避免，规划环境影响评价也就因此失去了其本身存在的意义，因此开展规划环境影响评价的技术方法研究是十分必要和重要的。

1.1.6 加强环境指标研究，促进环境指标的一体化

环境指标是环境管理和环境规划的基础，是制定和执行环境政策的重要指南。同时，环境指标统计也是一项耗时费力的基础工作。该工作的质量影响着整个环保系统的工作成效。随着社会经济的发展、环境科学和技术的进步，以及环境问题的变化，环境统计指标需要进行完善和改进，环境信息的管理体系也需要完善和创新，以适应环境管理的需要。

我国的环境统计已经具备了相当的基础，也基本形成体系。但是，环境问题也越来越复杂，同时，还要求环境政策和管理更加有效率，另外，随着可持续发展研究的进展，

环境统计也需要从指标体系的设计、环境信息的管理等方面进行改进。指标需要分类，技术需要更新，管理需要规范。环境统计和信息体系的管理是环境保护的基础工作，是提高管理效率的基础。

1.1.7 服务全面建设小康社会，制定国家环境科技战略

20 多年来，我国的环境保护科技工作取得了长足的进步。但是，总体上说，我国的环境保护工作明显滞后于社会经济发展，而环境科技也明显滞后于环境管理的需求。环境科技水平落后的局面已经严重影响到了环境保护工作和国家的可持续发展战略的实施。此外，无论从环境资源消耗还是从污染排放来看，我国都是世界公认的环境大国，但是在环境科技方面与发达国家比较却存在着巨大的差距。因此，国家环保总局建议，应通过国家环境保护科技中长期发展战略规划，全面提升环境科技对保障国家环境安全和实施可持续发展战略的支撑能力，通过近 20 年的努力，把我国的环境科学技术水平提高到一个与“环境大国”相适应的水平，力争到2020年成为环境科技大国。

党的十六大明确提出了 2020 年全面建设小康社会的宏伟目标。因此，未来 20 年的环境科技战略规划必须围绕着全面建设小康社会的国家战略目标，重点解决实现国民经济再翻两番的环境资源“瓶颈”问题，确保国家环境安全。根据这一定位，我们分析未来 20 年我国环境保护的科技需求主要体现在以下 6 个方面：①研究全面建设小康社会的环境资源保障“瓶颈”问题，为实现社会、经济、环境的可持续发展提供科技支撑；②研究城市化快速发展进程中面临的突出环境问题，为实现城市的可持续发展提供科技支撑；③研究快速工业化进程带来的重要环境污染问题，为走新型工业化和生态产业道路提供科技支撑；④研究农业现代化进程中的环境污染和生物污染以及农村环境问题，为建设生态农业体系和环境优美农村提供科技支撑；⑤研究开发生态环境监控技术和环保高新技术，为建立现代化环境管理和数字环保提供全面的科技支撑；⑥研究全球化的环境影响和国际环境问题，为国际环境履约提供充足的科技支撑。

1.2 研究现状和发展趋势评述

1.2.1 研究修订《环境保护法》的问题刚提上议事日程

自 20 世纪 90 年代中期以来，现行《环境保护法》存在的缺陷和问题以及改进一直是立法部门和学术界关注的焦点。国内一些学者针对《环境保护法》的问题和修改提出了一些有益的观点和建设性意见，对该法的修改提供了有效依据。国内学者最重要的一些研究成果和主要观点包括：

学者围绕《环境保护法》修改的法律效力和内容定位问题，对《环境保护法》的现状、问题及其在我国环境与资源保护法律体系中的地位和作用进行了研究，并论证了将《环境保护法》修改成为国家基本法的必要性和可行性，在此基础上提出了将《环境保护法》修改成为国家环境基本法的理想模式。学者指出，无论是从借鉴西方国家（地区）的环境立法实践出发，还是从环境与资源保护在社会、经济发展中的重要程度出发，我国都有必要制定一部高位阶的环境保护基本法来指导和统领单项环境与资源保护法律。

具体的做法就是应当呼吁由全国人大将《环境保护法》作为国家基本法予以修改制定，而不是一相情愿地凭空将《环境保护法》作为国家基本法来对待。

有学者还认为，由于《环境保护法》修改草案是授权国家环保总局负责起草、且在环境资源管理分工的实践上国家环保总局的主要职责是负责防治工业环境污染（名曰“实施统一的环境监督管理”）。因此，现行《环境保护法》作为环境资源保护基本法的意义还并不明显，相反却以污染防治法的立法模式为基础在环境污染防治管理规定上迈了一大步。这样，还造成了一种带有偏见的事实：《环境保护法》是环保局管理环境污染所依据的基本法，环境与自然资源法律体系的完善过程事实上就是环境污染防治立法不断完善和与自然资源法不断分离的过程。同时，环境法学研究也深受这种环境行政现实的影响。

从国内针对《环境保护法》修改的总体研究情况来看，目前国内相关的研究主要限于一些学者基于定性分析和判断，提出的一些探索性的观点和意见，缺乏系统性以及基础性调研和深入细致的分析评价，可供借鉴和参考的资料十分有限，这些意见和建议尚不足以对《环境保护法》的修改提供具有理论基础的、科学性的和实践意义的立法支持依据和实践方案。

从目前掌握的情况来看，国外对我国《环境保护法》的实施状况和修订关注极少，尚未发现在此方面的相关研究和成果。但从国外环境保护立法状况来看，世界许多国家和地区都非常重视制定一部环境保护基本法，如日本、美国以及我国台湾地区等都制定了环境保护基本法，这些国家和地区的立法经验非常值得我们学习和借鉴。

随着可持续发展理念的深入发展，各国环境保护制度不断创新，我国环境保护法的修订必须要与时俱进，与国际环境立法趋势相适应，这就是环境立法要不断体系化、综合化、法典化和趋同化。与之相适应，《环境保护法》的研究也必须前沿化、系统化和综合化。

1.2.2 绿色 GDP 核算体系研究还没有提出可操作的方案

由于环境经济关系恶化是世界各国共同面临的重大问题，可持续发展战略越来越为国际社会所重视，成为各国的发展战略目标。在此宏观背景之下，出于为实施可持续发展战略提供统计信息支持的目的，近 10 年来在国际上高度关注如何对现有国民经济核算体系这一国际上通用的经济核算体系进行修正，以形成新的经“绿化”的国民核算体系。该领域目前已经成为热点研究领域，参与研究者来自经济、生态、环境、社会、统计等不同方面，关注的层面、切入的角度也不尽相同，但研究思路基本相同：基于现有经济核算体系以及 GDP 的缺陷，将环境要素引入其中，对该体系以及其中的关键指标进行改造，构造新的体系和新的宏观总量指标。

国际组织一直致力于推动这方面的研究和实践。联合国、世界银行、经济合作与发展组织、欧盟等均以不同方式开展研究，其中最引人注目、影响广泛的就是在联合国等主持下所进行的关于环境经济核算体系的三次整合，通过这样的整合，为此后的研究提供了起点和指导：

联合国统计署第一次整合的成果形成了综合环境经济核算体系（System of Integrated Environmental and Economic Accounting，SEEA）1993 年版本。该版本作为国民经济核算体系（System of National Accounts，SNA）1993 年版本的卫星账户而提出，整合了到那时为止的研究成果，形成了环境经济核算的理论框架，体现了从基本概念扩展到经环境调整之国内产出（EDP）的完整思路，环境经济核算的不同组成部分也初具雏形。

联合国统计署第二次整合的成果形成了 SEEA2000 年操作手册（Operational Manual）。通过该手册，SEEA1993 年版本所提出的理论框架开始向具体实践推进。鉴于环境经济核算的复杂性和实践中所面临的巨大技术、数据困难，操作手册将 SEEA 作为一个可拆分的体系，按照资源与环境、存量与流量、实物量与价值量等，将 SEEA 的实施区分为十个步骤，并强调各国在具体应用中可以根据自身需求和数据基础，确定实施环境经济核算的具体方面。

联合国统计署第三次整合则形成了 SEEA2003 年版本。如果说 1993 年版本体现了 SEEA 应该是什么，那么，2003 年版本则是要全面说明到现在为止，各国实践中具体已经做了什么。其中对这些年的核算实践做了全面总结，包含来自世界各国的应用案例（这些案例涉及德国、芬兰、荷兰、挪威、瑞典、法国、美国、加拿大、墨西哥、澳大利亚、巴布亚新几内亚、泰国、菲律宾、日本、印度尼西亚、韩国等），并沿着 SEEA2000 操作手册的思路，将这些实际应用提升到 SEEA 具体方法的讨论，包括具体分类、概念的扩展范围、具体流程的来龙去脉、具体估价方法的应用前提，等等。这些讨论完全是在 SNA 基础上进行的，以此可为以后基于国民核算体系进行环境经济核算提供具体指导。

由这三次整合可以看出，环境经济核算国际研究在总体表现出了这样的发展方向：从理论研究到实际操作应用。

世界银行从 1997 年开始开展了真实储蓄率的核算研究工作。20 世纪 90 年代末，世界银行帮助国家环保总局在三明和烟台两个城市开展了真实储蓄率的试点工作，取得了一些经验。世界银行自 90 年代以来还开展了国家财富的评价，其中包括了自然资源财富、人力资源财富核算。世界银行在 2005 年 9 月 15 日召开的第 60 届联合国首脑峰会上，公布了一份长达 190 页的报告《国家财富在哪里》（以下称为《国家财富核算报告》）。在这份出版物中，世界银行发布了所谓的“千年资产评估”结果，即以货币化的形式对各国经济发展所依赖的各种资源进行了估算，包括生产力、生态系统和无形资本三类资源。这项在千年之交对 118 个国家所做的国民财富综合核算研究，旨在加深人们对国家发展能力与财富组成和财富水平之间联系的认识。

世界银行的这项研究对全世界 118 个国家的国民财富进行了核算，根据报告中公布的人均国家总财富，瑞士以 648 241 美元高居世界各国之首，排名前 10 位的其他 9 个国家依次为丹麦、瑞典、美国、德国、日本、奥地利、挪威、法国和卢森堡，除日本外都是欧美国家；排名列后 10 位的全部都是位于非洲撒哈拉沙漠的国家，其中，埃塞俄比亚的人均国民财富为 1 965 美元，位列榜尾；中国的人均国民财富为 9 387 美元，在 118 个国家中排名第 91 位，与排名第四和第六的美国和日本相比，人均国民财富不到这两个国家的 2%。

近年来，伴随对环境问题的日益关注和管理层面日益迫切的需求，绿色国民核算体系在中国也逐渐开始受到重视，围绕资源方面、环境保护方面的各专题出现了相当一批应用研究成果，比如森林资源核算、水资源核算、土地资源核算、环境污染及其损失的核算等，但整体来说，中国关于环境经济核算的研究和应用水平都还有待进一步提高。

从理论研究来看，中国对国际上已有研究的梳理和前沿研究的追踪相对较少，更缺乏全面的和系统性的研究，现有研究成果多半只是对绿色国民核算体系的初步理解；理论研究不足导致了实践指导的缺乏，尽管已有针对各专题的实际核算，但只限于特定的资源环境领域，缺乏按照环境经济核算原理的全面规划和设计，因此所得结果也缺乏一般意义。

从国际经验来看，绿色国民核算体系的研究与实践需要来自经济核算领域和来自资源环境方面的研究者以及相关部门的共同努力，而到目前为止，中国的实际情况却是这两方面尚没有很好地融合起来：资源环境方面的研究应用无法熟练地应用国民经济核算原理，经济核算方面的研究和应用则受制于资源环境的技术管理特性所带来的障碍。这些问题的纠正是切实推进中国绿色国民核算体系的研究与实践的关键。总体上说，我国目前还没有提出政府层面可以操作的绿色国民经济核算体系实施方案。

1.2.3 缺乏财税与环境综合考虑的环境税收政策方案研究

随着人民对环境问题和可持续发展认识的深入，利用市场经济手段来保护环境和实现可持续发展战略已经越来越受到重视。环境税是一种市场经济手段，已经在一些国家得到应用，而且取得积极效果。

从世界各国（尤其是发达国家）的发展情况来看，有利于环境的税收备受各国的重视，税收绿色化已成为一种发展趋势。尤其是从 20 世纪 80 年代末以来，环境税在经济合作与发展组织（OECD）成员国国家得到了迅猛的发展。可以说，发达国家普遍采用了环境税或排污收费的手段，一些北欧国家还相继引入了基于减缓 CO_2 排放的碳税。一些过渡经济国家和发展中国家也不同程度地引入了环境税和排污收费制度。从国际的角度来看，环境税已经从单纯的政策研究走向了政策的实践，尤其是 OECD 成员国在这方面的实践为我们设计环境税政策提供了有益的经验。国际上，OECD 及其成员国在环境税的发展方面处于领先地位。丹麦、瑞典等北欧国家纷纷对其税收体制进行绿色改革。因此下面主要就 OECD 及其成员国的环境税发展趋势做一些介绍。

环境税是 OECD 及其成员国最新的环境经济手段，也是一种把环境税与各国的财税改革联系起来的很好办法。环境税是一种既不需要对现行财税体制进行很大改变，又能实现社会经济和环境目标的经济手段。因此，它是一种“双赢”（win-win）政策，即通过对污染行为征收环境税，既能调节污染行为、减少污染，又能增加政府的财政收入。同时由于政府财政收入的增加，它能对好的经济行为少征税，这样就促进政府财政结构的改进，使整个税收体制朝着既有利环境保护方面发展，又鼓励环境良好的社会经济活动，从而有助于实现可持续发展战略。因此，在经合组织内部，环境税很受欢迎。无论是搞环境的，还是从事财税工作的都认为环境税是一种好的、可操作的经济手段。它们主要从税收绿色化、消除不利于环境的补贴和引进新的环境税 3 个方面开展工作，而且这 3 个方面也代表目前国际上环境税的发展方向。一些北欧国家已经做了一些绿色税制改革的尝试（EEA，1996）。

在中国，环境税依然是一个新的概念，但是市场经济手段在我国环境管理中的应用在逐渐加强。由于受传统计划经济和环境管理模式的影响，中国在利用税收政策保护环境方面极为薄弱。现有的有关环境方面的税收优惠政策规定极为笼统和原则化，透明度低和强制性规定少，对环境资源市场的调整范围和作用都十分狭窄。毫无疑问，如果不适时制定或补充相应的环境税收优惠政策，这将会严重影响资源综合利用和环保产业的发展。

尽管如此，目前也有一些研究探索中国引进环境税来控制污染和保护环境，而且政府一些相关部门也开始关注环境税。

1.2.4 中观和宏观层面的生态补偿政策实践与研究互相脱节

为实现环境与经济的可持续发展，1992 年联合国《里约环境与发展宣言》以及《21 世纪议程》要求，各国政府“在环境政策制定上，价格、市场和政府财政及经济政策发挥补充性作用，环境费用应该体现在生产者和消费者的决策上。价格应反映出资源的稀缺性和全部价值，并有助于防止环境恶化”。

自 20 世纪 60 年代以来，鉴于在资源开发利用中存在着大量的生态环境问题，许多国家和地区采用了各种不同的经济手段试图解决资源耗竭和生态破坏问题，其中包括征收消费税、支付信用基金、征收生态税（费）、征收意外收益税、征收收入税等。有些是单纯的生态税，有些是在其他税收中加入了生态税成分。在这些税（费）中，某种程度上体现了使用经济手段调整人们行为规范的税收刺激和谁破坏谁补偿的原则。法国 1960 年通过了一项法律，授权在自然区域和敏感区域征收一种部门费，收取的费用与公众的捐助一起作为土地管理方面的费用。1976 年法国的法律改革了城市规划的规则，将原来的征税改变为由开发者支付用地费用以增加这些地区居民生活舒适性的补偿。德国的一些州对恢复措施不当或不足的开发项目征收自然保护特别税，对砍伐树木的企业征收植树税。除了税收以外，德国法律也利用“费”等方式来解决环境与生态问题，例如在自然资源开发、水资源利用以及有毒废物的排放和焚烧等方面的收费。美国为解决露天采煤造成的植被、土壤破坏问题，征收煤炭开采税用于复垦；还对采矿业征收消费税，进入黑肺疾病信用基金，资助受害的煤炭工人。英国对石油和天然气的开采征收石油收益税；瑞典征收能源税，以及与之相关的 CO_2 税、SO_2 税等。

美国一些地区在制定有关政策法规时注意到，单独采用收费手段并不总是有效的，需要与其他手段结合起来使用。例如，某些破坏者可以将收费通过价格升高转嫁给其他部门或消费者，尤其是对于垄断部门，它们可并不采取措施防止对生态环境的破坏。另外，有些生态问题也不适于收费，而只能采取直接管理的办法。如濒危物种的保护。对此，通常采取多种措施综合解决。例如露天采煤可以造成植被破坏、土壤侵蚀、河流淤积等问题，通常采取如下综合措施：征收开采税（费），或对采出的煤炭征收级差开采税，征收的费用可用于复垦等；按法律规定由采矿者对遭受损失的邻近土地所有者赔偿损失；由政府制定规章制度，要求其执行；在开采前交纳保证金，复垦后发还；要求提交详细的工程和地质资料、开采计划、复垦计划以监督；充分听取公众的意见，在授予开采许可证之前举行公众听证会；由政府负担复垦工作，资金来源是保证金。

在中国，对生态效益进行补偿的政策理论研究始于 20 世纪 80 年代中后期，到 90 年代出现高峰，21 世纪初期仍然是人们研究的热点，研究的重点集中在生态服务和效益的计量评价和计量模型，生态效益的交互作用及叠加效应、补偿依据、补偿标准、补偿范围、补偿办法以及基金管理方法等方面。在政策探讨及实践方面，党中央和国务院非常重视生态效益补偿问题，先后在河北、辽宁、黑龙江、山东、浙江、安徽、江西、福建、湖南、广东、新疆 11 个省（区）的 685 个县（单位）和 24 个国家级自然保护区展开了探索性的尝试，在生态环境补偿费的理论与实践方面进行了许多前沿性的探索；建立了耕地占用补偿制度，对实现耕地占补平衡起到了积极有效的作用，从而对土地资源实行了有效的管理与保护；通过制定森林资源保护的法规和林业可持续发展行动计划，实施天然林资源保护、退耕还林、三北和长江流域防护林体系等 10 大林业的重点生态体系建设工程加强森林资源的生态补偿；通过制定《草原法》等法规，加强了对草原资源的生态补偿；通过湿地资源保护行动，使全国各类湿地保护区的生态补偿取得重要进展；通过自然保护区生态补偿的实施，使保护区建设规模与管理质量有了显著提高，大部分具有典型性的生态系统与珍稀濒危物种得到有效保护。这些理论研究和政策的实践探索对于中国全面实施生态补偿制度意义非常重大。但是，在生态环境补偿政策、法规方面，全国还没有形成统一、规范的管理体系，缺乏有效的监督，收费标准的制定也缺乏科学根据，难以发挥应有的效果。

区域性的生态环境建设是一项十分艰巨的宏伟任务，应遵循人地关系地域系统协调共生的思想与理论，跳出就生态环境建设论生态环境建设的怪圈，在按流域和地域系统空间布局的同时，关键是要将生态环境建设与当地的富民增收以及区域经济增长有机地结合起来。为实现这个结合，除了从调整当地的产业结构的角度来思考外，更需要从生态补偿的角度来思考，这是我国生态环境建设的现实需求。

从区域补偿、国家补偿和产业补偿等多层次、多角度探索生态补偿的机制、政策是建立多元化生态环境建设投资体系的必要保证，是区域可持续发展中的公平性原则的具体体现。如果没有这些补偿，特别是尚没有国家资本和民间资本的足额投入的情况下，则势必出现西部地区特别是生态环境建设的重点区域或因承担高额度的建设经费而无法发展当地的经济，或根本无力承担高额度的生态环境建设成本，其结果是最终丧失生态环境建设的积极性与能力，导致东、中、西地带之间的差距进一步增大。所以，生态环境建设的区域补偿、国家补偿和产业补偿是区域生态环境建设所需要经费的基本来源之一，也是确保生态环境建设区域或生态环境退化区域的人们享有基本的生存条件和发展条件的来源之一。

另外，区域生态环境建设所必需的各种补偿机制的建立和补偿行为的实现以及可以有序运作各种生态环境建设资本的生态环境建设产业的形成，在我国现有的区域政策框架下尚属难为之事，急需通过国家或地方立法等刚性约束来实现。

1.2.5 规划环境影响评价技术方法研究有待尽快深入细化

对政策及规划进行环境影响评价，在美国、加拿大、澳大利亚、英国和荷兰等国已经有了比较长的历史，积累了一定的以有关政策、规划为评价对象的“战略环境影响评价”的研究成果和经验。但目前国外战略环评尚处在发展之中，还没有形成统一、完善的理论体系。许多国家制定了一些部门战略环评程序，如英国交通政策框架内的方法学程序、瑞典土地利用规划中的程序等。目前在规划环评中多借用已有的项目环评方法，其有效性有待进一步提高。同时，针对规划环评的特有方法目前还不多，已有的多处在研究阶段，实践验证（尤其是在我国）还不充分。而且，大多数国家都是先进行战略环评实例研究，然后根据实例研究对决策制定所遵循的方法进行调整，再用于指导以后的战略环评实践，方法学和理论基础研究有待提高。

我国一些地区、行业借鉴国外的经验，在制定一些区域开发建设规划和产业规划时，进行了环境影响评价的试点工作，如承德市城市总体规划环境影响评价、海南洋浦经济技术开发区建设规划环境影响评价、“西电东送”南部通道火电规划环境影响评价等，但并未形成一套完整的、指导规划环境影响评价的技术支持体系。

目前，随着《环境影响评价法》颁布实施，虽然规划环境影响评价导则也已经颁布。但是，该导则非常简要，指导性和可操作性都不强。只有组织大规模、多学科、多部门共同合作的深入研究，才能解决规划环境影响评价中存在的技术方法问题，使规划环境影响评价纳入科学、规范的轨道，促进经济、社会和人口、资源、环境协调发展。目前，环境保护部门最大的需求是尽快研究提出更加详细的规划环境影响评价技术指南，为规划环评提供强有力的技术支持。

1.2.6 各种类型的环境指标体系的综合研究和试点有待加强

理想的环境经济统计指标体系应当是满足环境管理需求的有限的统计指标体系。发达国家环境统计指标非常详细和精确，表现在指标的界定清晰、统计范围明确、监测和统计方法科学和规范。并且，有法律规定需要定期审查和改进。中国的环境统计由于社会经济技术水平和研究监测水平的限制，环境经济统计指标跟发达国家相比，无疑具有差异。中国的环境经济统计指标体系需要借鉴发达国家的指标体系，但是，重点不是指标的数量，而是数据的质量和制定指标的方法和标准，目标是满足中国环境保护管理的需求。

我国目前环境指标体系相对比较混乱，各级政府为不同政策用途建立了不同的环境指标。这些环境指标体系广泛应用于环境保护规划、政府环境目标责任制考核、城市环境综合整治考核、全面小康社会、生态省、生态市、循环经济、环境管理、环境安全评估等领域。因此，如何实现不同用途的环境指标一体化的问题尤其需要研究。同时，还要解决环境指标的可读性。

美国环保局为有效和充分利用环境信息，建立了环境信息网络体系、数据标准（Data Standards）和信息标准的指定程序，例如，环境信息注册制度（Environmental Data Registry，EDR）。可见，为了更有效地利用信息资源，有必要进行中国的环境信息管理体系制度和规范，尤其是公众如何利用环境指标信息的问题需要加快研究。

1.2.7 国家环境科技发展战略研究缺乏系统性和前瞻性

美国、日本和欧盟成员国都已经制定了国家中长期框架发展战略规划。同时，这些国家也制定了环境科学研究中长期发展计划。例美国 EPA 制定 5 年度的环境科学研究规划，然后在此基础上再制定年度环境科学研究实施计划，规定国家环境科学研究的重点领域和方向。

我国的环境科学研究或者环境科技发展战略缺乏系统性和协调性。虽然国家也制定 5 年度的科技发展规划，而且实施了一系列的国家科技计划（如科技攻关计划、863 计划、973 计划以及重大科技专项等），但缺乏科技开发与应用部门之间的有效协调，环境科技的效果并不十分满意。因此，本课题专门设立一个专题，组成一个跨部门、跨学科的研究队伍，密切跟踪世界环境科技发展潮流，制定一个服务于全面建设小康社会的环境科技发展战略规划。

目前，国家正在制定中长期科技发展战略，而且环境保护作为中长期战略规划的一个重要领域。本研究将在该研究指导下，重点研究“十一五”期间环境保护的重大科技需求及其发展战略。

1.3 报告结构安排

报告结构安排如下：第 1 章概述，主要介绍研究背景；第 2～8 章分别介绍 7 个专题的主要研究成果；第 9 章对本课题的研究结论进行归纳，同时对后续研究提出建议。

第 2 章

《环境保护法》修订框架研究

1989 年颁布实行的《中华人民共和国环境保护法》(以下简称《环境保护法》) 至今已有 18 年。2004 年，科技部列项对修改《环境保护法》进行专题研究。为此，本课题设立《环境保护法》修改框架研究专题进行研究，主要对《环境保护法》修订必要性、实施状况总体评价、重要环境管理制度、环境基本法的国际经验进行了研究，提出了《环境保护法》修改框架建议。

2.1 《环境保护法》修改的必要性

1989 年颁布的《环境保护法》是我国环境保护法制化进展的一个重要标志，它在我国环境保护法律体系中具有基本法的作用。《环境保护法》与其他环境保护法律一起构成了一个独立的法律部门。现在，《环境保护法》颁行已有 18 年，而这 18 年正是我国社会发生重大变迁的历史时期。目前这部法律已经不能适应我国经济社会发展大形势和环境保护工作的实际需要，应该适时进行修改。本部分拟从国内政治经济社会变化、国际背景分析、《环境保护法》自身存在的问题 3 个方面，论证现行《环境保护法》进行修改的原因和理由。

2.1.1 国内政治经济社会形势变化

2.1.1.1 党和政府执政理念的转变

改革开放以来，为了与经济体制改革相适应，中国也持续进行了行政体制改革，在市场经济建立的前后，行政体制改革的主要内容是在政府与市场，政府与企业之间进行权力和资源的再分配。现在则进入一个新阶段，即在政府与社会、政府与公民之间进行权力和资源的再分配。国家与社会的关系面临重大调整，市民社会的作用进一步加强，社会制衡机制将逐步完善。这些改革直接影响到环境保护领域政府角色的转变、环境公共产品的提供、公民环境权的确定等内容。

社会主义和谐社会的建立和维持必须依赖可靠的法律制度保障才能实现。在这一意义上，在法治社会中，调节社会关系和各种社会矛盾的主要手段是法律机制。法律具有超越个人、团体和政党利益之上的公正性。法律调整机制成为各类调整机制中最重要的调整机制。为此，在和谐社会中必须树立法律的权威，逐步运用法律机制整合各种社会调节机制。但是法律的权威性是随着法治发展逐步建立的。公正的法律制度为依法执政提供重要的制度基础，而现行的《环境保护法》当中缺乏许多相关方面的制度安排，远远不能适应党和政府执政为民理念的要求。

2.1.1.2 《环境保护法》面临社会主义市场经济新形势

现行的《环境保护法》脱胎于 1979 年《环境保护法（试行)》，其他的环境法律、法规大多是在计划经济体制下产生的，主要强调命令加控制的手段来解决环境问题。尽管政府的行政控制手段在治理污染方面有其积极作用，但也存在诸多问题，如环境保护部门经费不足、人力资源缺乏、手段单一、程序不完备甚至“寻租”等。特别是 1992 年中国确立向市场经济体制转型以来，市场在资源配置中的基础作用日渐明显，通过市场可以使环境资源达到最优利用，而要建立有效率的市场机制关键在于建立明晰的产权制度。这里的产权不仅仅局限于传统的财产所有权，还包括各种涉及环境资源的具有财产性质的权利，如排污权及其市场。水权及水市场（水资源的用益权或准用益权及其转让)、生态效益补偿机制等。但是，1989 年的《环境保护法》缺乏对环境资源的市场机制建构。

2.1.1.3 环境监督管理体制亟待转变

环境污染防治的监督管理权相对集中于环境保护行政主管部门，自然资源持续利用和生态系统保存分属其他不同的相关政府部门。因此，对统管部门与分管部门的关系尚未理顺，职责权限划分也不够明确、具体，相互交叉过多，缺乏有效的协调机制，加上部门之间“本位主义”作祟，容易造成有的方面多个部门同时管，甚至出现越权抢权、互相扯皮、争论不休的现象；有的方面则无人负责、互相推诿，人为造成工作漏洞，这些问题严重干扰着正常的环保工作。为了实现国务院的各项环保工作目标及保障国务院环保监督管理体制改革的顺利进行，应及时修改《环境保护法》中监督管理体制的规定。

2.1.2 国际背景分析

2.1.2.1 全球经济一体化和中国加入 WTO

2001 年 12 月 11 日，中国正式成为 WTO 的成员。中国“入世”后，在经济上进一步融入国际主流社会，经济全球化的步伐加快。在政治上，政府管理进一步法制化、规范化、民主化、公开化。加入 WTO 给中国带来许多机遇，也带来许多挑战，其中，经济贸易自由化带来的污染转移问题和各国国内采取的环境措施形成的绿色贸易壁垒问题是中国在环境保护中必须应对的。

WTO 的宗旨是实现可持续发展。虽然 WTO 的各项协议及相关国际条约是规范成员间贸易行为与经济关系，属于“公法”类的国际条约，这类国际条约、协议对我国有约束力，但不能直接适用于我国司法体系，成为国内法的一部分，而只能通过国内立法机关的“转化”这一途径，才能在国内适用。因此也要求我国《环境保护法》作相应修改。

2.1.2.2 国际先进环保理念的影响

（1）可持续发展思想。传统的发展观认为环境与发展之间的冲突是无法调和的，两者存在着根本的对立，因此传统观念的认识或选择要么是强调发展，要么是限制增长；只着眼于当前和当代部分人类的利益，而忽视或者漠视未来和后代人类的利益。而可持续发展观强调生态伦理道德和生态价值观，将环境与发展、当前利益与长远利益统一起来，符合大多数国家发展的意愿，也符合全人类的根本利益——保护环境。联合国环境与发展大会在 1992 年《里约环境与发展宣言》中对可持续发展作了进一步的阐述：“人类应享有以与自然和谐的方式过健康而富有生产成果的生活的权利，并公平地满足今世后代在发展和环境方面的需要。”

立法的变革是实现可持续发展的基本要求。因此，实现可持续发展，首先必须在立法时把经济发展建立在生态平衡的基础上，必须放弃单纯靠增强投入、加大消耗来实现发展和牺牲环境来增加生产的传统发展方式，而应当运用使发展更少地依赖地球上有限的资源，更多地与环境承载能力达到有机的协调的方式来发展经济。

经过 30 年的环境立法实践，我国已经基本形成以《宪法》为依据、以《环境保护法》为基础的相对完整的环境保护法律体系，为我国的环境保护工作提供了可靠的法律保障，有力地促进了环境保护事业和国民经济的健康发展。但是，我国是一个发展中的国家，现在正面临着经济快速发展和环境保护的双重压力，资源环境状况与经济社会发展还很不协调。特别是加入世贸组织后，我国环境工作面临着新的形势和新的要求，最突出的特点是，不仅要把国内因素与国际因素结合起来考虑，而且要更多地考虑国际因素，这对我们提高经济和社会的可持续发展能力提出了新的挑战。为了实现我国经济和社会的持续发展，为了中华民族的子孙后代始终拥有生存和发展的良好条件，按照可持续发展的要求，逐步确立“生态利益优先”的环境立法原则。

环境法的目的是立法者制定该法律的意图或动机，即依靠制定环境法而欲实现的一种基本价值。“生态中心主义”是以倡导生态系统内各组成要素间的平等、共生以及协调，承认并尊重自然环境所固有的内在价值，追求人类利益与自然环境利益的共存、统一和可持续发展的新的环境伦理价值观。在这种观念指导下，发达国家的环境立法，正朝着以社会经济的可持续发展、人类代际利益的公平以及自然环境的权利及其利益保护为中心的方向发展。

我国的环境立法应当顺应发展潮流，以可持续发展原则为指导，重新制定《环境保护法》，推动环境基本法律制度的改革、创新和完善。

（2）世界各国环境立法的趋同化运动以及与国际环境法的协调。近年来各国国内环境立法的趋同化现象从国内环境立法的形式上看，当代环境法正在朝着目标趋同化的方向发展。它主要表现在如下几个方面：①环境立法在法的调整范围上趋于一致。这里主要指的是环境立法的保护要素（客体）和控制对象在各国基本相同并且还具有关联性。从水、大气、噪声、废弃物等的污染控制和管理，到对野生生物及其森林、栖息地或者其多样化的保护管理，可以说在各国环境立法体系的完善中，它们都是环境立法的重点对象。②环境立法的保护目标趋于一致。一般认为，一国的国家环境基本法在环境法律体系中具有“环境宪法”的地位。在尚未就环境立法作出法典化统筹安排的国家，它们在对环境立法体系的整理中，也强调了国家环境基本法在环境立法中的统帅地位，其立法目的的国际化也令人耳目一新，这在日本表现尤为突出。1993 年日本制定了《环境基本法》，以新的生态理念为目标统一了原《公害对策基本法》和《自然环境保全法》的基本理念。该法第 1 条规定：“本法的目的是在环境保全方面规定基本理念，并且明确国家、地方公共团体、企业者以及国民的责任，规定作为环境保全基本对策的事项，从而综合且有计划地推进环境保全对策，以有助于确保现在以及将来国民健康、文化的生活，为人类的福利作贡献。”而美国早在 1969 年制定的《国家环境政策法》中，就已将“协调人类与环境之间的生产及其享受的国家环境政策，防止和消除对环境以及生物圈损伤，增进人类的健康及其福利，使国民深切的理解重要的生态学体系和有关天然资源”写入法的目的。在其他一些国家，环境基本法的立法已在参照发达国家成功的环境基本法模式的基础上予以制定。③环境法典化运动。如果说发展中国家环境立法正朝向立法体系的健全和完善的方向发展的话，那么发达国家特别是欧洲国家的环境立法则是朝向法典化的方向运动。与大陆法系国家传统部门法法典化的表现所不同的是，当代世界各国环境立法的法典化运动的方向，一是朝向与国际环境法相协调的方向发展，更为强调环境保护领域的国际合作；二是国内环境立法体系的逐步完善和统一，使各国的环境立法形成“一体化”的局面。在英国，1974 年开始制定了整合性控制污染的法律《污染控制法》；在德国，1993 年起草了《环境法典》草案的总则部分，意图将分散的环境立法统一起来；在瑞典，1994 年开始进行《环境法典》的起草工作。在欧盟，1993 年制定了《欧洲环境法模式》，供各成员国在制定国内法时参考。以新的环境理念为目标的国际环境保护准则正在成为国内环境立法的指导原理。

2.1.3 1989 年《环境保护法》自身存在的问题分析

2.1.3.1 《环境保护法》自身法律效力层次不足

一部法律文件的地位是指该法在一国法律体系中所处的位置。具体而言，环境基本法的地位应包括两方面的内容：①该环境基本法在其国家立法体系中与其他法律文件相比较而言所处的位置；②环境基本法在某国环境法体系中所处的位置。而这两方面又是相互联系的。由于各国立法体制的不同，基本法与普通法的划分标准也不统一。在我国，基本法与普通法的划分标准是立法机关的立法权限，即全国人大制定的法律为基本法，全国人大常委会制定的法律为普通法。《环境保护法》被环境法学界公认为我国环境资源保护的基本法，但从立法学的角度进行实证分析，却名不副实。因为根据《立法法》的规定，全国人大制定的法律在效力上高于全国人大常委会制定的法律。《环境保护法》同众多单项环境资源法律一样都是由全国人大常委会审议通过的，这说明其与众多环境资源保护法律效力相等，并不是国家的基本法。据此，现行《环境保护法》的地位十分尴尬。从形式上看，《环境保护法》与《水法》《水污染防治法》等有关环境保护的单行法都是由全国人大常委会颁布的，它们应属于同一等级的法律，而与《刑法》《民法通则》《行政诉讼法》是普通法与基本法的关系，其地位不可同日而语；从内容上看，《环境保护法》与《水法》《水污染防治法》等单行法显然是一般与特殊的关系，它处于环境法体系的最高位置。所以为完善我国环境资源保护法律体系，需要将《环境保护法》修改成基本法。另外从立法上看，将《环境保护法》修改成基本法也完全符合全国人大制定的基本法的性质。因为全国人大的立法权所调整的对象是国家和公民生活中带有根本性、全局性的社会关系。而早在 1983 年，党中央、国务院就明确提出“环境保护是我国的一项基本国策”。基于以上两点考虑我们认为将环境保护这项基本国策以基本法的形式加以确定非常必要也理所当然。因此，必须提升《环境保护法》的法律地位，使其成为真正的“基本法”。

2.1.3.2 立法目的和指导思想亟待重新定位

《环境保护法》第 1 条将“促进社会主义现代化建设的发展”作为一项立法目的。现在我们稍加反思，就不难发现该立法目的的不合理之处。虽然联合国环境与发展委员会于 1987 年就发布了长篇报告《我们共同的未来》，并首次提出“可持续发展”的概念，但是由于立法之时所处的特殊历史背景，可持续发展根本未成为国人所普遍认同的一种理念。所以没有以可持续发展来指导的立法，出现立法目的上述缺失就不足为奇了。客观而言，当前的经济工作在总体上依旧没有摆脱传统发展模式，仍然以资源高消耗、环境高污染为代价来实现经济增长。环保工作也在很大程度上滞留在计划经济体制和粗放型增长方式的层面上，许多地区还在走着“先污染后治理”的老路，远未达到在市场经济体制和集约型增长方式的层面上实现经济、社会可持续发展的高度。在党中央、国务院已将“可持续发展”明确为基本战略的背景下，在当前“全国环境仍在继续恶化”的严峻形势下，对《环境保护法》的立法目的和指导思想重新定位已势在必行。

2.1.3.3 《环境保护法》的内容偏重于污染防治的现状亟待改变

《环境保护法》囿于当时的历史背景，从基本原则、制度到法律责任等，皆偏重于污染防治。关于自然资源的保护，该法在第三章“保护和改善环境”中仅作了八条原则性规定，缺乏具体的条款。首先，就基本原则而言，《环境保护法》缺乏自然资源保护方面的原则，就制度而言，《环境保护法》在自然资源保护方面缺乏有关制度的支撑，资源更新补偿机制尚处于空白状态。就法律责任而言，《环境保护法》缺乏对破坏自然资源的违法行为的规定。在实际立法中，我国自然资源单行法多采取部门立法的形式，在立法时往往陷入“重开发利用，轻资源保护；重经济效益、轻环境效益；重部门、局部利益，轻整体、全局利益”的误区，所立之法的法律责任部分打上上述误区的烙印在所难免。总之，作为环境保护基本法的《环境保护法》对自然资源保护的规定不够充分，加剧了资源的无偿占用、掠夺性开发和浪费严重的现象，致使我国环境形势严峻。因此，修改《环境保护法》，增加自然资源保护的内容，已刻不容缓。

2.1.3.4 《环境保护法》中的基本制度面临重大变革与创新

如前所述，《环境保护法》是计划经济体制的产物，在当前实施两个根本性转变和可持续发展战略的形势下，有些制度已经暴露出不能完全适应形势需要的严重缺陷。

由于中国现行的环境立法中有相当一部分是在计划经济时代制定的，特别是作为环境基本法的《环境保护法》，自 1989 年之后就没有再修改过，因此，在内容上多国家干预手段而少市场调节机制，更缺乏环境民主的原则和制度，显现出过分依赖行政监管的倾向。诚然，行政手段的运用在环境法领域十分重要，但是行政手段存在缺乏效率、成本太高等诸多缺陷。从发展趋势看，世界各国环境法都在扩大环境民主和公众参与的深度和广度，力图通过公众介入加速环境问题的解决。尽管中国目前的许多环境立法中都明确规定了公众参与原则，但是各种环保中介组织和民间团体在环境保护中的作用并没有得到环境立法的明确承认和肯定，现行的环境立法没有明确赋予它们任何法律地位和权利。

表现在制度创新方面，中国现行的大多数环境立法所确认的环境保护制度仍局限于“三同时”制度、环境影响评价制度、限期治理制度等；在发达国家证明行之有效的总量控制制度、排污权交易制度、生态税收制度、公众参与制度没有被普遍反映到中国的环境立法当中。反映到更为具体的环境法律规范的制定层面，中国的环境立法往往依据部门管理的需要、以环境管理体制为轴心，而不是基于对环境关系的科学调整。

2.2 《环境保护法》实施状况总体评价

2.2.1 《环境保护法》的历史功绩

现行《环境保护法》是我国环境法学领域的一项重要成果，它为环境法律关系的调整设定了一系列制度，也曾经解决了一定的环境法律问题。该法借鉴发达国家的经验，针对中国当时的环境状况，根据当时对环境问题的认识，确立了一系列法律原则和制度，在一定历史时期内，在保护环境、控制污染方面发挥了积极作用，具有不可磨灭的历史功绩。

2.2.1.1 《环境保护法》界定了“环境”的定义、范围，明确了环境法的调整对象

《环境保护法》首次界定了“环境”的定义，尽管有专家认为法律中所涉及的 14 类环境要素并未穷尽影响人类生存和发展的所有重要环境要素，但此定义仍确立了我国环

境保护观是“大环境”观的基本思想，明确了环境法调整的对象是人们在保护和改善生活环境和生态环境、合理利用自然资源、防治污染及其公害中产生的社会关系，而这种社会关系不同于以往任何法律所调整的任何一种社会关系。

2.2.1.2 《环境保护法》进一步明确了污染者的责任

1989 年以前我国环境立法规定污染者应承担的污染防治责任是实行“谁污染，谁治理”，即将污染者的责任限制在治理现有污染上，而且只明确了污染者的治理责任，没有包括污染者的损害赔偿责任。现行《环境保护法》取消了“谁污染，谁治理”的规定，将污染者的责任纳入了环境保护责任制度。污染者责任的进一步明确有利于促进合理利用环境和自然资源，减轻环境损害，公平负担。

2.2.1.3 《环境保护法》推动了环保单行法律法规的创建，为我国《环境保护法》法律体系的完善奠定了基础，标志着我国环境保护事业进入法律化阶段

1989 年《环境保护法》修订之时，环境问题日趋严重，并已从个别或局部问题发展成为整体性、全局性以至全球性问题。这时迫切需要一个能统揽全局，对整体环境及其组成部分和各项重大问题具有指导意义的综合性法规，《环境保护法》的应运而生正是要解决这些问题，它从环境保护的目标、基本原则、基本制度和违法责任等做出了原则性和指导性的规定，对后续各单行法的颁布实施和修改完善起到了指导作用。《环境保护法》中所规定的各项主要环境管理制度均在单项法中得到了进一步细化和完善，《环境保护法》中所确立的有关法律制度，为进一步立法提供了法律依据和支持。问卷调查显示：60%以上的被调查者认为《环境保护法》对单项立法具有较大的指导作用（图 2-1）。

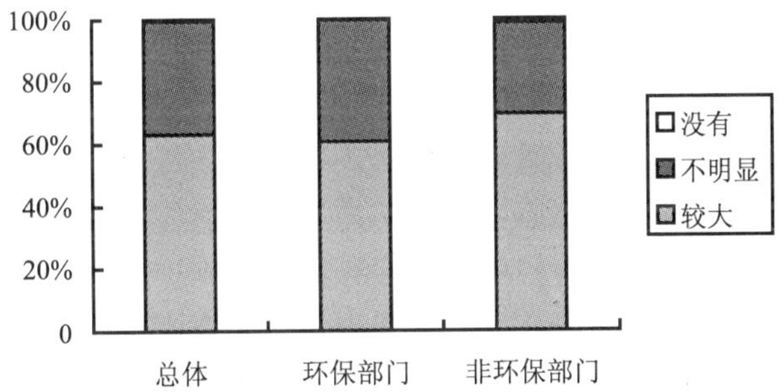

图 2-1 《环境保护法》对单项立法的指导作用

2.2.1.4 《环境保护法》确立了一系列行之有效环境管理制度的法律地位

《环境保护法》中确立了一系列环境管理制度，如环境保护目标责任制、环境影响评价制度、“三同时”制度、排污收费制度、限期治理制度等的法律地位，尽管这些制度在实践中还存在不少问题，但这些制度在我国环境污染防治中发挥了重要作用，并成为我国环境管理最重要和最有效的手段。

从总体情况看，《环境保护法》作为我国第一部环境保护基本法，在环境保护和污染防治方面发挥了积极作用，其历史功绩不可磨灭。本项目进行的调研和问卷调查结果也证实了这一基本判断。通过对从黑龙江、天津、河南、浙江、广东、广西、贵州、四川 8 省市收回的来自环保部门和非环保部门的 1 553 份调查问卷的统计分析，我们可以

看出，总体上讲，《环境保护法》在环境保护和生态防治中起了较为显著的作用（图 2-2），其中，认为起到很大作用的占 33.2%，认为起到较大作用的占 50%，两者合计为 83.2%。

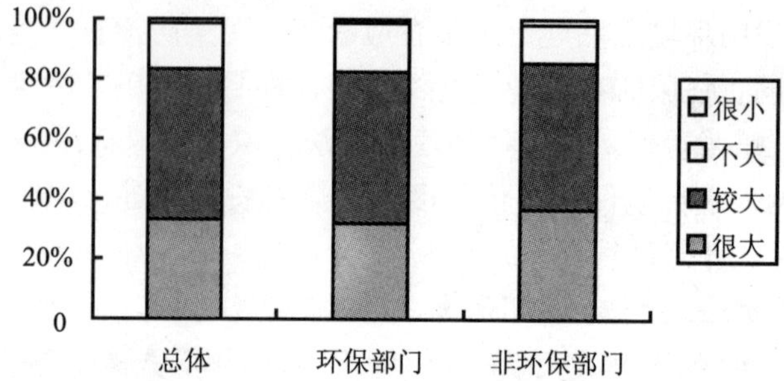

图 2-2 《环境保护法》在环境保护和生态防治中的作用

2.2.2 《环境保护法》的局限性和问题

2.2.2.1 立法目标评价

（1）目标定位偏低，没有体现可持续发展的思想内涵。①没有体现代际公正，关注后代人的发展需求。《环境保护法》的最终目的是实现人类的可持续发展，而人类的可持续发展既包括当代人的发展，也包括后代人的发展。现行《环境保护法》的立法目的是从保护环境，防止污染，促进发展出发的，可以看出，此目标仅仅顾及了当代人的环境和发展要求，而未涉及后代人的环境权利和发展权利，这与可持续发展既满足当代人的需要，又不对后代人满足其需要的能力构成危害的思想内涵差距甚远，以此立法目标和指导思想将无法确保《环境保护法》为促进国家经济、社会和环境协调发展提供必要的法律保障。②没有真正体现预防原则。预防原则是可持续发展原则的核心，可持续发展理论使预防原则从污染损害预防扩展至风险预防的原则，预防原则强调采取合理措施，防范各种可能出现的环境问题。在世界范围内，预防原则正在越来越多地被各国采用，并成为各国制定法律法规的基本准则。由于历史原因，我国《环境保护法》没有将预防原则作为立法的基本准则，该法中对预防原则的体现还仅限于污染防治的狭义层次，而非真正体现可持续发展原则中所倡导的以风险防范为实质的预防原则。

（2）目标范围狭隘，没有将我国环境保护放在全球环境保护的大视野下来考虑。随着经济全球化进程的不断加快，我国越来越多地融入世界经济，经济全球化不仅影响到我国的经济与社会，也影响到我国的环境保护。与此同时，全球环境问题日益突出，加强环境合作共同应对全球环境问题已成为国际合作的重要方面。我国现行《环境保护法》的立法目标中没有将解决中国的环境问题放在全球环境保护的大背景下来考虑，这不仅会影响到国家环境保护目标的实现，影响到我国参与及应对全球环境问题的战略和措施，还会影响到我国在国际环境谈判及环境交流合作中的立场和态度。

2.2.2.2 基本原则评价

我国《环境保护法》究竟体现了哪些基本原则并没有统一的说法，综合许多学者的观点，可归纳为以下四项基本原则包括：环境保护同经济、社会发展相协调原则（或称协调原则），预防为主、防治结合原则（或称预防原则），开发者养护、污染者治理原则（或称环境责任原则），依靠群众保护环境原则（或称公民参与原则）。

（1）《环境保护法》中规定的协调原则没有体现可持续发展理念倡导的人与自然和谐相处的广义协调观。环境保护同经济、社会发展相协调应当包括广泛的内涵，应是以科学发展观为指导，促进人与自然的和谐，实现经济发展和人口、资源、环境协调，坚持走生产发展、生活富裕、生态良好的文明发展道路，保证永续发展。从此意义看，《环境保护法》所规定的协调原则是一种狭义的“协调”，它含有可持续发展的内容，但主要是以当代人的利益为基点，并且是以注重当代人的发展为重点，没有体现当代人及其子孙后代的可持续发展。《环境保护法》并没有真正体现环境保护同经济、社会发展相协调的内涵，从而体现人与自然和谐相处的可持续发展理念。

就《环境保护法》规定的“国家制定的环境保护规划必须纳入国民经济和社会发展计划”具体实施情况而言，通过问卷调查得到的结果看，有 84%以上的被调查部门（包括环保部门和非环保部门）的回答是肯定的，即从总体上看环境保护规划大多都纳入了国民经济和社会发展计划中，但就执行效果而言却存在一些问题。一些地方根本没有环境保护规划，一些地方即使依照法律将其纳入，也往往是走过场，在计划执行过程中很难真正将环境保护放在与经济发展同等重要的位置上来考虑。

（2）《环境保护法》体现的“预防为主，防治结合”原则（预防原则）仍是以末端控制为指导思想，没有反映“预防原则”环境风险防范和源头控制的真正内涵。《环境保护法》所体现的“预防为主，防治结合”原则主要是针对环境污染防治的，是贯彻以“末端控制”为指导思想的污染物排放控制，注重污染物的处理、处置及治理设施的控制，主要表现为“末端控制”的预防，较少体现“源头控制”的预防。可持续发展理论使预防原则的内涵得以深化和发展，预防原则已从只要求“少排放”的基本要求扩充、延伸到少产生或不产生的全过程控制要求，从减轻污染发展为无害化和“环境友好”，从预防当代人的环境污染损害到预防后代人的环境污染损害。因此，现行《环境保护法》所体现的“预防为主，防治结合”思想跟不上时代发展的要求，难以作为一项基本法律原则来体现法律的价值目标。

问卷调查结果显示，有一半的被调查者（49.6%的环保部门人员和 50.9%的非环保部门人员）认为，《环境保护法》中规定的“预防为主，防治结合”的原则对我国环境管理的指导作用不明显，其中还有极少人认为“预防为主，防治结合”的原则对我国环境管理没有任何指导作用（图 2-3）。

（3）《环境保护法》体现的开发者养护、污染者治理原则（环境责任原则）存在片面性和局限性，难以保证各种环境责任落到实处。《环境保护法》实施近 20 年来，对明确环境和资源保护的责任，实现社会公平，防治污染具有积极意义，但是也存在许多不足之处：①“污染者治理”存在明显的局限性。其一，“污染者治理”反映的是点源控制和末端治理的思想，其重点是治理已有的污染源及其所造成的环境污染，体现的是“末端控制”的思想，其所涉及的预防为主问题也只是停留在末端治理思想和战略指导下的预防上。其二，“污染者治理”是强调污染者的个体责任，而且容易给人一种错误印象。即污染者只对治理污染负责，而对他人造成的人身或财产损失，污染者不承担责任。其三，

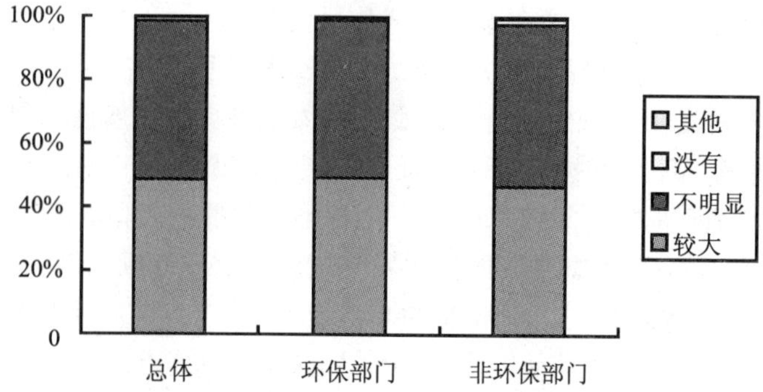

图 2-3 “预防为主，防治结合”对我国环境管理的指导作用

“污染者治理”虽然强调了污染者治污的责任，但由于没有切实可行的有效替代形式来解决客观存在的不能治理和不愿治理的污染问题，来协调环境保护和经济发展的关系，很容易把治污责任转嫁给国家和社会。②该原则存在片面性。因为它只涉及开发者和污染者两类责任主体，就资源和产品整个供应链看，一种产品的生产、加工、储运、销售和最终消费都存在着环境和资源问题，环境污染和资源破坏已逐步从企业生产过程扩展至原料供应商以及最终消费者，这其中各环节的环境责任并没有体现在法律原则中。因此《环境保护法》中规定的传统的环境责任概念必须进一步扩展和完善。

（4）《环境保护法》体现的依靠群众保护环境原则（公民参与原则）含义狭窄，只是一种公众末端参与的形式，不能完全和准确表达公众参与原则的内涵。尽管我国《环境保护法》将“保护人体健康”作为立法目的之一，同时规定了公民保护环境的义务和对环境违法的检举和控告权利（第 6 条），但这些规定在体现公民环境权以及公众参与原则并使其付诸实施方面是远远不够的。首先，法律只原则性规定了公众享有检举权、控告权、部分参与权和赔偿权，公民的其他基本环境权利如环境知情权、环境请求权、公众监督权等都没有得到体现。此外，现行《环境保护法》的规定从严格意义上讲只是一种公众末端参与的形式，不能完全和准确表达公众参与原则的内涵，同时这些规定也只是一些过于原则的规定，没有程序和制度保证，也不能在司法实践中付诸实施。

2.2.2.3 重要环境管理制度评价

详见第 2.4 节《环境保护法》的重要环境管理制度实施效果评价。

2.2.2.4 环境监督管理体制

环境监督管理体制是指国家有关环境监督管理机构设置、行政隶属关系和管理权限划分等方面的组织体系和制度。现行《环境保护法》中将我国环境监督管理体制做了 3 个层次的规定，包括国家环境保护行政主管部门的职责、地方人民政府的职责、地方环保部门的职责以及政府相关部门的职责。该体制主要体现的是中央统一管理和地方分级管理、部门分工管理相结合的特点。

随着我国市场经济体制的完善和以公有制为主体、多种经济成分并存的经济体制改革的推进，现行的环境管理体制中的问题和不足日益显现，在一定程度上已影响了环境监督管理工作的功能和效率。

（1）统管与分管部门关系不明确，地方环保部门难以实施统一监督管理。《环境保护法》规定，地方环境保护部门对所辖区环境保护工作实行统一监督管理，这种体制在纵向和横向上都存在问题。

在纵向上，我国地方各级环保部门受国家环保总局与地方政府的双重领导，而由于其财权和人事任免权主要取决于地方政府，地方环保部门审批项目时难免对本地的一些可能产生污染的项目或规划睁只眼闭只眼——因为由于经济利益的驱动，许多项目在环评前通常已取得了地方政府的默许或支持。地方环保部门的工作往往受制于地方政府的态度。

在横向上，政府的环境保护职能分散在环保、水利、交通、国土、农业管理、公安交通管理部门及海洋局系统、港务局系统、渔政系统、铁道系统、民航系统中。由于统管部门与分管部门间关系不明确，统管部门与分管部门，即环保部门与政府其他相关部门之间不存在行政上的隶属关系，在行政执法上都是代表国家行政机关依法行使行政执法权，其法律地位是平等的，没有领导与被领导、监督与被监督的关系。同时土地、农牧、矿产、林业、水利等产业部门和行政区划的第一职能并不是保护环境资源，而是通过开发利用自然资源创造经济效益，因此必然与环保部门发生权力冲突。环境立法上如此政出多门、职责不清的后果往往是灾难性的，很多部门经常从部门利益出发，对本部门有利可图的，往往互相争夺审批、发证、收费、处罚、解释等权限，而无利可图的则往往无人愿意负责，互相扯皮、推诿，人为造成许多工作漏洞，环保部门“统一监督管理”的职能在很大程度上被肢解和架空，其职能难以落实。

（2）监督管理体系不完整，缺乏社会参与。我国《环境保护法》规定的环境监督体制中是以政府为主导的，对公民、媒体及社会组织等社会力量参与环境保护以及对相关政府部门监督管理的规定非常有限，在《环境保护法》中仅规定“一切单位和个人有权对污染和破坏环境的单位和个人检举和控告”。这种对公民和团体对环境监督管理责任的定位是非常狭隘，是我国环境监督管理体制中的重大缺陷。环境保护涉及社会的方方面面，关系到每一位公民，应当树立全社会共同参与环境保护的理念。在目前的经济环境和政绩观下，地方政府不可避免面临经济发展和环境保护之间的冲突，来自地方政府行政区域外的社会监督就显得十分迫切和必需，公众参与能够对地方政府的环境行为形成一种有效的监督和制约。

2.2.2.5 生态保护评价

（1）《环境保护法》没有体现环境与生态和资源的统一。由于自然资源和生态环境有其特殊性，自然资源和生态保护与狭义的环境保护不尽相同，但从大环境的概念出发，即从生态整体观的思想出发，环境、生态和资源正趋于统一，这一观点已得到越来越多专家的认同。

从环保法的立法目的和对“环境”的定义看，《环境保护法》应当定位于污染防治与生态环境保护并重的“大环境”的范畴内，体现利用、开发、管理、保护、资源支配与资源分配等的整体环境概念。但从现行法律内容上看，该法存在着明显的重心失衡，大部分内容偏向于环境污染防治，有关生态和自然资源保护的规定非常有限，既没有包括对生态及自然资源保护的基本原则、基本制度，也没有包括相关规范和法律责任，基本上就是一部综合性环境污染防治法，没有体现出环境与生态和资源的统一。正是由于这一重大缺陷，导致我国生态和自然资源监督体制无法适应生态和自然资源综合性、连续性、整体性和系统保护的要求，给生态和自然资源保护工作带来很大困难。

（2）《环境保护法》中生态保护内容严重缺位。现行《环境保护法》中对生态和自然资源保护仅在第三章“保护和改善环境”中作了八条原则性规定，缺乏具体的规范。首先，就制度而言，《环境保护法》在自然资源保护方面缺乏有关制度的支撑，资源更新和生态补偿机制尚处于空白状态。如生态效益补偿基金，虽然《森林法》有所规定，但作为环境保护综合性基本法却无相关的条文，这无疑是该法对自然资源保护不够充分的又一表现。其次，就法律责任而言，《环境保护法》缺乏对破坏自然资源的违法行为的规定，从而使该法第三章规定的自然资源保护方面的法律义务形同虚设。正因为《环境保护法》对自然资源保护规定得不充分，使人们产生我国环境保护主要是防治污染和其他公害的模糊认识。

（3）生态保护职责难以真正落实，生态保护与管理工作举步维艰。《环境保护法》第7条规定，地方环境保护主管部门对所辖地区的环境保护工作实施统一监督管理；同时此条款还规定，地方人民政府的土地、矿产、林业、农业、水利行政主管部门，依照有关法律的规定对资源保护实施监督管理。

通过调研和问卷调查发现，在实际工作中，《环境保护法》的上述规定难以取得满意的效果。从问卷调查结果看（图 2-4），一半左右的被调查者都认为依据《环境保护法》的相关规定无法保证资源部门在实施资源开发利用的同时能够有效地保护生态环境，调查者包括了环保部门人员和非环保部门人员，环保部门持此观点的人要多于非环保部门人员。

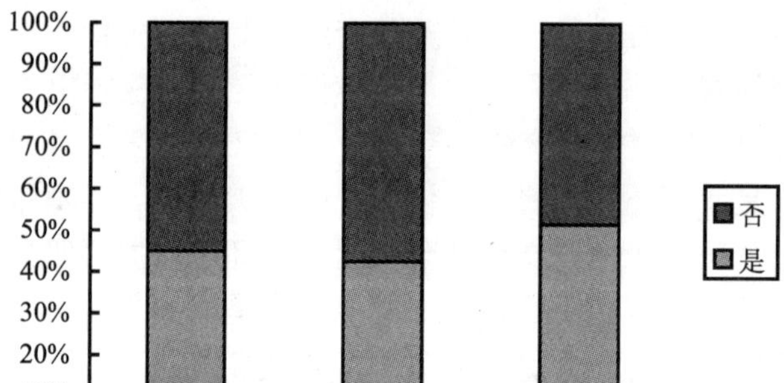

图 2-4　《环境保护法》是否能够保证在自然资源开发利用的同时有效保护生态环境

分析现行《环境保护法》难以使资源和生态保护责任落实到位的原因，不难看出有以下方面：①依照《环境保护法》，水利、矿产、林业、草原等资源部门负责对资源保护实施监督管理，然而，这些部门大多是资源的开发利用部门，资源开发利用是其主要责任。因此，在实际工作中，面对开发利用与保护双重责任，而资源的开发利用显然又有着明显的经济利益驱动，资源管理部门往往容易“重利用轻保护”。②《环境保护法》要求“相关资源部门依据有关法律的规定对资源保护实施监督管理”，暂且不论上述法律表述是否清楚、具体，单就有关资源法律而言，许多法律并没有有关资源和生态保护的内容。在我国已制定的自然资源法中，只有《森林法》《草原法》《野生动物保护法》《水土保持法》明确提出了“保护和改善生态环境”、“维持生态平衡”的立法目的；而《水法》《矿产资源法》《土地管理法》《渔业法》等则偏重于经济利益，对“保护环境”、“维持生态平衡”等只字未提。因此以此法律规定根本无法保证对资源和生态保护的监督管理。③《环境保护法》规定环境保护部门应对环境保护工作实施统一监督管理。但在生态监督管理中，由于在政府组成部门中，环保部门与相关资源部门处于同一级别，以环保部门的地位，很难对相关资源部门实施统一监督管理。④我国对生态和自然资源保护是多头管理，相关部门职能交叉重叠，有时政出多门、有时推诿扯皮，一旦出现问题很难找到真正解决问题的部门和法律依据。

（4）环保部门在生态保护方面责任大，权力小，措施空。生态保护工作内涵多、外延大，工作内容和范围比较广泛。但是我国现行的环境保护法律、法规，针对生态环境保护方面规定比较少，在一些领域还是空白，具体工作中得不到法制的有力支持，制约和影响了工作的推动与开展。《环境保护法》关于生态及资源保护内容非常有限，缺乏配套的法律措施，甚至缺乏最基本的原则性规定，面对破坏生态环境的行为，环保部门无法可依，缺乏相应的处罚依据和处罚标准，一旦区域生态环境遭到破坏，环保部门束手无策且难逃干系。在本项目赴新疆、青海、安徽等地的调研中，听到地方部门反映最多的问题之一就是由于缺乏生态环境监察和执法规定，环保部门面对生态破坏行为往往束手无策。

2.2.2.6 法律责任评估

（1）法律规定过于原则，表述模糊。《环境保护法》所规定的法律责任中有些提法过于原则、有些表述含糊其辞，还有些规定只有上文没有下文，这给执法者的监管和处罚带来困难，也使一些违法者有机可乘。问卷调查结果显示，环保部门中 78.4%的人和非环保部门中 21.6%的人认为《环境保护法》规定的法律责任过于原则，操作困难，需要细化。《环境保护法》第 43 条规定了对造成重大环境污染事故的直接责任人员要依法追究刑事责任，但首先什么事故可称为是重大污染事故以及如衡量“导致公共财产重大损失”中“重大”的法律含义是什么没有任何界定和解释；其次对直接责任人依法追究刑事责任的表述过于笼统，没有说明“依法”是依据什么法。该法第 44 条和第 45 条也存在类似的情况。第 44 条规定“造成土地、森林、草原、水、矿产、渔业、野生动植物等资源的破坏，依照有关法律的规定承担法律责任”的表述非常含糊，其中“有关法律的规定”的意思非常模糊，无法作为执法依据。

（2）环保部门认为法律赋予环保部门的办法太少、手段单一、权力太弱，无法保证执法力度和有效履行统一监督管理职能。环保部门普遍认为，《环境保护法》在赋予环保主管部门统一监督管理职责的同时，给环保部门的办法太少、手段单一、权力太弱。根据《环境保护法》，环保行政执法的主要手段是警告和罚款，没有规定必需的强制执行权。目前，环保部门只能通过申请人民法院强制执行的方式迫使不履行环保法律义务的相对人履行义务。实际工作中，环保部门普遍感到缺乏必要的直接强制执行权力来保证执法的权威性、严肃性。由于目前环保法律几乎未授予环保部门任何直接强制执行权力，尤其是无工商、税务等部门所拥有的查封、冻结、扣押、没收、强制划拨等手段，使得环保部门对层出不穷的违法行为常感力不从心或束手无策，难以有效地进行监督管理。这就决定了环保执法目前在很大程度上呈现软弱的状态，也就是造成环境违法行为屡禁不止的根本原因之一。

（3）行政处分手段处理违法企业已不适应市场经济的要求。《环境保护法》第 38 条规定，造成环境污染事故的企事业单位，情节较重的，对有关责任人员给予行政处分。这条规定完全是 20 世纪 80 年代计划经济制度下的产物。随着我国市场经济的逐步建立，企业所有制已发生了很大变化，国有企业已大多被“三资”或民营企业所代替，如果这些企业出现违法行为是无法根据政府管理部门的行政手段进行处理的，而应使用市场或经济手段进行处罚，情节严重的，应由司法部门追究其刑事责任。

（4）《环境保护法》中缺乏对行政管理者的法律责任。《环境保护法》明确规定一系列国家行政管理部门履行环境保护监督管理的责任，然而，法律中却没有对上述行政管理部门管理者如不履行其职责规定应承担的法律责任，法律责任主要是针对被监督者的，其结果，许多上述法律规定形同虚设。在一些地区，地方经济发展与环境保护“两层皮”现象严重，一遇到经济发展与环境保护相冲突的问题，往往是环保让位于发展。这是在调查中所走访的环保部门中反映最多的问题之一。随着国家行政体制改革以及政府职能转变，这一法律制度缺乏所带来的问题已越来越引人注目，领导干部环保政绩考核及责任追究制度成为立法讨论的焦点。问卷调查结果显示，环保部门和非环保部门中 95%以上的人都认为有必要或很有必要增加针对行政管理者的法律责任，这一结果有力地支持了在《环境保护法》中增加针对行政管理者法律责任的观点。

2.3 《环境保护法》的重要环境管理制度实施效果

《环境保护法》确立了一系列环境管理重要制度，包括环境规划制度、环境标准制度、环境保护责任制、环境监管制度、环境监测制度、环境影响评价制度、“三同时”制度、排污收费、限期治理等。这些环境管理制度在我国的环境保护中发挥了十分重要的作用，已经成为各级环境保护部门环境行政的依据和抓手，在环境保护行政和环境管理中得到了广泛的应用。然而，由于时代变迁，环境管理制度在实施中不断暴露出各种问题，严重影响了我国环境管理工作的效果。

2.3.1 主要环境管理制度的实施效果评价

2.3.1.1 环境规划制度

环境规划制度是为促进环境与社会、经济协调发展的基本手段。环境规划制度的确立，为实现社会经济与环境保护的统筹考虑和协调发展提供了法律保障和手段。总的看来，环境规划制度还是能够得到贯彻实施，但是，环境规划的落实和与社会经济规划一体化等方面的成效还存在不足，主要问题是：①不少地方还没有制定环境保护规划；②环保规划难以做到综合决策和社会经济与环境保护的协调发展；③环保规划本身针对性不强，可实施性较差。

2.3.1.2 环境保护统一监督管理制度

环境保护统一监督管理制度赋予了各级环境保护行政主管部门对环境保护统一监督管理的权力和职责，使环境监管有了明确的实施主体，环境行政管理有了法律支持，取得了可喜的成效：在我国经济保持持续高速增长和资源、能源消耗急剧增长的大背景下，污染物排放没有呈现同步增长，总体上避免了环境质量的急剧恶化，生态环境也没有出现灾难性的破坏。但是，由于与该环保制度配套的其他法律规定不完善或缺失，一些环境监督管理职责不明确或存在管理职能的交叉，导致环保行政主管部门难以行使环境保护统一监督管理的职责，环保部门的权威性不强。

2.3.1.3 环境标准制度

环境标准制度是一项重要的基于定量化进行环境管理的重要手段。以环境标准制度的法律规定为基础，国家和地方制定了一系列环境质量标准和污染物排放标准，对环境管理的实际工作奠定了良好的基础，是有效开展环境监管工作的重要抓手。同时，环境标准制度也是重要环境管理制度实施的依据和保障，如果没有环境标准制度，环境影响评价、排污收费等一系列重要的环境管理制度就难以实际操作和进行定量化管理。从这个意义上讲，该制度在整个环境法律体系和制度中具有重要的地位，在环境保护的实践中发挥着巨大的作用。

2.3.1.4 环境影响评价制度

环境影响评价制度实施以来，在地方污染预防方面发挥了非常积极的作用，各地建设项目环境影响评价制度的执行率均基本保持在 90%以上。通过执行环境影响评价制度，环保部门确实能从源头上杜绝和合理规划一些建设项目。但环境影响评价制度的实施效果却不太理想。造成这种情况的原因既有技术层面的原因，也有制度方面的因素。

技术层面，由于缺乏环评前执行审批程序和要求，缺乏建设项目以外的环评要求，对非政府投资项目缺乏监管以及对“三产”缺乏监督等原因，环境影响评价制度实施效果不理想。在制度层面上，地方环保部门归属地方政府领导，长官意志难以违背，环保部门的领导是“顶得住站不住”。

2.3.1.5 环境保护责任制度

环境保护责任制度明确规定环境保护是地方各级政府的职责，地方政府需要对辖区的环境质量负责。在协调各部门工作和调动各种资源方面，只有地方政府才能够做到，因此，环境保护责任制度非常符合环保实际工作。该制度的实施对各级领导干部提高环保意识和抓环保工作有积极的督促作用，并取得了一定的成效。但是，由于缺乏与该制度相配套的干部考核措施和责任追究制度，使该制度的实施效果欠佳。问卷调查结果显示：60%以上的被调查者认为《环境保护法》基本不能保证地方人民政府对当地环境质量负责。

2.3.1.6 “三同时”制度

“三同时”制度在工业污染末端治理设施上提出了强制性的要求，在地方环境管理中扮演着十分重要的角色，对企业污染治理设施的建设起到积极的督促作用。“三同时”执行率基本可以达到 90%以上的。问卷调查结果显示：一半以上的被调查者认为“三同时”制度在工业污染防治中所发挥很大的作用，也有相当比例（40%以上）的被调查者认为作用一般和不明显，“三同时”制度实施效果不够理想的一个重要因素是对企业执行“三同时”后的污染控制措施的监督管理没有跟上。

2.3.1.7 排污收费制度

排污收费是我国环境管理中最重要的环境经济政策，其目的是以经济激励的手段，使排污者通过各项措施减少排污和遵守污染物排放标准。排污收费制度执行以来取得了较好的成效，对促进企业治理污染和削减污染排放方面发挥了积极的促进作用。同时，在过去环境管理部门经费得不到充分保证的情况下，排污收费制度客观上为补充环境管理经费不足，加强环境管理部门能力建设（包括监测、监察、环境教育与培训等能力建设）提供了有利的资金支持。

但是，排污收费制度也存在许多问题和不足，主要表现在以下 3 个方面：①排污收费的标准过低，激励作用有限；②排污收费的资金使用改革问题引发了环保管理资金不足的问题；③排污收费制度不完善，难以适应新需求。

2.3.1.8 限期治理制度

限期治理是对污染治理中违法行为的一种管理手段，在我国的环境污染防治中发挥着十分重要的作用，促进了企业污染治理水平的提高。但是，在环境管理的执法过程中，也暴露出现有限期治理制度存在着许多问题和不足。在当前市场经济不断发展完善的大背景下，现有制度与环境管理目标之间的矛盾日益突出，特别是限期治理审批权限归企业所属一级政府的规定大大降低了该制度的实施效率。

问卷调查结果表明：有将近 50%的人认为在回答《环境保护法》中规定的限期治理制度对污染防治作用一般，还有 18.7%的人认为该制度对污染防治起到的作用不明显甚至是没有起到任何作用；只有 30%的人认为该制度对污染防治起到了很大的作用，理由是：只有在环境污染造成了极为恶劣的影响，引起了社会的不安定时，限期治理制度才引起政府的重视。

造成限期治理制度实施效果欠佳的主要原因包括以下几个方面：①对违法行为的处罚力度太弱，难以对违法者形成威慑。②处罚的权限分配不合理，影响执法效力：一是关、停企业的处罚决定只能由政府做出，环境主管部门只能根据污染事实向政府部门提出申请，政府批准后方可实施。二是由于经济社会背景已经发生了很大的变化，原来计划经济体制下按行政隶属关系实施对企业环境管理的做法和规定已经严重制约了环境执法的效力。

问卷调查结果显示：无论是环保部门还是非环保部门中，大多数人都认为限期治理制度规定关停污染企业的权限归属地方政府是不能有效及时制止企业的违法行为。这些人中 90%以上认为应赋予环保部门拥有关停违法企业的权力。

2.3.1.9 排污申报登记制度

排污申报登记是环境管理部门掌握企业污染信息的主要途径和手段。但是，由于各方面的原因，排污申报登记制度实施的实际效果不太理想。出现上述情况的主要原因包括以下几个方面：①监管渠道不畅。由于环保部门与工商管理部门、计划部门等没有法定的协调规定和信息通报制度，环保部门有时难以掌握新增污染源，企业排污申报登记更无从说起。②申报登记的信息得不到及时的更新。企业在建设初期向环保部门申报登记后，企业生产的变化原则上也要向环保部门通报并对申报登记内容进行修改。但现实中企业生产的变化情况环保部门也难以及时掌握和进行有效的监管，排污申报登记的信息得不到及时的更新。③对违法行为的处罚力度太小，仅是警告或罚款，难以对企业形成有效的威慑。④环境保护部门的环境监管能力不足，人员、经费和技术等条件有限，加之企业分散，难以实现有效的监管，常常出现 20 人左右的环保人员需要监管数千家企业的局面。

2.3.1.10 公众参与制度

上述规定是环境保护公众参与制度的法律基础。但是，就目前的法律体系而言，严格来讲还没有建立一个明确的公众参与制度，没有关于环境权益、参与环境保护渠道及环境信息公开化的有关法律规定和配套的实施机制，公众参与的实际效果并不理想。

在目前公众的环境知情权没有保障和环境信息公开化还处于初级阶段的情况下，公众参与制度难以落实。此外，现有的制度不能解决如何参与、参与程序、如何落实等问题，公众参与制度难以落实，流于形式，如环评中的听政制度在实施过程中取得的效果欠佳。因此，要推动公众参与，首先要在有关法律中明确规定公民的环境权益及保障公民环境权益的措施；其次要加大环境信息公开化的力度，完善相关法律规定。同时，必须在有关法律中对公众参与制度的程序性和环境权益保障措施等做出明确的规定，以强化该项环境保护制度的可操作性。

2.3.2 影响环境管理制度实施效果的主要原因

造成环境管理制度实施效果欠佳的原因是多方面的，有法律建设先天的不完备的原因，也有不适应社会经济和环境保护新形势的原因；有管理体制方面的原因，也有操作程序上的问题；有行政干预和地方保护主义的原因，也有自身能力不足的问题。

2.3.2.1 法律制度建设不完备

（1）法律规定上不完善或过时。一些重要的环境制度在规定上不完善或过时，需要进一步完善和做相应的调整，才能够保证环境保护与管理的效力。此外，一些环境管理制度适应的是传统的计划经济体制下的管理方式，明显不适应当前的市场经济大背景。目前企业的所有制形式已经发生了巨大的变化，《环境保护法》中所规定的行政处罚方式在实际工作中难以执行，对许多非国家所有和控股的企业基本没有任何约束力。

（2）法律规定缺失，存在管理制度空白。一些重要的环境保护内容则缺乏有力的环境管理制度予以法律支持，缺少环境管理与行政手段和抓手，工作很难推进。在实际的调研过程中，各地环保部门对《环境保护法》缺少生态保护管理制度和手段的问题反映十分强烈，强烈要求在《环境保护法》修改中增加相关管理制度的规定。同时，“三产”污染的环境监管问题也是《环境保护法》环境管理制度中缺失的一项内容。污染赔偿制度、环境信息公开化制度、环境风险预防制度、环境权益与环境诉讼制度、排污许可证制度、清洁生产制度等也亟待建立。

（3）法律规定的操作性不强。由于现有的环境管理制度的规定过于宏观和笼统，往往只对制度本身做了规定和要求，但缺少执行该制度的其他配套措施的规定，造成环境管理制度操作性不强，各行为主体的环境保护义务、权利和责任的不配套。

（4）对环境违法行为的处罚力度弱小，手段单一。仅针对基层环保执法部门来说，我国现有法律法规赋予它们的职权只有很小的一部分，这对基层环保工作的展开十分不利。

（5）有关法律规定不统一，易造成不公平现象。目前，《环境保护法》主要环境管理制度的规定在对不同规模、不同时间建设企业或项目采取有差别的环境管理政策，这种法律规定容易造成企业间环保责任和义务的不对等，造成企业之间环境守法内容和成本的不同，产生不公平现象。

2.3.2.2 缺乏监督和保障机制

（1）监督机制的欠缺。各级环境保护部门是环境监督管理的行政主管部门，但是，这并不意味着仅靠环保部门一家的力量就可以有效实现环境监管，社会公众和新闻媒体也是环境监督的重要力量。同时，对环保部门履行环境监管的工作进行监督，也可以促进环保部门自身的工作。因此，建立一套环境保护的监督机制意义重要。

（2）缺乏部门联动机制。环境问题是人类生产和生活活动的不良后果，解决环境问题仅靠环保部门自身的努力是不可能实现的。而现实的情况是，环境保护工作几乎成了环保部门一家的事情。一旦出现严重的环境事件，受到处罚的往往不是那些造成这种情况归口的政府行政主管部门，而是为消除污染和环境不良影响做工作的环保行政主管部门。例如，由于缺少部门联动机制，环境影响评价的前置审批工作不能制度化地得到其他相关部门的配合和支持，严重影响环评制度的实施效果。

（3）保障机制的欠缺。环境保护部门在履行环境监管职责时所能得到的保障少。在实施环境监管的保障机制上存在人员、资金、技术等诸多问题，具体表现为执法经费难以保障、监控手段落后、技术装备差、执法人员少而且素质参差不齐等。问卷调查的结果也证实了上述观点和分析：被调查者普遍认为，缺乏配套措施是影响环保法实施效果的最主要原因，占 33.6%；其次为执行过程中存在问题的，占 30.6%；法律本身存在缺陷的占 28.8%；其他原因占 7%。

2.3.2.3 管理体制不顺

我国的环境管理体制是一种双重的管理体系：在业务方面地方环保行政主管部门要接受国家环保总局或上一级环保行政主管部门的指导。但地方环境保护部门主要是隶属于地方政府的，干部安排、人员编制、经费预算等方面归地方政府管理；也有部门地市一级的环保部门在区县设之局，归地市级政府主管。因此，从某种意义上讲，环境保护主管部门需要“听命”于同级或上一级地方政府。在环境保护责任制度不完善，配套的党政领导干部环境保护政绩考核制度尚未有效实施的情况下，政府党政“一把手“对环境保护工作的认识和重视程度就成了地方环保部门环境监管工作执行情况的一个重要影响因素。

2.3.3 修改《环境保护法》对环境管理制度的建议

2.3.3.1 需要进一步完善和健全环境管理制度

（1）进一步完善环境保护责任制，建立环境责任追究制度和干部环境绩效考核制度。在《环境保护法》中应明确：各级政府对辖区内的环境负责，党政“一把手“是辖区环境保护的第一责任人。政府的党政“一把手”才具有协调各部门和各种资源的能力，环境责任只有落到党政“一把手”身上才更有激励作用。

长期以来，干部政绩的考核主要是以经济指标为主，将环保责任落实在地方党政“一把手”身上，就需要对现有的干部政绩考核制度进行改革，建立党政领导干部环保绩效考核制度，将环保绩效作为干部的一项重要政绩，并使之成为评价和任用干部的重要指标。

对各级政府主管领导及有关部门负责人由于行政立法失误、决策失误、行政干预、包庇环境违法行为、执法不当等造成或间接造成环境污染或破坏，导致辖区或相邻地区环境质量下降的，应追究其相应的行政责任；造成重大环境影响或事故的或造成重要环境影响或构成犯罪的，应依法追究其刑事责任。

（2）完善环境影响评价制度。环境影响评价制度还需要在以下几个方面进行修改和完善：①环评制度应扩展环境对象，增加战略、重大经济政策、规划等进行环境影响评价的有关内容，与《环境影响评价法》有关规定相协调；②应加强环评制度的前置性，即在项目立项前或在工商部门批准项目前就进行环境影响评价，并根据环评结果对项目是否立项，项目应进行的调整等提出意见，对于重大战略和政策的环评，也应在战略和政策的制定过程中就开始介入，对战略和政策的草案进行全面的环境分析评价，并提出战略和政策的修改意见；③明确相关部门在环评制度中的关联责任，在《环境保护法》中明确工商部门在核发营业执照时，必须审查申请方提供的环境影响报告书，对环境影响报告书否定的项目，不得核发营业执照；④加大处罚力度，提高环评制度的实施效力。

（3）确立排污收费新原则。在《环境保护法》修改过程中要注意与《环境影响评价法》的衔接，要将以超标排污处罚为原则的排污收费制度转变为对环境资源有偿使用和超标排污加倍处罚为原则的新排污收费制度。应确立环境资源有偿使用的原则，确立排污收费高于违法成本的原则。

（4）在限期治理制度中确立属地管理原则。应将限期治理的管理权限下放到产生污染或环境破坏行为的所在地区的环保行政主管部门。将限期治理的管理权归属属地环保部门，不但有利于信息的取得，而且在进行环境监管时则操作性更强、成本低，以避免或减少环境监管的空白。

2.3.3.2 急需补充的重要环境管理制度

环境管理的实践表明，目前在环境保护过程中常感到管理和执法手段的不足。现行《环境保护法》在环境管理制度上存在一些空白，急需在《环境保护法》修订过程中加以补充，主要包括以下几个方面：

（1）生态补偿制度。目前，生态保护的实践缺少必要的管理手段。生态环境补偿制度作为一种生态保护的经济手段，一方面可以通过类似排污收费的机制，激励企业减少或避免对生态环境的破坏，另一方面也可以通过合理的资金分配机制为保护生态环境者提供必要的经济补偿，有助于建立一种长效的生态保护资金机制。

在看待生态补偿制度的问题上，环保部门和非环保部门中大多数人都一致认为，生态补偿制度对加强生态保护的作用是非常重要的，这一回答占了60%以上，认为不重要和不清楚的只在环保部门和非环保部门中占了4.1%和1.7%。

因此，在进行《环境保护法》修改时，要增加有关生态补偿制度的内容，明确生态补偿制度是我国环境管理的重要制度之一，并确定生态补偿制度中补偿者、被补偿者的法律责任、义务和权利，制定违反有关法律规定所应受到的法律惩处，其中非常重要的一点是要确立生态补偿制度的基本原则，即“谁破坏、谁恢复，谁受益、谁补偿”。同时，要明确国家、地方、企业、个人等在生态补偿利益相关方面的责任和义务。明确对生物多样性和重要生态服务功能国家购买的责任，明确区域生态保护的受益地区应向保护生态的地区提供补偿的原则。

（2）污染赔偿制度。由于现行《环境保护法》在污染赔偿的法律规定上存在空白，在《环境保护法》修改中急需补充污染赔偿环境管理制度，明确污染赔偿所涉及的对象，污染损害责任的认定、赔偿标准的确定和赔偿的裁决和执行程序法律规定等。具体而言，污染赔偿制度的对象涉及公民、企业、团体、各级政府、区域等对象；污染损害的认定要有具有资质的有关认定机构认定，赔偿标准可以按照不低于污染造成的直接损害的原则为依据；各级环境环保部门是环境污染纠纷的仲裁部门，由环保部门对污染实践进行调查，污染赔偿所涉及的对象均可向环保部门举证，最后有环保部门做出污染赔偿的仲裁，执行不力可以申请司法部门强制执行。同时，也可以通过法律程序要求污染赔偿。

（3）信息公开化制度。保障公民的环境权益是环境保护的最终目标。要实现上述目标，还要加大环境信息公开化力度，使公民有更多的环境知情权和参与权，建立社会制衡的环境管理。因此，要尽快建立有效的环境信息公开制度，包括政府环境信息发布制度、企业信息公开制度等，明确规定应公开的环境信息，发布信息的主体、信息发布的渠道、程序、相应的法律等。

（4）清洁生产制度。清洁生产制度修改为：①国家鼓励和促进清洁生产，各级人民政府应制定有利于实施清洁生产的税收、信贷、补贴等政策，落实各项措施；②清洁生产是企业应承担的义务，违反相关法律规定的，依法追究企业的法律责任；③对在清洁生产工作中做出显著成绩的单位和个人，由人民政府给予表扬和奖励。

2.4 环境基本法的相关经验

迄今为止已有许多国家和地区制定了环境基本法，其中包括美国、加拿大、日本、俄罗斯、印度等主要国家。各国环境基本法的内容各有侧重，但是大多都规定了环境保护的立法目的、基本原则、基本管理制度、环境管理体制等内容。

2.4.1 立法目的比较

从日本、美国等国家和地区的立法情况看，许多国家和地区在制定环境基本法之前，其环境单项立法已经比较完备，制定环境基本法的主要目的是宣示其环境理念，统一其环境保护政策。

（1）确认了可持续发展的战略思想。如日本《环境基本法》规定“在确保现在和未来的国民享有健康的文化生活的同时，为造福人类作出贡献”，并规定了三大环境基本理念。台湾地区所谓的“环境基本法”在其立法目的中规定了“追求永续发展”，俄罗斯联邦《环境保护法》规定“满足当代人和未来世世代代的需要”。美国《国家环境政策法》也提出了“创造和保持人类与自然得以共处与和谐中生存的各种条件，满足当代国民及其子孙后代对于社会、经济以及其他方面的要求”的国家环境政策。

（2）体现了环境优先的思想。美国早在 1969 年的《国家环境政策法》中就提出“促进人类与环境之间的充分和谐；努力提倡防止或者减少对环境与自然生命物的伤害，增进人类的健康与福利”。日本在 20 世纪 70 年代的《公害防止基本法》就提出了“环境优先”的思想，在《环境基本法》中通过环境基本理念进一步宣示了环境保护的重要性。台湾地区所谓的“环境基本法”只是规定在“经济、科技及社会发展对环境有严重不良影响或有危害之虞”的特定形势下，才必须“环境优先”。

2.4.2 基本框架比较

由于各国立法背景不同，需求不同，其环境基本法的框架也是不同的，主要有以下几类：

2.4.2.1 系统规定环境保护的各项制度

俄罗斯联邦《环境保护法》由十六章八十余条组成，其基本框架为：第一章“总则”，规定了基本概念、环境保护立法、环境保护基本原则、环境保护对象等内容。第二章“环境保护管理基础”，规定了有关部门的环境管理职权及其划分。以后各章分别规定了“公民、社会团体和其他非商业性团体在环境保护领域的权利和义务”、“环境保护领域的经济调整”、“环境保护标准制度”、“环境影响评价和生态鉴定”、“对进行经济活动和其他活动的环境保护要求”、“生态灾难区、紧急状态区”、“受特殊保护的自然客体”、“国家环境监测（国家生态监测）”、“环境保护监督（生态监督）”、“环境保护科学研究”、“建设生态文化的基础”、“违反环境保护法规的责任和环境保护纠纷的处理”、“环境保护领域的国际合作”、“最后规定”。台湾地区所谓的“环境基本法”与之类似。

2.4.2.2 规定环境保护的核心制度，而不面面俱到

不面面俱到是国外一些环境基本法的特征之一，这就是说一些国家的环境基本法并不一定将所有的环境保护制度都纳入其中，而只突出一些重要的环境管理制度，如美国《国家环境政策法》围绕环境影响评价制度，规定了国家环境政策（评价标准）、环境质量委员会（评价组织）等内容。瑞典《环境保护法》（1995）则系统规定了许可证制度。

2.4.2.3 宣示环境保护基本原则

如日本《环境基本法》由“总则”、“关于环境保护的基本政策”、“环境审议会议”三章和附则组成。第一章“总则”规定了立法目的、基本概念、基本原则、有关单位和个人的职责、环境日、年度报告等内容。第二章“关于环境保护的基本政策”分节规定了“有关政策的制定与实施的方针”、“环境基本规划”、“环境标准”、“特定地区的公害防治”、“国家为保护环境应当采取的措施”、“有关全球环境保护的国际合作”、“地方公共团体的政策”、“费用负担与财政措施”。第三章“环境审议会议”，规定了“环境审议会议”、“公害对策会议”。附则规定了法律的施行时间。

2.4.3 基本原则比较

2.4.3.1 环境优先原则

台湾地区所谓的“环境基本法”第三条规定：“基于国家长期利益，经济、科技及社会发展均应兼顾环境保护。但经济、科技及社会发展对环境有严重不良影响或有危害之虞者，应环境保护优先。”俄罗斯联邦《环境保护法》规定“对计划中的经济活动和其他活动，实行生态危害推定原则”。

2.4.3.2 国际合作原则

日本《环境基本法》“通过国际协调积极推进全球环境保护”（第 5 条），俄罗斯联邦《环境保护法》在基本原则中规定了“俄罗斯联邦在环境保护领域的国际合作”，并对环境保护国际合作进行了专章规定；台湾地区所谓的“环境基本法”也规定了“国际合作原则”（第十二条）：台湾当局应推动地球永续发展相关之“国际合作与技术协助”、工程技术及试验研究，并公开相关信息，以利国民、事业运用；地方政府亦得视需要办理之。

2.4.3.3 环境保护责任原则

台湾地区所谓的“环境基本法”第四条规定：“国民、事业及各级行政机构应共负环境保护之义务与责任。环境污染者、破坏者应对其所造成之环境危害或环境风险负责。前项污染者、破坏者不存在或无法确知时，应由行政机构负责。”

2.4.4 基本制度比较

由于各国和地区环境基本法框架的设计思路不同，关于基本制度的规定也不同，主要包括：

2.4.4.1 规定了单项基本制度

如美国《环境政策法》主要规定了环境影响评价制度。

2.4.4.2 规定多项基本制度

如日本《环境基本法》规定了 14 项管理制度和措施，包括：环境基本计划、环境标准、国家制定政策措施时的环境上的考虑、环境影响评价、控制性措施、经济性措施、促进设施整建等事业、促进利用有助于减少环境负荷的制品等、加强环境教育和学习、支持民间的自发活动、提供信息、实施调查、健全监督监测等体制、振兴科学技术、处理纠纷、参与全球环境保护的国际合作、污染者负担、受益者负担、对地方自治体的财政措施等。

俄罗斯联邦《环境保护法》规定了“环境保护领域的经济调整”、“环境保护标准制度”、“环境影响评价和生态鉴定”、“对进行经济活动和其他活动的环境保护要求”、“生态灾难区、紧急状态区”等制度。

台湾地区所谓的“环境基本法”规定了环境保护规划制度、环境影响评价制度、绿色消费制度、清洁生产制度、环境咨询制度、公民诉讼制度和环境基金制度等。

基本制度是环境基本法的核心，各国和地区关于基本制度都有一些共同的规定，如环境标准制度、环境影响评价制度。同时，各国和地区环境基本法的规定并不完全一致，这反映了其环境管理实践的差异。

2.4.5 管理体制比较研究

2.4.5.1 规定了跨部门的环境与发展综合决策机构的设置

美国《环境政策法》规定了总统环境质量委员会的设置、组成、人员的聘用和待遇、职责与职能等；日本《环境基本法》规定了环境审议会议、公害对策会议等机构的职责；台湾地区所谓的“环境基本法”规定了“国家永续发展委员会”的设置。

2.4.5.2 规定了各法律主体的环境保护责任和义务

如俄罗斯联邦《环境保护法》第二章“环境保护管理基础”详细规定了联邦、联邦主体和地方自治机关的权力机关在环境保护领域的职权及其划分。日本《环境基本法》中也明确规定了国家、地方公共团体、企业以及国民的环境保护责任和义务。

2.5 《环境保护法》修改框架建议

《环境保护法》的修改框架侧重于体现《环境保护法》所应具有的结构，而不是侧重于琢磨法律条文的具体表述，因此这部分研究具有广义的政策研究性质。

2.5.1 修改《环境保护法》应确立的基本观点

2.5.1.1 《环境保护法》的修改方向是环境保护“基本法”

《环境保护法》应该定位于环境保护的“基本法”，其主要作用是宣示国家对于环境保护的价值目标、根本方针、基本原则、责任分配、权利界定、体制安排、罚则基准等，为制定环境保护单行法律法规提供源头性的法律依据。《环境保护法》的内容具有基础性、全局性和长效性，是关于环境保护的成熟的“国家意志”的体现，是环境保护的“法之法”。

在目前关于环境保护基本法所覆盖的范围问题的研究中，有两种意见：①认为《环境保护法》只是作为环境保护领域内的各种法律的基本法；②认为《环境保护法》应该作为环境与资源领域一切相关法律的基本法（所以名称应为《环境基本法》）。从现实可行性来看，过于宽泛的覆盖范围可能涉及立法过程中的大量协调工作，立法过程可能旷日持久，所以还是把《环境保护法》定位于环境保护领域内的基本法比较可行和有效。

2.5.1.2 《环境保护法》应该体现比较高和强的“国家意志”

《环境保护法》不修改则已，一修改就应有大的进展。由于《环境保护法》是国家对于环境保护总体意志的集中体现，所以修改后的《环境保护法》应该充分反映国家在环境保护方面比较高和强的意愿、决心和措施。随着中央提出科学发展观、新型工业化、环境友好型社会等各种“国家意愿”，《环境保护法》中作出比较强硬的各种环境保护规定的时机也到来了。

2.5.1.3 《环境保护法》应既反映成熟的环境政策又超前指导制定具体的环境政策

《环境保护法》一方面是成熟的基本环境政策的反映；另一方面又要对制定具体的环境政策进行一定的“强制”。因此，《环境保护法》来自环境政策的研究和实践，同时又进一步指导环境政策的研究和实践。《环境保护法》的实质是研究我国环境保护基本政策体系，即基本政策的结构。

2.5.1.4 《环境保护法》应该体现先进的治国理念

由于《环境保护法》定位于基本法，因此《环境保护法》是以理念化、原则性为特征的。可以说，《环境保护法》是一个理念和原则体系，是环境保护法律的哲学。

《环境保护法》的立法目的体现了基本法乃至整个环境保护法律体系的价值目标。《环境保护法》立法目的主要应包含“实现可持续发展”、“建设环境友好型社会”、“以人为本，促进人的全面发展”3个方面。

立法目的之一 实现可持续发展。可持续发展主要侧重于体现代际之间的环境公平和发展权利，这比只在人体健康层面上确立的立法目的更有深意。国际上，把可持续发展作为环境保护基本法的立法目的是一种比较普遍的做法。

立法目的之二 建设环境友好型社会。建设环境友好型社会，应该成为《环境保护法》的立法目的之一，这是因为环境友好型社会实际上是一个用于指导全社会行为的行为理念，而《环境保护法》正是为规范和引导全社会的环境保护行为而订立的一套规则体系。我国环境形势严峻，主要原因是我国经济社会发展整体上还处在资源耗费型、环境损害型的状态，还没有实现环境友好型的发展。可以说，中国比世界上其他任何一个

国家都更需要和更愿意建立一个环境友好型的社会。环境友好型社会作为一种具有先进的治国理念，在立法实践上属于环境保护法律的目的范畴。把建设环境友好型社会作为《环境保护法》的价值目标（立法目的）是符合时代特点要求的。

立法目的之三 以人为本，执政为民。有两个因素使得《环境保护法》应该突出“人”的地位，体现人的权利、义务和责任的平衡。①国家所提出的科学发展观以及“以科学发展观统领经济社会发展全局”的总体战略。《环境保护法》的修改也必须突出反映以人为本的价值取向。②国家大法对于保障人权的新规定。2004 年全国人大第二次会议通过的《宪法》修正案中，在原《宪法》第三十三条中增加了“国家尊重和保障人权”的新规定。人权体现在环境保护领域，就是人对于环境和环境保护所拥有的具体权利。总之，鉴于原《环境保护法》有比较重的“义务”本位特点，因此应该突出增加关于权利及其责任的内容。从环境保护法律发展的趋势看，《环境保护法》应该明确宣示“环境权”或“环境权益”。

2.5.1.5 以“环境善治”理论规划《环境保护法》的结构

国际上“治道变革”主要强调两个方面的含义：①在保护环境方面，各个方面的行动者如议会、政府、社会组织、媒体、企业等，都有独特的作用，需要构成一种适当的关系；②环境保护的手段，应该是多样化的，行政管制、法律制裁、经济处罚、道义感召、舆论压力等手段之间，也要形成一种合理的结构。当这种“治理”达到了一种比较好的结构时，就成为“良好的环境治理”或称“环境善治”。

《环境保护法》作为国家处理环境保护事务的基本理念和行动方式，可以以环境善治理论来规划其结构，主要是明确以下几点：

（1）加强和充实生态保护的法律规定。原《环境保护法》几乎没有给生态保护提供可实施的政策规定，《环境保护法》应从基本原则、制度安排和法律责任等方面对生态保护做出必要的规定。①应确定预防性原则作为生态保护的基础性规定，强调对生态环境承载能力进行真实调查和科学研究，把环境承载能力作为区域经济活动的底线。强调在生态敏感地区提高经济开发活动的准入“门槛”。②应强调政府对生态保护的统一和协调作用。《环境保护法》应明确针对生态保护中的各项有关活动（如资源开发、分配、保护、修复等），应由环境保护行政主管部门进行统一监督管理，克服分散、交叉、扯皮等低效率现象。③应增加生态保护中的救济和补偿制度，明确完善生态补偿政策，尽快建立生态补偿机制和遗传资源惠益共享机制。

（2）强化和改善政府的环境保护职能和责任。目前各级环境保护机构的力量，相对于需要执行的环境保护法律而言，力量是不足的，这导致环境保护法律不能得到充分有效地实施。为此，《环境保护法》应该强化对各级政府执行环境保护法律的授权及其责任，主要包括 5 个方面：①明确政府对所辖地区环境质量负责，并进一步明确政府对环境保护工作负有领导责任；②明确提出对政府进行环境保护问责制，建立对政府的环境绩效考核制度；③增加各级环境保护机构参与经济社会发展综合决策的权利，明确规定经济社会发展的重要决策应进行环境保护论证，环境保护部门有法定的表决权；④强化政府职能部门的环境管理行政权力，包括环境保护规划权、许可权、处罚权、强制权（如扣押、查封、关闭等）、裁决权等；⑤要求各级政府提高环境保护管理能力。

（3）扩大司法机关在执行环境保护法律中的作用。司法系统的权限主要表现在审判权和监督权，公众通过这种司法途径来实现由法律所规定的环境保护权利。《环境保护法》应该扩大司法系统在环境保护执法中的作用，提出制定各种程序法规定的要求，促使司法机关（尤其是审判机关）主要在几个方面保障环境法律的实施：①审理民事案件，保障环境纠纷及时得到解决，保障当事人的合法环境权益；②审理环境行政案件，保障环境管理机关依法行政，保障被管理者的合法权益；③审理环境犯罪案件，保障社会的环境安全；④对环境行政处罚决定进行强制执行，保障环境法的正常实施；⑤提出立案标准，进行司法解释。在以上方面，还可以进一步借鉴其他国家比较成熟的规定。

（4）扩展社会环境权益和公众参与。修改《环境保护法》中的一个重要改进是增加公民环境权和公众参与环境保护的规定。通过扩大公众享有的环境权利，以权利制约权利，达到环境保护目的，这一思路被称为“社会制衡型环境政策”。《环境保护法》应该突出增加公众环境权和参与环境保护的规定。

环境权可以分为本体性环境权和程序性环境权。本体性环境权是指社会主体（包括公民和组织）享有的对环境进行正当使用，从而改善其生存状态的权利，包括采光权、通风权、瞭望权、安静权、嫌烟权、清洁空气权、清洁水权、风景权等。程序性环境权是指社会主体（包括个人和组织）参与环境保护过程的权利，包括环境监督权、环境知情权、环境索赔权、环境议政权等。《环境保护法》主要对程序性环境权利作出规定。

环境监督权是指社会组织和公民个人等在国家法律和国家行政机关的指导下进行环境监督行为的权利。**环境知情权**是指公民和社会组织收集、知晓和了解与环境问题和环境政策有关的信息的权利。**环境索赔权**是公民和社会组织依法获得环境损害赔偿的权利。应该规定，不单污染受害者，而且与污染源无关的人，都可以向污染者索取赔偿，这就是现在人们普遍关注的“环境公益诉讼”问题。**环境参政权**是指公众参与经济和环境决策过程的权利，是公众表达或显示意愿的主动权利。环境参政权可以表现为一系列增加公众发言机会的政策安排。例如：①有意识地提高人民代表大会、政治协商会议中来自环境、资源等领域的代表的比例；②政府在进行有关经济发展的重大决策时广泛征求社会各界的意见，尤其要听取和重视不同意见；③在环保部门领导人任免时征求社会意见；④重大经济决策坚持民主化、科学化的决策程序，科学研究于先，深入论证于后，重视少数意见和不同意见；⑤必要时建立决策咨询委员会等组织形式，认真听取专家意见；⑥必要时，重大经济决策方案向社会公布，直接听取公众意见；⑦放松对媒体关于环境问题报道的控制，适当增加环境问题曝光和评论；⑧当地政府领导人定期安排以环境问题为专题的群众接待日或专线电话；⑨环境保护部门设立群众投诉热线。

2.5.2 《环境保护法》修改框架建议

总结以上研究，对于修改《环境保护法》取得了以下 3 点认识：

第一，《环境保护法》作为基本法，应保持适度的原则性，内容应宏观、简洁，不必规定得过于具体。

第二，原《环境保护法》中很多内容仍然是适用的，应该保留和完善。

第三，修改后的《环境保护法》主要应在以下 3 个方面有较大的进步和发展：①增加和充实生态保护的内容；②强化和改善政府和司法机关的义务、责任和职能；③较多地扩展公众的环境权利。

2.5.2.1 《环境保护法》修改框架的两种方案

基于这些认识，初步提出以下两个《环境保护法》修改框架方案：第一种方案共分 7 个部分；第二种方案共分 6 个部分。

第一方案

（共分 7 个部分）

一、总则

立法目的

——实现可持续发展

——建设环境友好型社会

——以人为本，执政为民

有关定义

——“环境”

——“环境保护”

——环境保护相关主体

适用范围

——适用于中国大陆和管辖海域

国家承诺

——实行经济、社会、环境相协调的方针，转变经济增长方式

——实行经济发展与环境保护综合决策

——把环境保护纳入国民经济和社会发展规划和计划

——鼓励发展环境友好型的科学技术和教育事业

——承担必要的国际环境保护义务

——支持全社会的环境保护行动

国家要求

——各级政府对环境质量负责

——全社会都有保护环境的义务

——司法机关支持环境保护行动

二、区域环境保护

严格保护重要生态系统

农村环境变化

海洋环境保护

城市环境保护

跨区域环境保护协作和协调

三、防治环境污染和其他公害

清洁生产

循环经济

“三同时”

排污申报

排污许可

排污交易

总量控制和达标排放

排污收费

污染事故

污染转移

环境税

四、生态保护

生态规划

区域开发

生态要素保护（森林、草原、水土流失、荒漠化、自然灾害等）

自然保护区

生物多样性

生态补偿

五、环境保护体制和职能

环境保护机构

环境保护行政主管部门统一监督管理

环境标准

环境规划

环境监测

环境信息公开和确认

环境影响评价

环境监督（社会对社会的监督、社会对政府的监督）

公众环境权[知情权、监督权、诉讼权（包括公益诉讼权）、索赔权、参与权

等]

环境保护社会组织（公益组织、权益组织、中介组织等）

环境宣传教育

六、法律责任和救济

行政责任

民事责任

刑事责任

法律救济

七、附则

有关说明

——术语解释

——法律适用

——生效日期

第二方案
（共分6个部分）

一、总则

立法目的

——实现可持续发展

——建设环境友好型社会

——以人为本，执政为民

有关定义

——“环境”

——“环境保护”

——环境保护相关主体

适用范围

——适用于中国大陆和管辖海域

二、环境保护基本原则

经济、社会、环境相协调，但必要情况下实行“环境优先”

——国家制定全国国土开发规划

——国家指导区域开发活动

——国家加强跨区域环境保护协作和协调，局部服从全局，全局补偿局部

预防为主，从根源上改善环境

——转变经济增长方式

——推动建设节约型社会

——鼓励发展环境友好型的科学技术和教育事业

政府在环境保护方面具有领导作用

——政府对环境质量负责

——强化政府的国家环境管理权

——实行环境保护绩效评估和问责制

社会组织和公民个人拥有环境保护义务和权利

——全社会都有保护环境的义务

——公民环境权

——国家支持公众参与环境保护

司法组织支持环境保护

——司法机关强化环境保护执法

——加强支持公众参与环境保护的立法

承担必要的国际环境义务并促进环境保护国际合作

——在符合国家利益的前提下参与国际环境保护公约

——认真履行承诺的国际环境保护义务

——参与和促进国际环境保护合作

——促进贸易与环境协调发展

三、环境保护基本政策

预防性政策

——对经济增长的资源能源消耗进行指标控制

——产业布局和结构调整

——经济发展与环境保护综合决策

——把环境保护纳入国民经济和社会发展规划和计划

——循环经济、清洁生产、企业技术改造

——环境影响评价制度和“三同时”制度

——环境污染事故预防和应急处理机制（保险和赔偿制度）

——防止污染转移机制

管制性政策

——排污申报、许可、交易制度
——总量控制和达标排放管制
——排污收费和罚款
——对违法企业进行“关停并转”
——严格保护重要生态系统（包括海洋、森林、草原、土地、荒原等）
——建立自然保护区
——生物多样性保护名录
——生态补偿制度
激励性政策
——环境税
——环境标志认证
——环境管理体系认证
——环境保护目标创建活动
——废物综合利用优惠政策

四、环境保护体制和职能

环境保护机构
环境保护行政主管部门统一监督管理
环境标准
环境规划
环境监测
环境信息公开和确认
环境监督（社会对社会的监督、社会对政府的监督）
公众环境权[知情权、监督权、诉讼权（包括公益诉讼权）、索赔权、参与权等]
环境保护社会组织（公益组织、权益组织、中介组织等）
环境宣传教育

五、法律责任和救济

行政责任
民事责任
刑事责任
法律救济

六、附则

有关说明
——术语解释
——法律适用
——生效日期

2.5.2.2 《环境保护法》修改框架的两种方案分析

第一方案 针对环境保护所要解决的实际问题，分别提出相应的法律规定，例如，针对防治环境污染及其他公害，做出法律规定，然后针对生态保护，又做出法律规定。有些二者通用的规定，可放在总则或其他独立部分一起列出。这样的结构，与原《环境保护法》有较大的继承关系，有较强的“实用”意图，每个部分都是针对环境保护工作的某一个方面而定的。这个结构的好处是对原《环境保护法》有较强的连续性，容易被理解和接受，有较强的实用性，但不利之处是不够符合基本法的定位，有较强的执行法痕迹，整体面貌上没有明显创新。

第二方案 着重考虑《环境保护法》作为基本法的定位，体现基本法理念化、原则性的特点，不再把污染防治、生态保护作为单独的工作对象来做规定，而是把二者统一在“环境保护”这个更高层次的概念上，侧重于宣示环境保护的基本原则、基本政策、执行体制、法律责任等。这样的结构，弱化了该法被直接引用的“实用”意图，而体现出基本法为其他单行法提供基础的作用，但形式上相对于原《环境保护法》变化较大。

关于修改后的名称，目前集中在两种提法上：①《环境保护法》；②《环境保护基本法》。本报告暂时采用《环境保护法》。

参考文献

[1] 吕忠梅. 环境法. 北京：法律出版社，1997.

[2] 王曦，陈维春. 浅论环境基本法的立法目的. 华东政法学院学报，2004（5）.

[3] 陈泉生. 环境法原理. 北京：法律出版社，1997.

[4] 韩德培，等. 环境保护法教程. 3 版. 北京：法律出版社，1998.

[5] 李挚萍. 我国环境法基本制度的总体评价和未来走向. 现代法学，1998（1）.

[6] 陈维春. 中国废物管理法律制度完善浅析. 国家环境保护总局“国内外废物进出口管理法律法规研究课题”的阶段性成果.

[7] 张永蔚. 影响限期治理任务完成原因探讨. 中国环境管理，1996（4）.

[8] 中国环境与发展国际合作委员会秘书处. 中国环境与发展国际合作委员会文件汇编（二）. 北京：中国环境科学出版社，1995.

[9] 王曦. 美国环境法概论. 武汉：武汉大学出版社，1992.

[10] 李爱年，彭丽娟. 生态效益补偿机制及其立法思考. 时代法学，2005（3）.

[11] 王树义，等. 可持续发展与中国环境法治. 北京：科学出版社，2005.

[12] 陈仁. 环境法概论. 北京：法律出版社，1996.

[13] 韦联春. 环境权的立法保护. 法学，1994（6）.

[14] 肖隆安，胡宝林. 环境保护法新论. 北京：中国环境科学出版社，1990.

[15] 王树义. 关于《中华人民共和国环境保护法》修改问题的几点思考. 法学评论，2004（6）.

[16] 吕忠梅. 中国需要环境基本法. 法商研究，2004（6）.

[17] 汪劲. 论我国《环境保护法》的现状与修改定位. 环境保护，2003（6）.

[18] 金瑞林，汪劲. 20 世纪环境法学研究评述. 北京：北京大学出版社，2003.

[19] 蔡守秋. 环境资源法学教程. 武汉：武汉大学出版社，2000.

[20] 王曦. 全面加强政府的环境保护公共职能——从关于修订《环境保护法》的讨论所想到的. 经济界，2005（3）.

[21] 罗杰·W·芬德利，丹尼尔·A·法伯. 环境法概要. 北京：中国社会科学出版社，1997.

[22] 中新环境管理咨询有限公司编译. 外国环境法选编（第一辑　上、下册）.

[23] 马骧聪，译. 俄罗斯联邦环境保护法和土地法典. 北京：中国法制出版社，2003.

[24] 常纪文. 建设环境友好型社会的法学思考. 中国环境报，2005-11-15.

[25] 丛书编委会. 制度分析与公共政策译丛（总序）. // 埃莉诺·奥斯特罗姆，等. 制度激励与可持续发展. 上海：上海三联书店，1999.

[26] 联合国人类环境会议，人类环境宣言. // 迈向 21 世纪——联合国环境与发展大会文献汇编. 北京：中国环境科学出版社，1992.

[27] 王满传. 环境纠纷防范与处理实务全书（上卷）. 北京：中国言实出版社，1999.

[28] 杰瑞米·沃福德. 市场经济条件下环境保护的政策措施和经济手段. // 中国环境与发展国际合作委员会秘书处编. 中国环境与发展国际合作委员会文件汇编（二）. 北京：中国环境科学出版社，1995.

[29] 莫里斯·谢立丹. 利用法律、法规提高公众环保意识和环境权意识. // 张新华，等. 中英环境意识研讨会文集. 1996.

[30] 牛晓波. 环保总局扩权　环保监察系统垂直管理先行，世纪经济报道，2005-04-01

[31] 张坤民. 可持续发展与中国. 中国环境管理，1997（2）.

[32] 韩利琳，剧宇红. 环境保护基本法修改若干法律问题探讨：可持续发展与中国环境法治. 北京：科学出版社，2005.

[33] 谢贤林. 由《环境保护法》到《环境基本法》的初探. // 王树义. 可持续发展与中国环境法治. 北京：科学出版社，2005.

[34] 赵国青，等. 外国环境法选编（第一辑 下册）. 北京：中国政法大学出版社，2000.

[35] 杜群. 日本环境基本法的发展及我国对其的借鉴. 比较法研究，2002（4）：58-59.

[36] 王金南，曹东. 中国工业污染经济学. 北京：中国环境科学出版社，1998.

[37] 夏光. 环境政策创新. 北京：中国环境科学出版社，2002.

第 3 章

绿色国民经济核算体系框架研究

绿色国民经济核算体系框架研究的目标是借鉴国际研究经验，将资源环境因素纳入国民经济核算体系，为建立中国绿色国民经济核算体系提供理论框架和实际核算试点经验。本章主要阐述绿色国民经济核算的现实需求和理论方法，总结绿色国民经济核算的国际经验，提出资源环境经济核算框架和环境经济核算框架，同时对 2004 年的基于环境污染的绿色 GDP 进行了核算。

3.1 现实需求与理论方法基础

绿色国民经济核算体系是一种新的制度安排，以国民经济核算体系（System of National Accounts，SNA）框架和方法学为基础，借鉴经济学特别是其分支学科环境经济学的理论和方法，目的是通过科学、系统、全面反映资源环境与经济体系之间的联系，实现对真实经济发展成就的客观评价。从传统的国民经济核算到绿色国民经济核算因此可以解释为是一个制度演进的过程，在 21 世纪初期的中国，对这一制度演进的现实需求和理论方法供给相辅相成，共同促成了绿色国民经济核算体系由纸上文章进入试点实践层次。

3.1.1 绿色国民经济核算的现实需求

SNA 作为半个多世纪以来经济学家和决策者考察经济进展、进行经济分析的最主要和最基本的方式，是最重要的经济制度之一，其在协调经济统计数据、描述宏观经济运行状况、提供决策依据、增进经济秩序方面的功能早已得到公认，借用 Paul Samuelson 和 William Nordhaus 在《经济学》中给出的评价："正如太空中的人造卫星能够探测地球各大洲的天气一样，GDP 能够给你一幅关于经济运行状态的整体图画。如果没有诸如 GDP 这些核算经济总量的指标的话，政策制定者们只能在杂乱无序的数据海洋中漂泊。GDP 及其相关数据资料就像灯塔一样帮助政策制定者们把经济驶向关键的目标。"然而，经济发展进程中对资源环境问题的关注，使得国民经济核算不再是一种最好的经济核算制度，形成了对绿色国民经济核算体系的制度需求。

导致这种制度需求转化的根源是可持续发展战略的提出和贯彻实施。作为 21 世纪全球各国共同遵循的发展战略，可持续发展战略的基本命题就是要处理好发展与环境的关系，以保证发展在长期上的可持续性。要把可持续发展的理念切实贯彻到决策的制定与执行之中，而不是仅仅停留于纸上谈兵，就必须以全面、准确的信息为基础。现有的作为政策分析工具的信息系统是国民经济核算体系，也是目前在世界各国得到广泛应用的数据信息系统，是各国进行宏观经济管理的重要手段，但作为目前可持续发展战略所特别关注的环境问题，在传统的国民经济核算体系中则被忽略了。因此，现有的信息系统是不能作为可持续发展的政策分析工具的，有必要建构一个能够描述环境与经济之间关系的量化的描述体系，这一体系应反映人类对环境的关注、对可持续发展的渴望，即应是一个经过"绿化"的国民经济核算体系。这样的体系可以为政府、工商界、大学和研究机构、新闻界和一般公众提供相应的信息，满足其需求。

3.1.2 绿色国民经济核算的理论基础

经济学理论为绿色国民经济核算在流量分析和存量分析中提出了应该关注的焦点问题。①经济增长理论的演进，把资源环境作为经济增长的核心要素引入，给绿色国民经济核算的流量核算提供了重要的理论依据；②财富理论的演进，把自然资产作为国家财富的组成部分，为绿色国民经济核算的经济存量核算提供了重要的理论依据。

环境经济学为构建绿色国民经济核算提供了重要的理论支撑，这主要表现在以下 3 个方面：①环境也是一种稀缺资源，因此也应被视作经济核算的核算对象；②资源环境成本更多地具有外部性特征，并未在 SNA 中得到有效反映，构建绿色国民经济核算体系可以解决这个问题；③物质平衡理论为构建环境与经济体系之间的关系提供了基本框架。

3.1.3 绿色国民经济核算的方法基础

绿色国民经济核算的方法基础主要来源于两方面：国民经济核算方法和资源环境价值评估方法，前者提供了一般框架，后者提供了建立环境—经济之间的联系，修正 SNA 的宏观经济总量的可选方法。

国民经济核算包括国内生产总值核算、投入产出核算、收入分配与使用核算、资本形成与金融交易核算、资产与负债核算、对外经济核算等，这些账户体系环环相扣，描述一国宏观经济运行的全过程。其中构成绿色国民经济核算方法基础的主要是国内生产总值核算、投入产出核算和资产负债核算。

投入产出表在绿色国民经济核算中主要有两方面的应用：①将资源消耗视为经济活动的投入，将污染物排放视为经济活动的产出，从实物量上描述经济活动与资源耗减和污染物排放的关系；②将资源管理和环境保护活动从产业部门中分离出来，以反映其实际收支情况。

资产负债核算在绿色国民经济核算中有两方面的作用：①全面核算一国所拥有的自然资产的规模和结构；②反映这些自然资产在经济过程中所发生的变动以体现对经济系统的贡献。当然，由于资源环境要素的引入，需要对 SNA 的经济资产概念作扩展和重组，并且需要修正资产变动原因的分类，把因经济过程消耗的自然资产与因经济过程消耗的其他资产作同等处理。

在绿色国民经济核算体系中，要在 GDP 核算基础上对资源环境成本的扣除，得到“经资源环境调整的国内产出”，以正确测度经济活动的成果和系统反映经济活动的环境影响。

构建绿色国民经济核算体系的一个基本问题是如何建立一整套资源环境的价格体系，用于不同自然资产的加总，对 SNA 相关总量指标进行修正。在现实经济体系中，资源环境的各项功能还未能全部进入市场，不是所有的资源环境要素都可以通过市场体现其价值，因此，难以应用传统经济理论解决资源环境的估价问题。资源环境价值评估方面的大量理论研究和实践探索可以为绿色国民经济核算提供方法学支持。

3.2 国际经验及其对中国适用性

绿色国民经济核算是国际性前沿研究领域，各国际组织、各国政府和民间研究机构以不同方式对此进行了研究探索。中国建立绿色国民经济核算体系，必然要从吸取国际经验入手。

3.2.1 联合国综合环境经济核算

针对传统国民经济核算体系在处理经济与资源环境之关系上的缺陷，为了能将环境标准并入经济分析，联合国在 1993 年 SNA 中心框架基础上开发了综合环境经济核算体系（Integrated Environmental and Economic Accounting，SEEA）作为 SNA 的附属账户（又称卫星账户），从 1993—2003 年间共发布了 3 个方法性版本。通过这些版本尤其是 SEEA—2003 版本，对综合环境经济核算体系进行了全面阐述，详细说明了将资源耗减、环境保护和环境退化等问题纳入国民核算体系的概念、方法、分类和基本准则，构建了环境经济核算的基本框架，宗旨在于以环境调整的国民财富、国内生产总值、国内净产出和资本积累等宏观经济指标支持社会、经济和环境综合决策，为衡量可持续发展提供基本手段。SEEA 由四类账户组成。

第一类账户 实物型和混合型流量账户。实物型账户考虑与物质和能源流量有关的纯实物数据，并尽可能按照 SNA 的核算框架对它们进行排列整理，以利用已有的分散的环境资源数据体系。混合型流量账户是将实物数据和价值数据合并形成的账户，从这类账户中可以得到有关环境资源使用的实物型信息，同时还可以得到有关经济生产过程的实物型和价值型信息，目的是考察经济发展和环境影响的关联度。

第二类账户 与环境交易相关的经济账户。这类账户包括了反映企业、政府、住户为保护环境而支出的账户以及与环境管理经济手段有关的账户，它的目的是提供关于人类减轻环境影响的经济成本和效益的评估，从资金角度进行可持续分析。

第三类账户 以实物单位和价值单位测度的环境资产账户。这类账户显示了各类自然资源期初、期末总量以及在此核算期内的有关变化，并对资源存量进行估价。

第四类账户 对 SNA 总量进行调整，核算经济对环境的影响。主要考虑了三类调整：有关自然资本耗减调整，与环境有关的防御支出调整和有关自然资本退化的调整。

在不影响传统 SNA 核心体系的主题目标的前提下，SEEA 扩展了国民经济核算的分析能力，其研究的主要问题可以列示如下：

（1）分离并详细阐述 SNA 中所有与环境有关的流量和存量资产，对社会关注的主要环境领域进行详细核算，分离出国民账户中各种流量和存量资产，对保护和改善环境的总支出进行估计。

（2）连接实物形式核算与货币形式核算。SEEA 提供了连接自然资源与环境实物核算与经济（货币形式）核算的桥梁。

（3）环境成本和收益的估算。SEEA 增加了对“外部”环境成本和收益的核算，从两个方面扩展并完善了 SNA 体系：产品生产和最终需求对自然资源的使用、污染等因素对环境质量的影响。

（4）有形财富的核算。SEEA 扩展了资本的概念，包括人工资本和自然资本，还包括由于自然资源减少、环境恶化所产生的有关成本。

（5）经环境调整的收入和相关指标度量。考虑到自然资源的减少和环境改变，SEEA 总量核算中引入了“经过环境调整的国内生产净值 EDP”（Eco Domestic Product）概念，即所谓绿色 GDP。作为 SEEA 的核心指标，EDP 把资源环境成本作为对自然资源数量上和质量上消耗的度量，并将其从 NDP 中扣除，由此使传统 GDP 指标得到了改进。

为了实现上述核算，SEEA 进一步讨论了环境保护支出、资源消耗价值、环境退化价值的具体估算方法。其中，环境保护支出反映了现实经济体系为保护环境所付出的经济代价，资源耗减价值和环境退化价值反映了资源存量价值和环境功能价值的变化，相比较而言，资源耗减价值的估算方法更加接近于经济核算，而环境退化价值核算方法则更具有争议性。

总体来看，SEEA 对绿色国民经济核算的概念、框架、内容和估价方法以及与国民经济核算的联系等均做了详细的讨论，为各国实施探索建立绿色国民经济核算提供具有权威性的理论方法指导，因此，SEEA 对中国绿色国民经济核算体系的构建具有最基础的指导意义。

3.2.2 世界银行国家财富及真实储蓄率

1995 年，世界银行发布了关于国家财富以及真实储蓄的概念和衡量标准，此后又先后在 1997 年和 2005 年连续发布全球国家财富报告。作为对可持续发展的度量，国家财富及真实储蓄对传统国民经济核算在以下两个方面有新的进展：①扩展了财富的概念范围，把自然资本也加进去，衡量一个国家或地区财富及其增长；②不再以 GDP 作为衡量增长的主要尺度，而是用财富作为出发点，使发展的衡量超越了收入和投资的范畴。

3.2.2.1 国家财富的概念与测算方法

根据定义，一个国家的财富具体包括以下四部分内容：①生产资本，即机器、工厂、建筑、水利系统、公路和铁路等通过生产积累的财富；②自然资本，即土地肥力、森林、渔业资源、净化能力、石油、煤、臭氧层和生物地球化学循环等；③人力资源，包括以人为主体，如教育、营养、医疗等所反映的人的生产能力的价值；④社会资本，是联系生产资本、自然资本和人力资源 3 方面的纽带，是指促使整个社会以有效方式运用上述资源的社会体制和文化基础。

国家财富的测度思路是先按生产资产、自然资源、人力资源和社会资本 4 个部分分别计算而后加总。测度的基本问题是要把上述内容做货币化处理，以货币总额描述财富的拥有总量，由此，可以认为所谓国家财富的测度方法，归根结底就是财富的估价方法。

构成国家财富的这 4 个组成部分是如此的不同，因此，有必要以各自的特性为基础，寻找不同的测度途径。从整体上看，世界银行有关专家在具体操作上采用了两种计算思路。生产资产是根据永续盘存模型直接估算，自然资产和人力资源、社会资本则是借助于各期的收入流量运用未来收益现值法来估算。为了保证在不同国家之间具有可比性，测度时采用了统一的国际价格和统一的贴现率，并尽可能运用购买力平价来估算，目的是避免当地市场上的价格扭曲，加强国际间可比性。

国家财富及其测度对于实施可持续发展的政策选择具有显著意义：①对自然资源和环境实施有效管理，增加生产资产的投资以及紧密结合其他投资来增加对人力资本的投资，进行各种制度和社会结构的构建，促进社会资本的成长，这些都将在国家财富的变化上得到体现，成为可持续发展的标志和成果；②由于不同部分之间所具有的可加性，只要将利用开发自然资源所得到的租金进行生产资产或人力资源的投资而不是将其消费掉，就可以通过不同财富部分之间的相互抵减和弥补来保证国家财富在总量上的非负增长，即通过资产类型的替换保证可持续发展的实现，这就是所谓“弱”可持续发展。

3.2.2.2 真实储蓄与真实储蓄率

与国家财富同时，世界银行同时还提出了名为“真实储蓄率”的一套估算方法。真实储蓄概念的形成思路是：以传统宏观经济指标 GNP 及总储蓄为起点，然后从总储蓄中扣除固定资本消耗，可以得到净储蓄，进而扣除自然资源开发所发生的耗减以及污染所造成的损害（此外还要考虑人力资本投资因素），结果就是一个国家真实的储蓄率，即真实储蓄，它代表了一个国家真正有能力对外借出和对生产性资产进行投资的价值。把真实储蓄与 GDP 比较，结果就是所谓真实储蓄率。

显然，真实储蓄率是考虑了自然资源消耗和环境污染损害之后的一个国家的真实的储蓄率。因此，真实储蓄率能动态表达一个国家或地区的可持续发展能力，如果一个国家只靠剥夺自身的自然资本去增加收入（如出售石油、煤、木材或其他原料），并将其收入用于消费而不是投资，这样就会显示出“负储蓄”的特征，它表明一个国家的“财富净值”在减少，也表明了是在削弱自身的可持续能力并损害后代的发展机会；另外，国家也可以通过“正储蓄”增加财富净值。真实储蓄可以作为是一个衡量财富动态消长的有效工具。

3.2.3 发达国家国民经济核算的实践经验

发达国家是绿色国民经济核算开发的先行者，其研究成果和实践经验可以为我们建立中国绿色国民经济核算提供重要的参考。

3.2.3.1 荷兰的 NAMEA

荷兰开发的“包括环境的国民核算矩阵”（National Accounting Matrix including Environmental Accounts，NAMEA），采取社会核算矩阵的思想，将环境账户与传统 SNA 连接起来，显示了生产消费活动和自然环境之间的联系，同时保持了与原有供给—使用表和部门账户的一致性，从而形成了一个能表现不同层次细节的综合核算框架。

NAMEA 中包括两组与环境有关的实物量账户：一组为环境物质账户（Environmental Substances Accounts）；另一组为环境主题账户（Environmental Themes Accounts）。其中，环境物质账户包含了经济和自然环境间的物质交换信息，系统测定了 10 种污染物（CO_2、N_2O、CH_4、CFCs、NO_x、SO_2、NH_3、P、N、废弃物）的来源和流通方式；环境主题账户的目的是评估环境退化的影响，包括 2 个全球环境主题账户：温室效应和臭氧层破坏，以及 3 个国家环境主题：酸化、富营养化和废弃物。

NAMEA 可以作为拟定环境政策的分析工具，让人们了解并关注一些环境主题的状况，最重要的是，可以通过 NAMEA 衍生出的表现环境与经济关系的指标，说明本国的能源使用效率、可持续发展水平等。

3.2.3.2 欧盟的 SERIEE

欧洲统计局（Eurostat）开发的“欧洲环境经济信息收集体系”（European System for the Collection of Economic Information on the Environment，SERIEE）是欧盟为建立衡量可持续发展的指标而设计的环境信息系统，其目的是以卫星账户的方式将环境保护活动与国民经济账户连接起来，作为环境议题与相关统计资料的桥梁。

SERIEE 的基础是环境保护，以污染者付费为原则，它不仅描述及评估资源的关联性，而且对于以环境保护为目的的生产，说明成本的资金筹措情形。具体来看，SERIEE 以经济统计及环境统计为基础建构了五组模型：环境保护支出账户（Environmental Protection Expenditure Account）、自然资源使用及管理账户（Natural Resource Use and Management Account）、环境产业记录系统（Eco-Industries Recording System）、特征活动投入产出分析（Input-Output Analysis of Characteristic Activities）及物质流账户（Materiel Flow Accounts），环境保护支出账户是其中的核心组成部分，目前 SERIEE 发展的重心也是环境保护支出部分。

3.2.3.3 美国的 IEESA

美国经济分析局（BEA）是较早开展“污染防治支出”核算的国家。为了更明确地反映经济活动与自然资源的互动关系，在 20 世纪 90 年代根据联合国 SEEA 的框架开发了“综合经济与环境卫星账户”（Integrated Economic and Environmental Satellite Accounts，IEESA）。

IEESA 包含两个主要的架构。第一是将自然资源和环境资源当做是一种生产资本同时是国家财富的一部分加以核算，并计算它们在生产过程中的贡献；第二是要提供关于支出和资产的细节数据，据此可以了解经济活动与自然资源的互动关系。

3.2.3.4 挪威的经验

挪威是世界上最早开始进行自然资源核算的国家，也是绿色 GDP 核算方法的最初探索者之一。早期的研究成果主要集中在自然资源核算方面，构建了包括森林、土地、水资源、石油、天然气等一系列完整的实物资源核算体系。

近年来，挪威在绿色核算方面的工作是执行“经济和环境核算项目”（NOREEA）。该项目包括 3 部分内容：①将环境统计纳入经济统计中，即编制挪威的 NAMEA；②将包括在经济统计中的与环境相关的信息予以分离；③对重要自然资源进行评估。

3.2.4 发展中国家国民经济核算的实践经验

发展中国家绿色国民经济核算建立起步较晚，但由于其发展中所面临的资源环境问题和核算基础与中国更加接近，因此其经验对于中国建立绿色国民经济核算体系同样具有重要的借鉴意义。以下主要介绍菲律宾的经验。

菲律宾曾经两次进行绿色国民经济核算研究探索。①Peskin 在 USAID 基金赞助下开发的 ENRAP（Environmental and Natural Resources Accounting Project）；②国家统计局（NSCB）在联合国建议下编制的（Philippine SEEA，PSEEA）。尽管这两套系统存在许多共同之处，但因编制理论不同，仍然有不少不同之处。

PSEEA 主要以联合国 SEEA 框架为依据，其包括自然资源核算和环境退化核算两个方面。①已陆续编制了森林、渔业与矿物资源 3 种自然资源账户，具体包括资源起初存量、因经济活动而引起的存量改变（如耗竭或开采）、其他积累量、其他因素造成的数量改变（如技术进步及新矿发现）以及期末存量，以此信息为基础进一步通过净价格法的应用建立起价值资产账户；②采用维护成本法估算环境退化价值。

ENRAP 由美国经济学者 Peskin 教授提出，试图采用符合经济学理论的方法来计算自然资源损耗及环境污染损害，将那些不具市场交易价格但代表环境所提供的服务的价值以及因污染所导致的环境质量下降，纳入国民经济核算体系中。为达此目的，ENRAP 对于部分不具备市场交易价格的环境资源服务采用影子价格（shadow price）来推估，这些服务主要包括 3 类：①环境资源所提供的投入服务，如对于废弃物的管理；②环境资源的产出服务，如休闲功能；③污染损失：虽然 ENRAP 尝试将环境资产予以货币化，但 Peskin 也承认并不是所有的环境资产皆能成功的货币化，因此，ENRAP 的数据中仍然有一部分仅涉及实物账户。

ENRAP 的最引人注目之处在于，它在传统核算内容之外增加了 3 个新的项目，即环境提供的废弃物处理服务、环境损失和环境提供的直接服务，并通过环境服务价值（环境提供的废弃物处理服务与直接服务之和）与环境污染损失之差，定义了净环境利益（Net Environmental Benefit，NEB）指标，可以作为一个估算环境管理效率的粗略的指标，如NEB 为 0，表示环境管理达到了一个理想的状态，若 NEB 小于 0，则表示环境管理还需要继续改善。此外，ENRAP 还尝试采用“支付意愿法”（Willingness to Pay，WTP）来衡量消费者心目当中对于各项环境服务、环境损害的估价。

3.2.5 国际经验对中国的意义和适用性

3.2.5.1 国际经验的总结比较

关于绿色国民经济核算，国际上有不尽相同的做法，各国开发程度也有很大区别。为了更好地借鉴这些经验和成果，以下针对绿色国民经济核算的覆盖范围和开发特点进行比较归纳。其中，表 3-1 归纳了不同核算模式的覆盖范围和方法特点，表 3-2 则归纳了各国实际核算中的方法选择和具体做法。

表 3-1　绿色国民经济核算体系国际经验比较

系统	SEEA2003	ENRAP	SERIEE	NAMEA
提出	1．1993 年出版第一本 SEEA 手册 2．2000 年出版操作手册 3．2003 年出版 SEEA2003	1．由经济学家 Peskin 提出 2．在菲律宾实施	欧盟统计局 1994 年出版	1．概念和方法由荷兰统计局提出 2．荷兰最早在 1991 年编制了大气排放物账户
主要内容	1．非生产性资产实物账户 2．环境保护支出账户 3．环境经济综合账户 4．自然资源损耗和退化 5．计算绿色国民经济指标（eaGDP）	1．将自然环境视为生产部门，可生产非市场的环境服务价值 2．将包括污染对人体健康损害在内的环境污染损失价值作为生产部门的负产出 3．净环境利益指标	1．环境保护支出账户 2．自然资源使用和管理账户 3．基本资料收集和处理系统	1．排放物账户 2．国家环境主题 3．全球环境主题（温室效应、臭氧层破坏）
编制范围	1．以净价格法、现值法或使用者成本法计算自然资源耗减 2．建议以维护成本法或损失估算法计算环境退化	1．计算环境社会损失成本 2．计算环境服务价值	仅计算环境保护支出，不计算各种污染损害成本	与环境有关部分仅计算实物账，未进行货币化
说明	采用 SEEA 进行绿色核算的国家并不是完全按照 SEEA 架构编制表，根据自身实际情况对其经济活动有影响力的环境主题进行编制和调整	1．包括了天然环境提供的非市场服务，如观光旅游 2．污染对人体健康损害	系统核心重点在于环境保护支出账户，因此其环保支出账比 SEEA 详细	系统中除传统的国民经济核算系统外，其余均用数量单位表示实物账户

资料来源：台湾地区绿色国民所得账理论体系及编算模式研究报告。

表 3-2　一些国家绿色国民经济核算概况

国家	编制系统	自然资源耗减	环境退化			固体废弃物	附注
			水	大气	土壤		
韩国	SEEA	记录了森林、渔业、土地和矿产（煤矿、铜等）等资源	污染物为BOD	将污染物分为固定和移动两种，污染物包括 CO、SO_2 等		纳入一般家庭废弃物并计算填埋成本	1．森林及矿产采用净价法 2．土地采用平均市场价格 3．渔业资源未评估 4．环境退化采用维护成本法
日本	SEEA	包括矿产（煤、锌）、土地和森林等资源	污染物为COD 和 BOD	选择 SO_2 和 NO_2 作为衡量污染物	估算经济活动对土壤造成的损失		1．土地及森林均采用平均单位成本估算 2．矿产采用使用者成本法 3．环境退化采用维护成本法
美国	SEEA	将石油、天然气、木材、煤、水和渔业资源等纳入计算	污染物为 P、N 和 BOD	将污染源分为固定和移动两种，污染物包括 CO、SO_2、VOC 等	利用维护土地休闲功能的成本和相关维护费用评估土地退化	仅纳入一般废弃物	1．采用净价法估算自然资源价值 2．环境退化采用维护成本法
荷兰	NAMEA	记录原油和天然气	记录废水数量	CO_2、N_2O、CH_4、CFCs、NO_x、SO_2、NH_3、P、N	造成土壤酸化的 NO_x、SO_2 和 NH_3	记录排放量	以实物量为主，不计算价值
德国	SEEA	编制原料和能源及水资源使用实物账户，具体包括煤、矿、天然气、油、木材、砂石及动植物等。不计算价值	记录家庭和产业的废水排放量，未计算价值	将 CO_2、N_2O 和 CH_4 依据其对环境的相同影响转换成相同的计算单位，以 CO_2 排放量表示，特别重视跨国 CO_2 排放量比较，但不计算价值。此外还记录 CO、SO_2、NH_3 和粉尘等数量		编制排放量，但不计算价值	1．记录政府和产业环保支出及环境相关税收 2．强调跨国 CO_2 排放比较
菲律宾	SEEA	记录森林、渔业、土壤及矿产	利用维护成本法计算	利用维护成本法计算	有土壤资源账户，未计算价值		1．资源耗减采用净价法计算 2．环境退化采用维护成本法
	ENRAP	记录森林、渔业、土壤及矿产	N、P 和 BOD	纳入 PM_{10}、CO、VOC、NO_x 等，仅估算 PM_{10} 和 Pb 对健康损害	估算农业活动对土壤造成损失	估算环境对废弃物提供的服务	1．资源耗减采用净现值法计算 2．环境退化采用损害评估法
加拿大	CSESR	以实物和价值账户记录森林、土壤	仅记录污水的排放实物量，未计算价值	包含温室气体			1．记录了政府家庭和产业的环保支出
墨西哥		在生产资本基础上增加了非生产经济资产和非生产环境资产，前者包括石油储量和各种用地，而水、空气、土壤和森林则作为环境资产	地下水使用和水污染	包括 CO_2、NO、CO 和悬浮物		仅有实物量数据	1．采用净价法对矿产和森林资源进行核算 2．环境退化采用避免成本法估算

可以看出，目前还没有一个国家开发出全面的绿色国民经济核算体系。为什么有如此结果，原因可能是多方面的，其中最主要的，是在资源环境价值估算方面存在技术难题。

（1）资源和环境的物理存量如何转为经济现值。国民账户中的评估应当基于市场价格体系，但由于环境和自然资源的公共产权属性，环境和自然资源定价或货币化本身方法各异，存在非常大的不确定性。将其物理存量转为经济现值的困难很大。

（2）如何实现环境价值的经济评价，特别是环境污染对人体健康损害的经济评价。国际上常用调查评价法即支付意愿法，对环境污染之健康损害进行估价，但却面临着调查结果不确定的难题，即针对不同地域、不同经济条件、不同自然条件、不同文化背景下的不同调查群体，其支付意愿会有显著不同。而且，这样的估算结果虽然具有一定的政策参考意义，但在概念上难以直接应用到绿色国民经济核算，因为能否与市场价值直接相加，还存在很大争议。

（3）污染损失的评估。虽然对污染损失开展了很多研究，但由于计量反应方程的不确定性导致各研究结果差异很大，而且没有全面的综合性的污染损失研究。这就使得环境容量的价值难以正确估量。

3.2.5.2 对中国建立绿色国民经济核算体系的启示

通过对上述国外建立绿色国民核算体系的总结，结合我国的实际情况，我们得到了下面几点启示和建议：

（1）应以联合国 SEEA 为基础编制我国的绿色国民经济核算体系。编制绿色国民经济核算体系，一方面要考虑为我国的可持续性发展战略服务；另一方面也要考虑能够与国际接轨。SEEA 是在不影响传统 SNA 主题目标前提下扩展国民核算的分析能力，可以比较全面系统地反映环境与经济的关系；大多数建立绿色国民经济核算的国家均以 SEEA 为基础框架，因此建议应该以 SEEA 为基础建立我国的绿色国民经济核算体系。

（2）在保证基本框架科学性和全面性前提下，可以先试编某些账户。比如，在现行 SNA 基础上，先考虑建立环境资源实物量核算体系，然后再建立环境资源价值量核算体系；进行关键资源和环境的系统监测，试编一些卫星账户，建立与经济和环境相关联的模型并进行评估。

（3）注重核算优先领域的选择。短期来看，全面的资源环境经济核算难以实现，选择部分领域、特定的环境主题进行核算，是具有建设性的实施步骤。根据目前环境数据的收集情况，环境经济核算可以考虑选择 SO_2、烟尘、废水、COD、工业固体废弃物等核算范围。

（4）注重不同估价方法的开发和具体选择。不同估价方法具有不同的假设和含义，需要不同的数据支持，获得不同的核算结果，应该根据中国数据来源的实际情况，选择符合国情的核算方法。

（5）综合应用来自不同方面的统计基础资料。绿色国民经济核算对经济和资源环境统计资料有巨大需求，从各国编制情况来看，制约核算的问题之一就是统计基础资料不完整。我国目前统计指标体系还不够完整，基础数据资料不够完善，在统计数据的及时性、完整性和公开性等方面与国际水平还有很大的差距。为此，在建立中国绿色国民经济核算体系中，要系统收集相关统计数据资料，同时辅之以必要的专门调查，以满足核算的需求。

3.3 中国绿色国民经济核算体系框架

本研究借鉴国际经验，结合中国实际，设计了中国绿色国民经济核算体系的基本框架。作为基本框架，其主要功能不是针对具体核算对象给出具体核算方法，而是要就核算基础、核算概念、核算内容和表式、核算的估价以及核算的实施提出原则性定义，为以后的具体核算提供规范。鉴于中国目前在绿色国民经济核算方面的状况，进行这样的框架研究具有重要意义。

3.3.1 框架目标和原则

绿色国民经济核算是一个处于研究探索过程的国际性课题。根据绿色国民经济核算的基本目标和中国的现实核算基础，构建中国绿色国民经济核算体系，开展绿色国民经济核算，需要坚持以下原则：

（1）以国民经济核算为基础和起点。进行绿色国民经济核算不是不要国民经济核算，而是要在国民经济核算基础上加入资源环境因素，反映资源环境与经济的关系，在考虑资源环境因素前提下衡量发展的成就，为资源环境经济综合管理提供支持。

（2）借鉴国际经验与适应中国需要二者兼顾。一方面要广泛参照国际经验，保持与国际已经形成的核算模式的对接；同时要适应中国现实，依托中国绿色国民经济核算已经取得的实际经验，保持与中国现有统计和核算基础的衔接，实现绿色国民经济核算的本土化。

（3）全面理解绿色国民经济核算的功能，将其作为一个多层次应用的体系。资源环境与经济之间的关系是多重的、多层次的，绿色国民经济核算的目的是为全面认识资源环境与经济之间的关系提供全面、详细的数据信息，而不仅是对 GDP 进行调整获得所谓绿色 GDP。

（4）保持较强的弹性和可塑性，支持选择特定主题进行具体核算探索。目前绿色国民经济核算仍然处于探索过程之中，本框架重在勾画核算的基本模式、基本概念、基本表式、基本关系，旨在为进一步分主题的具体核算研究实践提供起点和总体平台，不纠缠于具体核算操作方法的取舍。特别鼓励根据不同的区域条件、不同的环境主题开展局部意义的核算研究。

3.3.2 核算基础

绿色国民经济核算体系的基础主要是国民经济核算体系。国民经济核算和资源环境统计一起构成了进行绿色国民经济核算的数据基础。

国民经济核算的主要内容由国内生产总值核算、投入产出核算、资金流量核算、国际收支核算、资产负债核算 5 个子体系概括。从绿色国民经济核算角度看，构成核算基础的主要部分是国内生产总值核算、投入产出核算、资产负债核算。要从实物量上全面描述经济活动与资源耗减和污染物排放的关系，必须借助于投入产出表；要全面核算一国所拥有的自然资产及其对可持续发展的意义，必须借助于资产负债核算框架；要系统测度经济活动对环境的影响，科学测度经济活动的成果，计算考虑资源环境成本的经济产出（即绿色 GDP），必须借助于国内生产总值核算框架。经过 20 世纪 80 年代以来的研究实践，中国已经建立起比较全面的国民经济核算体系，由此为中国绿色国民经济核算体系的建立提供了一个较好的基础。

国民经济核算体系是针对一个完整的经济总体而建立的，中国在两个层次上建立了比较完整的国民经济核算体系：①国家的国民经济核算体系；②省市自治区的地区国民经济核算体系。面对中国地域广大、地区自然条件和经济发展具有明显差异的实际情况，绿色国民经济核算不仅需要在国家层次进行，更需要在区域层面进行，因此，这样的两层次国民经济核算体系为地域性绿色国民经济核算体系建立提供了前提。

要将资源环境因素纳入国民经济核算体系，必须具备较为坚实的资源统计和环境统计基础。一方面需要资源统计、环境统计提供关于资源环境存量及其变化的实物数据，同时还要依赖于资源环境统计确定资源环境要素的价格，为将资源环境因素纳入国民经济核算框架提供估价方法。中国几十年来一直重视矿产、森林、水、鱼类、土地等自然资源的统计，已经具备了基本的资源统计基础；近年来环境问题越来越受到关注，并已建立起环境污染及其保护活动的监测和统计制度，覆盖了污染排放与治理、生态建设和保护的不同方面，可以说基本具备了自然资源和环境统计等基础条件。

3.3.3 一些基本概念

绿色国民经济核算体系把资源环境因素纳入传统国民经济核算体系，从而扩展了该体系，由此涉及以下基本概念的引入和重新界定。

3.3.3.1 自然资产

自然要素对于经济体系有 3 类功能：资源功能，为经济体系提供基本物质资料；受纳功能，接受经济体系排放的废弃物；生态服务功能，为包括人类在内的生命体提供景观和栖息地。这些功能汇集起来，是经济体系赖以存在的基础，借用经济学和经济核算的术语，就是自然资产。

考虑与国民经济核算的联系，自然资产包括以下 3 个部分：①来自经济资产、属于生产资产的培育资产，即各种人工培育的动植物资源；②来自经济资产、属于非生产资产的自然资产，土地、森林、水、地下矿藏等自然资源一般会不同程度地包括在内；③未包括在经济资产中的自然资源环境要素，是除了上述两方面认定范围之外的自然资源环境要素。这样，自然资产概念一方面扩展了原来的经济资产概念，把原本不具有经济资产特性的自然资源环境也包括在内；同时，重新整合了经济资产中对资源环境要素的归类方式，将处于生产资产和非生产资产不同类别中的、与资源环境有关的内容剥离出来，归纳到一起，形成了一个完整的自然资产概念。这样定义的自然资产概念与经济资产中留下来的其余部分即人造资产是并列存在的，可以为系统描述经济与环境的关系提供前提和支持。

在具体核算中，自然资产需要进一步区分为不同类别。现实管理中所沿用的分类不是严格意义上的统计分类，具有历史演进、按管理职能约定俗成的成分，并且主要集中在资源方面，比如森林资源、土地资源、水资源、矿产资源等。联合国有关文献所采用的分类方法是依据功能和存在特征，将自然资产按照自然资源、土地和地表水、生态系统 3 个宽泛的类别分别进行分类。同时，为与国民经济核算保持衔接，还可以保留生产资产、非生产资产的类别划分。应该说，有关自然资产的分类体系还有待于进一步开发。

3.3.3.2 自然资产经济利用

为体现资源环境要素对经济系统的贡献，需要界定自然资产经济利用的概念。所谓自然资产经济利用，从自然资产角度讲，是指核算时期内投入经济过程被后者所利用消耗的自然资产；反过来，从经济过程看，就是一时期经济活动所利用消耗的资源环境投入。在传统国民经济核算体系中，自然资产经济利用要么包含在“其他物量变化”项目里，要么不予体现，都没有作为经济过程的投入看待。为了系统描述经济与环境的关系，纠正传统核算的不正确处理方法，有必要对该项目予以统一核算，将“因经济使用所引起的自然资产数量变化”部分独立出来，在绿色国民经济核算中予以单独列示，从而反映经济过程中所消耗的自然资产。

3.3.3.3 资源耗减价值、环境退化价值、资源管理与环境保护支出

对自然资产经济利用进行货币估价，结果就是资源环境成本，反映当期为经济活动所消耗的资源环境投入的货币价值。

鉴于国民经济核算在现实中的广泛应用性以及其在反映资源环境与经济之关系上所具有的局限性，进行绿色国民经济核算的重要目标之一，就是要对经济过程中利用消耗的资源环境进行货币估价，核算经济活动的资源环境成本，以此来调整 GDP 等传统宏观经济总量。因此，资源环境成本及其计量是绿色国民经济核算体系中的一个重要研究课题。在内涵上，它集中体现了经济与资源环境之间的关系，代表了经济过程对资源环境的利用及其对资源环境的影响；从技术上，它汇集了进行价值型绿色国民经济核算的基本困难——资源环境的估价。可以说，如果解决了资源环境成本的概念定义和货币计量问题，就相当于解决了宏观总量的计量调整问题。

针对不同计量对象，从不同角度，资源环境成本概念有以下具体表现形式：资源耗减价值、环境退化价值、资源管理与环境保护支出。资源耗减价值，是指经济过程利用消耗自然资源所形成的成本，也就是自然资源存量由于经济利用而减少的价值，比较侧重于自然资产的数量利用方面；环境退化价值，是指经济过程使用了环境提供的服务而形成的成本，也就是自然环境由于向经济过程提供服务而使其功能下降的价值，比较侧重于自然资产的质量方面；资源管理与环境保护支出，是经济体系为使资源得到可持续利用、保护环境不受损害而实际花费的支出，即经济体系为保护资源环境所付出的代价，这是已经包含在经济核算之中，但需要予以单独确立的部分。

从内容上看，资源耗减价值与环境退化价值在计量对象上是并列存在的，分别对应自然资产经济利用的不同方面；资源管理支出与资源耗减价值、环境保护支出与环境退化价值两两之间在计量对象上具有某种同一性，但所采用的计量方法则不同，资源管理和环境保护支出以实际发生的支出为估价基础，而资源耗减价值和环境退化价值则是采用了虚拟估价方法，是对没有得到保护的那部分环境影响进行的估价。

由于资源环境问题主要产生于经济行为的外部效应，在很大程度上不具有市场性，或者是仅具有不完全的市场性，因此，如何进行资源环境成本估价，在技术上仍然存在巨大困难。不能简单地沿用经济产品、经济资产的方法，以市场为依据进行估价，常常需要另辟蹊径，寻找其他替代方法。

3.3.3.4 EDP——经资源环境因素调整后的国内产出总量

把资源环境成本放入国民经济核算的生产核算之中，作为经济生产的成本处理，就可以实现对原国内生产总值的调整，其结果就是经资源环境因素调整后的国内产出总量（Adjusted Environmentally Domestic Product，EDP），即所谓绿色 GDP。它仍然是一个经济总量，但却是考虑了经济对资源环境之利用消耗的经济总量。

理论上说，EDP 应该是一个“净值”而不是“总值”，其调整基础不是 GDP 而是 NDP。之所以要在 NDP 基础上进行调整，原因在于，资源环境利用消耗价值在性质上与固定资本消耗完全相同，只不过一个涉及人造资产（固定资产），一个涉及自然资产，在产出计量过程中应该以同样方式处理，必须在对固定资本消耗进行调整的前提下，才可能对自然资本消耗进行调整。

但是，在实际应用中，国内生产总值远比国内生产净值更为普及，除非是国民经济核算专家，不能要求人人都清楚“总”口径总量与“净”口径总量之间的优劣。比如，许多人将这样的经资源环境调整后的宏观总量笼统地称为“绿色 GDP”，从字面上可以看出，这是按照“总”口径意义理解的总量调整，但可能更加易于被一般管理层所接受。因此，适应应用上的广泛性，应该按照“总值”口径在 GDP 基础上进行总量调整，以此为基础确定 EDP 概念。

基于资源环境成本计量的不同的角度和方法，经资源环境调整的国内产出总量也有不同的解释：

（1）以资源耗减价值进行调整。就是要从传统经济产出总量 GDP 基础上扣除资源耗减价值，以此得到经资源耗减调整的国内产出总值，即所谓 $GDP_{资源耗减}$。这是整个总量调整中最少争议的部分。

（2）以环境退化成本进行调整。就是要从传统经济总量中扣除环境退化价值，得到经环境退化调整的经济总量，如果用 GDP 总量来表述，就是 $GDP_{环境退化}$。和资源耗减成本调整相比，无论在调整方法的成熟性上，还是在调整后总量的释义上，环境退化价值之总量调整要更加具有争议性。

（3）以资源管理与环境保护支出进行调整。就是将当期环境保护支出从中扣减，得到经调整后的宏观总量。由于资源管理与环境保护支出的特殊性质，如何看待其对宏观总量的调整，还是一个有待讨论的问题。

3.3.4 核算内容框架

将资源环境因素纳入国民经济核算体系，构造绿色国民经济核算体系，需要从以下方面予以考虑。

- 从存量核算和流量核算两个方面考虑。①将资源环境要素纳入经济资产之中，形成完整的自然资产概念，进行资产存量的核算；②将资源环境利用消耗作为投入纳入当期经济活动核算之中，进行流量核算。二者的联系点在于，当期经济活动对资源环境的消耗利用，是构成自然资产存量减少的主要因素。
- 从资源、环境不同功能考虑，整个绿色国民经济核算体系包括两个相对独立的部分。①考虑自然资产的资源功能，核算资源存量和被当期经济活动所消耗利用的数量，即自然资源核算；②考虑环境的受纳和生态功能，就环境质量状态及由于经济活动所导致的污染和生态效应（即环境退化）进行核算。二者是并列的，资源功能和环境的受纳、生态功能可能是由同一自然介质承担的，比如水，既是资源，又是废弃物的受纳体，还具有生态系统的功能。

- 从核算手段考虑，绿色国民经济核算可以区分为实物量核算和价值量核算两个层次。①实物量核算是绿色国民经济核算的第一步，可以充分利用资源环境统计数据，使其与经济核算数据相匹配，直观地显示资源环境与经济之间的关系；②价值量核算则是在实物核算基础上通过估价进行的综合性核算，由于国民经济核算基本是一个价值量核算体系，在现实市场经济框架中，只有价值核算才能使资源环境体系和经济体系按照同一计量单位合为一体，获得相应的总量指标，对发展过程和结果做出综合性的评价，因此，价值量核算是不可或缺的，代表了绿色国民经济核算的最终目标。二者之间的关系在于，实物量核算是价值量核算的基础。
- 要考虑现实发生的资源管理和环境保护活动。所谓资源管理活动，是指为实现资源的可持续利用而进行管理、维护的活动；所谓环境保护活动，是为保护环境不受经济活动侵害、恢复已经受到影响之环境而发生的活动。绿色国民经济核算的主线是要显示出经济过程对资源环境的利用，从而显示对资源环境所具有的负面影响；但伴随越来越多的资源管理和环境保护活动在现实经济体系中发生，已经构成抵御对资源环境不良影响的重要因素，因此就必须在绿色国民经济核算体系之中包含对资源管理和环境保护活动的核算。这两方面核算的关系是：为资源管理和环境保护活动所花费的成本可以作为实际资源环境成本，构成经济活动之资源环境成本的重要组成部分。
- 核算结果应该包括解析式和加总式两个类别的核算数据。①解析式核算数据库，对所涉及的经济要素和资源环境要素进行详细分解，提供资源环境与经济之间关系的详细图景，这是管理和决策所不可缺少的；②要对核算结果进行高度综合，像国民经济核算中以国内生产总值（GDP）为中心的总量指标体系那样，形成以EDP（即所谓绿色 GDP）为中心的一组关键总量指标，用于可持续发展成果的评价。

绿色国民经济核算体系的基本框架就是基于国民经济核算对上述不同要素进行组合的结果。中国绿色国民经济核算体系的主要内容由以下四组核算表表示。

3.3.4.1 资源环境—经济流量混合核算表

经济活动的发生，一方面消耗了资源；另一方面排放了包含污染物质的废弃物，完成了物质从环境到经济、又从经济到环境的流量循环。资源环境—经济混合核算的目的，就是要以国民经济核算的投入产出表为基础，将经济活动与资源消耗、废弃物排放联系在一起，提供详细的数据信息。核算分为两个步骤：

（1）按照经济活动类别分别编制资源消耗实物核算表和废弃物排放实物核算表。纵列列示各类经济活动，主要是不同经济产业活动和消费活动，相关分类要与经济核算所采用分类保持一致；横行区分不同的资源类别以及不同的废弃物类别。所形成的二维表分别体现资源的经济使用去向和废弃物的排放来源。

（2）将资源消耗表和废弃物排放表置于经济投入产出表（或供应使用表）之上，形成“资源消耗—经济产品—废弃物排放混合核算表”，即资源环境—经济混合核算表。

两个步骤后形成的简单表式如表 3-3 所示。

表 3-3 资源环境—经济混合核算表

货币单位，实物单位

	产业部门				最终消费	资本形成	净出口	使用总计
	I 1	I 2	I 3	I 产业总计	C	CF	X	
I 1 农业、渔业和矿业								
I 2 制造业、电力和建筑业								
I 3 服务业								
I 产业总计								
增加值								
投入总计								
自然资源消耗 矿产资源 森林资源 水资源 —								
废弃物排放 废气 废水 固体废弃物								

通过表 3-3，可以将资源消耗和废弃物排放与中间产品投入并列显示，由此体现出，资源环境对经济活动所提供的物质和服务，这也是经济活动的投入；从实际应用看，这样并列的结果，为观察经济活动的资源消耗强度和废弃物排放强度（即计算资源消耗系数和废弃物排放系数）提供了前提，同时也为进一步利用投入产出表的消耗系数，将资源消耗和废弃物排放置于国民经济各部门的普遍联系之中提供了前提。

表 3-3 中，经济投入产出部分是价值表，按货币单位编制，而资源消耗和废弃物排放部分则是实物数据，按各种实物单位列示，因此有混合表之称。这样的混合表不能做列向合计，但是，这样的核算信息具有重要应用意义，同时由于不涉及估价问题，从而也更加具有可行性。

3.3.4.2 资源管理和环境保护活动流量核算表

资源管理和环境保护活动发生在现实的经济体系之中，因此，对资源管理和环境保护活动进行核算，就是要对原来国民经济核算的内容加以重新组合，分离出与资源管理、环境保护活动有关的流量予以单独核算。

从绿色国民经济核算体系的目标出发，对资源管理和环境保护活动进行核算，目的之一是要核算出现实经济体系为保护资源环境而花费的经济代价，即资源管理和环境保护活动支出，它代表了当期经济活动的实际资源环境成本；目的之二是要系统描述出围绕资源管理和环境保护活动所形成的经济利益关系，确定资源管理和环境保护资金支出的最终承担者。

可以针对资源管理活动和环境保护活动分别进行核算。从国际实践经验看，环境保护活动核算更加引人关注并具有更强的可操作性。因此，以下就环境保护活动流量核算提出核算表。

要进行环境保护支出核算，要先编制关于环境保护活动的投入产出表，核算出为直接进行环境保护而实际发生的支出，然后将围绕环境及保护活动而发生的转移支付纳入核算，就可以得到有关环境保护最终负担支出的核算结果。

表 3-4 是环境保护投入产出表的示意表式。横行反映环保产品及其使用去向：被生产过程所消耗、用于最终消费和积累，或者被出口国外；纵列反映环保产业生产的投入：消耗各种中间产品，同时创造增加值。

表 3-4　环境保护活动投入产出表

货币单位

	国内产业				最终消费		资本形成		净出口	产品使用总计
	环保服务	环保关联产业	清洁产品	其他生产	个人消费	公共消费	环保产业	其他产业		
产品使用										
环保服务										
环保关联产品										
清洁产品										
其他产品										
固定资本消耗										
净增加值										
产业总产出										

表 3-5 是关于环境保护支出的核算表。列向分别为专门环保生产者、其他生产者、住户、政府和国外列示，以记录各自为环境保护而承担的支出；横行标题体现各支出项目，其中，表中上半部分来自环保投入产出表上半部分，是关于环保产品使用的支出，下半部分则是有关环境及其保护的转移支出，体现为环保而筹集资金的支出，二者合计起来，就是各部门为环境保护所最终承担的支出。

表 3-5　环保支出核算表

货币单位

	专门生产者	其他生产者	住户	政府	国外	总计
基于环保产品使用的支出						
环保服务						
环保关联产品						
清洁产品						
为环保的资本形成支出						
有关环境及其保护的转移收支						
经常转移						
资本转移						
环保支出总计						
其中：由国外支付						
国民环保支出						

3.3.4.3 自然资产存量及其变动核算表

资产存量是指在特定时点上的资产拥有量。将资源环境因素纳入经济核算，需要将原经济核算的经济资产概念予以扩展，最大限度地包括各种自然要素，和原来经济资产中包括的培育性和非培育性自然资产合起来，形成完整的自然资产概念。

对应不同功能，自然资产区分资源存量和环境存量两个部分。一般来说，资源存量可以直接用拥有量表述，而环境存量则难以用“多少”予以说明。因此，提到自然资产存量核算，首先是指资源存量的核算，而关于环境存量，则需要通过间接方式表述，比如空间的大小、物种的多少、环境质量的分类构成和物质含量指标等。

自然资产存量核算首先是特定时点上拥有量的核算，就一个核算期间来说，包括期初和期末两个时点；同时，还应该就该核算期间内引起资产存量变化的原因进行分类核算，构成一个从期初到期末的动态平衡关系：期初存量＋当期变化=期末存量。在当期变化的诸多原因中，因经济利用而导致的数量减少是最引人注目的，从核算关系上看，它体现了资产存量核算与上面第一部分资源环境—经济流量核算之间的连接。

自然资产存量核算包括实物核算和价值核算两个层面。对资源存量核算来说，既可以按实物量表述，也可以通过估价实现价值量核算。表 3-6 是资源存量及变化核算表式。可能包括的资源类别有土地、水、矿物、森林、鱼类及其他生物资源。资产存量的变化表现为增加和减少两个方面，可归结的原因包括：生物资产的自然增长，矿物资源的发现，经济使用导致的资产减少，其他各种因素如灾害、分类变化引起的资产变化等。由于自然资产中包括了由经济生产过程参与的培育性自然资产，对这部分资产而言，资本形成、固定资本消耗等经济交易也是影响变化的原因。此外，统计方法的变化也可能引起资产变化，如果是价值核算，还要包括重估价带来的价值变化。

表 3-6 自然资产：资源存量及变化核算表（实物核算和价值核算）

实物单位，货币单位

	土地资源	矿物资源	水资源	森林资源	鱼类资源
期初存量					
经济交易引起的变动					
资本形成					
固定资本消耗					
存量增加					
发现					
自然增长					
分类变化					
存量减少					
自然资源开采					
分类变化					
其他变动					
灾害损失					
统计方法变化					
重估价引起的持有损益*					
期末存量					

* 重估价引起的持有损益，只在价值核算中才有意义。

针对不同资源，其存量的性质、可计量性具有不同。如森林资源存量要由林地面积和林木蓄积量两个尺度表示；矿物资源存量表现为各种矿物的储量，但储量具有明显的不确定性，在经济技术上具有不同程度的可利用性；水资源没有可计量的总存量概念，只能在提取获得意义上定义并核算水资源总量；鱼类资源也无法直接进行存量核算。因此，表 3-6 只是资源存量及其变化核算的总体示意表式。在具体核算中，需要根据不同类型的自然资源，进行具体内容和表式设计。如矿物资源核算中，需要区分不同矿物种类，需要结合探明程度和经济技术可利用程度，具体设计表现矿物储量及其变化的指标项目，进行具体核算；森林资源核算中，需要区分森林原生程度（天然林、半天然林、人工林）、区分不同树种、区分不同成熟程度（过熟林、成熟林、近熟林、中龄林、幼龄林），按照林地和林木蓄积设计核算内容和核算表式，进行具体核算。

自然资产存量核算的结果，是得到各种资源（如矿物资源）的资产存量总价值以及自然资产（主要是自然资源）存量总价值。以此资产存量总价值为基础，可以对传统国民经济核算之资产负债核算的国民资产总价值和国民财产净值进行总量，调整的结果在概念上比较接近于世界银行所定义的“国家财富”（但不涉及人力资本和社会资本），可以在更完整意义上反映一国所拥有的物质财富。

由于资产范围的扩展，经调整的资产核算结果肯定会加大原来核算的资产总量。但是，由于自然资产中有一部分原来就属于经济资产（只是可能不属于生产资产），因此，不是按自然资产总价值进行调整，而是按照对经济资产之扩展部分的总价值进行调整，也就是说，资产总价值不是按照自然资产总价值而扩大，而是按照经济核算原来未包括部分之价值而扩大。即：

调整后的资产总价值=经济资产总价值＋扩展部分资产的总价值

3.3.4.4 以 EDP 为中心的总量核算表

进行国民经济核算，会形成一组以国内生产总值为中心的综合性指标。与此相对应，进行绿色国民经济核算，客观上特别需要开发出功能上类似 GDP 的指标体系，即以“经资源环境因素调整的国内产出——EDP”为中心的总量指标体系。

从 GDP 到 EDP，其间的调整是把经济活动对资源环境的利用消耗价值（即所谓经济活动的资源环境成本）予以扣除。与前面关于 EDP 的概念说明相一致，进行 EDP 总量核算需要明确以下几点：

（1）从理论上，进行资源环境因素调整的基数不是国内生产总值（GDP）而是国内生产净值（NDP），“经资源环境因素调整后的国内产出——EDP”应该是绿色 NDP 而不是绿色 GDP。但是，考虑 GDP 在现实中应用的广泛性，比较现实的做法是在总量基础上定义 EDP，计算绿色 GDP。

（2）资源环境成本计量有不同层次，EDP 的核算也具有层次性。以资源耗减价值进行扣减，可得到“经资源耗减调整的国内产出”；以资源管理与环境保护支出进行扣减，可得到“经资源管理与环境保护支出调整的国内产出”；以环境退化价值进行扣减，可得到“经环境退化调整的国内产出”。

（3）和 GDP 有 3 种计算方法一样，“经资源环境调整的国内产出”也可以在 3 个方向上表示。①生产法的计算思路，是从总产出中依次扣除中间消耗和资源环境成本；②

按照收入法的计算思路，劳动报酬、生产税不发生变化，资源环境成本应该从营业盈余中扣减；③在支出法计算中，资源环境成本要抵减的主要是资本形成，即要考虑资源环境补偿对投资积累的影响。具体见以下关系式：

生产法：EDP=总产出－中间消耗－资源环境成本

收入法：EDP=劳动报酬＋生产税净额＋固定资本消耗
＋（营业盈余－资源环境成本）

支出法：EDP=最终消费＋（资本形成－资源环境成本）＋净出口

将上述考虑予以综合，形成所谓“绿色 GDP”核算表。表 3-7 是仿照 GDP 核算总表模式的 EDP 总量核算表。

要将环境成本调整落实到各产业部门，需要计算各产业之“经资源环境因素调整的增加值”，即 EVA。表 3-8 给出了立足生产法和收入法的计算表。

表 3-7　EDP 总量核算表

生产	使用
生产法	支出法
总产出	最终消费
中间投入（－）	居民消费
国内生产总值	政府公共消费
资源环境成本（－）	经资源环境因素调整的资本形成
经资源环境因素调整的国内产出	资本形成总额
收入法	固定资本形成
固定资本消耗	存货
劳动报酬	资源环境成本（－）
生产税净额	净出口
经资源环境因素调整的营业盈余	出口
营业盈余	进口（－）
资源环境成本（－）	统计误差

表 3-8　产业部门 EVA 核算表

	产业部门 1	产业部门 2	产业部门 3
总产出			
中间投入（－）			
增加值			
环境成本（－）			
经资源环境因素调整的增加值			
固定资本消耗			
劳动报酬			
生产税净额			
经资源环境因素调整的营业盈余			
营业盈余			
资源环境成本（－）			

在 EDP 基础上，可以进一步计算经资源环境因素调整的可支配收入、储蓄、投资等一系列其他总量，其中，“经资源环境因素调整的收入”相当于相关文献所称的可持续收入；“经资源环境因素调整的储蓄”在思路上接近于相关文献所称的真实储蓄；“经资源环境因素调整的投资”在思路上类似于相关文献所称的真实投资。其间关系如下所示：

经资源环境因素调整的收入=EDP＋分配性收入－分配性支出
=国民可支配收入－资源环境成本
经资源环境因素调整的储蓄=经资源环境因素调整的收入－最终消费
=国民储蓄－资源环境成本
经资源环境因素调整的投资=经资源环境因素调整的储蓄
±金融净借入或净贷出
=资本形成总额－资源环境成本

3.3.5 估价方法

要进行绿色国民经济核算，资源环境的估价是一个基本方法问题。但是，如何对资源环境进行估价，是一个非常复杂的、有待于进一步研究探索的课题，至今仍然没有找到统一的方法。从目前已经取得的经验，要分别资源和环境讨论确定估价方法。

3.3.5.1 资源估价方法

资源的估价涉及期末资源存量估价和当期资源消耗量估价两个层次，核算结果分别是资源总价值和资源耗减价值。

资源可以直接投入经济生产过程，其价值会转化为产出价值的一部分而包含在资源产品价格之中。因此，资源估价的过程就是寻找已经包含在相关产品中的资源价值的过程，即所谓资源租金。对应当期消耗的资源租金就是资源耗减价值，将资源寿命期内各期资源租金进行折现并予以加总，结果就是资源总价值。

关于资源租金的确定，联合国有关文献结合国民经济核算原理推荐了 3 种方法：①拨付法。在政府拥有资源所有权情况下，通过征收资源开采税费，强制性地给定一个资源租金水平。②永续盘存推算法。把总营业盈余作为所有资产的总收益，扣除固定资本消耗和生产资产报酬，将所余作为资源总收益即资源租金。③资本服务流量推算法。从营业盈余中扣除生产资产的资本服务流量，所余为资源的服务流量，也就是资源租金。

实践中经常运用的方法是所谓净价法，即从资源产品价格中扣除资源开采成本税金和合理利润，所余净价格即为资源价格。在不同情况下，该方法又有各种变通，如可以以资源产品国际市场价格为基础，扣减该资源产品之国内成本（即该产品出口的离岸价格），所余作为资源价格。净价法体现了上述永续盘存推算法的思路。

需要特别指出的是，不同资源具有不同特性，因此资源估价需要结合具体资源类别而确定具体方法。

3.3.5.2 环境退化估价方法

对环境退化进行估价，不是对环境总价值的估算，而是对环境质量变化价值的估算。环境退化是经济活动对环境产生影响所带来的后果，在一个市场经济框架中，其价值没有包含在经济活动之实际成本中，因此，环境退化价值要在一定假设前提下进行虚拟估算。

估算环境退化价值有两个基本思路。思路之一，假定要防止和恢复所有环境退化，使其保持初始质量水平不变，应该付出多少，这是基于成本的估算方法，表示“应该做什么”；思路之二，环境退化所造成的负面后果是什么，其损害的价值是多少，这是基于损害的估算方法，表示“引起了多大问题”。

要防止和避免环境退化，可以在不同环节上采取行动：调整经济活动方式，对废弃物进行处理，对退化了的环境予以恢复等。与此相对应，基于成本的环境退化价值就是假定这些防止和避免活动发生，而在各个环节所花费成本的价值。①结构调整成本，即减少或完全节制某些活动、改变生产和消费方式所产生的成本；②处理消除成本，即在对环境产生负面影响之前，进行终端处理、采取安全措施而花费的成本；③恢复成本，即在环境影响发生之后，为恢复到某环境标准，所要减少或消除已积累的环境退化所需成本。实践中不可能同时采用上述各种成本，比较常用的是按照处理消除成本计算环境退化价值。

环境退化会进一步带来不良后果，引起福利损失。对这些损失进行测度，反过来可以看做防止环境退化所获得的收益，这就是基于损害的环境退化价值。进行损害估价需要以下若干步骤：首先要确定环境退化所造成的后果，包括对资产、人体健康、生活舒适度等的影响，而后对该后果进行货币估价，获得基于损害的环境退化价值。

如果损害可以与某种市场化的商品相联系，即可借助于市场价格估算损害价值，如用下降的产量和市场价格计算土地质量退化价值，用损失劳动时间的价值、医疗费用和护理费用支出计算人体健康损害价值；用旅行费用法计算景观质量退化的价值。实际操作中，常常需要运用建模方法才能获得相应结果。

如果无法以实际行为表现环境的价值和重要性，就要运用一些具有主观性的方法，通过构建一个场景，对人们为维护环境质量愿意支付的数额，或者为放弃环境质量愿意接受的补偿数额进行直接调查，确定环境退化价值。这就是所谓或有估价法，又称支付意愿法、条件估价法。

3.3.6 组织与实施

鉴于绿色国民经济核算理论方法尚不成熟，鉴于中国环境经济问题的复杂性，鉴于中国核算基础比较薄弱，中国绿色国民经济核算体系的实施将是一个逐步探索、逐步规范的过程。近期来看，应该根据实际需要和现实可能，确定相应的主题，进行局部核算研究。通过局部研究探索，改善核算的数据基础，确定具体核算方法，以为整个核算体系的实施积累经验。在具体实施中，特别需要不同机构之间的合作配合。

3.3.6.1 选择优先领域，分主题实施绿色核算

应该根据不同思路确定核算主题，实施局部核算。如可以从不同环境要素类别考虑，进行森林资源核算、矿物资源核算、水资源核算、土地资源核算、污染物排放及影响核算等；可以从不同核算手段考虑，进行所确定对象的实物核算或价值核算。面对不同主题，核算的着眼点不同，所采取的路径也会有所区别。以下仅举两例。

以污染为主题的环境核算体系，首先是废弃物排放流量的实物核算，然后可以延伸到为防止排放及污染的环境保护活动核算，最后是对污染所造成的环境退化价值的核算，

并以此为基础进行 GDP 总量调整，即 $EDP_{污染调整}$。在环境退化价值计算中，可以考虑采用消除及恢复成本方法，或损害价值方法，或二者同时采用。

以森林为主题的资源环境核算体系，需要从森林存量核算入手，从森林实物量核算过渡到价值量核算；以此为基础，可以进行森林资源管理维护支出的核算，森林耗减和退化价值核算，森林产出核算及总量调整。

3.3.6.2 核算实施的组织保证

资源环境经济关系具有复杂性，会涉及多个层面。如从自然中取水，这是资源问题；排放废水，这是污染问题；过度取水和过度排放，都会引起水体生态系统问题。现实中，这些不同方面的管理问题对应着不同管理机构的职能，如水利部门、地矿部门、林业部门、海洋管理部门、农业部门、环保部门等。从核算来看，国家统计局系统是总揽统计和核算的管理部门。从理论方法研究看，大专院校和科研机构中的研究人员是不可忽视的力量。

无论是全面的绿色国民经济核算，还是分主题的局部核算，都需要不同机构之间的合作配合，这是核算得以实施的组织保证。在合作配合之中，进行核算理论方法的研究，收集和规范核算资料来源，开发核算数据的应用分析。

可以按不同方式进行核算实施。第一种模式是统计局系统牵头，相关部门和科研机构介入；第二种是管理部门牵头，统计部门和科研机构介入；第三种是科研机构牵头，相关部门和统计部门介入。结合具体实施阶段考虑，在绿色国民经济核算初期，主要是各种主题式的核算，适宜由各主管部门牵头组织、国家统计局协调、有关科研机构介入的方式，在统一的“中国绿色国民经济核算体系框架”下组织实施；在具备一定核算基础之后，着手建立全面的绿色国民经济核算时，适宜由国家统计局统一组织、各主管部门和科研机构配合的方式，以保证核算的全面和完整。

3.4 基于环境的绿色国民经济核算框架

在绿色国民经济核算体系整体框架基础上，针对狭义环境主题（不包括资源），进一步设计了进行核算的框架，即“基于环境的中国绿色国民经济核算体系”，以下简称“中国环境经济核算体系”。

3.4.1 核算目标和原则

中国环境核算体系是中国绿色国民经济核算体系的关键组成部分，以国民经济活动对环境的影响为主要核算内容，包括环境污染和生态破坏两大要素，目的是通过实物量核算、价值量核算，最终对传统 GDP 进行调整，形成经环境因素调整的部门和地区绿色国内生产总值（EDP）等指标。

为实现上述核算目标，需要结合国际经验和中国实际，建立环境核算体系的总体框架，阐明核算的基本思路与方法，确定基本核算内容，定义基本核算表式，为具体的、局部的环境核算提供总体框架指南。

设计中国环境核算框架，需要遵循以下原则。①要与中国绿色国民经济核算体系框架相吻合；②要尽可能与联合国 SEEA 相关内容方法接轨；③要与中国环境统计和国民经济核算相衔接；④要体现实物量核算和价值量核算的结合；⑤强调理论型框架和实用型框架相结合；⑥要具有明确的环境政策导向；⑦边研究边实践试点边逐步完善。

3.4.2 核算思路与框架

依据中国绿色国民经济核算体系框架的基本思路和建立中国环境核算体系框架的目标与原则，中国环境核算体系总体框架由四组核算表组成：①环境实物量核算表；②环境价值量核算表；③环境保护投入产出核算表；④经环境调整的绿色 GDP 核算表。其中，环境实物量核算表又由环境污染实物量核算表和生态破坏实物量核算表组成，同样，环境价值量核算表也包括环境污染价值量核算表和生态破坏价值量核算表。环境污染实物量核算与价值量核算还分为各地区与各部门的核算表，而生态破坏实物量核算与价值量核算只分为各地区核算表。总体框架组成如图 3-1 所示。

3.4.3 环境实物量核算

实物核算包括两部分内容，第一是要建立关于环境的实物量核算表，第二是要将关于环境的实物量核算与关于经济的价值量核算内容联系起来，建立混合核算表。以下区分环境污染和生态破坏两个部分给出核算的概念和表式。

3.4.3.1 环境污染实物量核算

环境污染实物量核算的目的，是要运用实物单位建立不同部门和不同地区的环境污染实物量账户和经济—环境污染综合核算表，描述与经济活动对应的各类污染物排放量、处理量及产生量。通过污染物排放的来源和去向，将经济活动的发生与环境状况的变化联系起来，并为环境价值量核算奠定基础。

环境污染实物量核算的内容主要包括：各部门和各地区的污染物排放、处理与产生量实物核算，将污染物排放纳入经济投入产出表的经济—环境混合核算。

（1）按照部门类别和地区编制污染物实物核算表。横行列示各类经济活动部门和地区，其中部门分类要与国民经济核算所采用分类保持一致，地区分类按区域分为东部、中部和西部，在各区域内再按省（市）分类；纵列将不同的污染物因子的产生量、处理量和排放量分别在每一种废弃物（如水污染、大气污染和固体废物污染）之下列示，这样可以在废弃物和污染物因子两个层次上提供当期的产生量、处理量以及排放量数据。表 3-9 是针对产业部门水污染所设计的表式，其他污染类型核算表以及地区核算表在形式上与此类似。

（2）将污染物排放置于经济投入产出表之中，形成经济—环境混合核算表。简单的表式如表 3-10 所示。与单纯的污染物实物核算表相比，混合核算表具有以下特点：①不是单纯表现污染物排放的来源，而是将排放与中间产品投入并列显示出来。这在某种意义上表现出，环境对经济活动提供污染物受纳服务，也是经济活动的投入。②该表中，经济投入产出部分是价值表，按货币单位编制，而污染物排放部分则是实物数据，按实物单位编制，因此有混合表之称，显然这样的混合表不能进行列向合计。从实际应用看，这样并列的结果，为观察经济活动的污染物排放强度（如计算污染物排放系数）提供了基础。

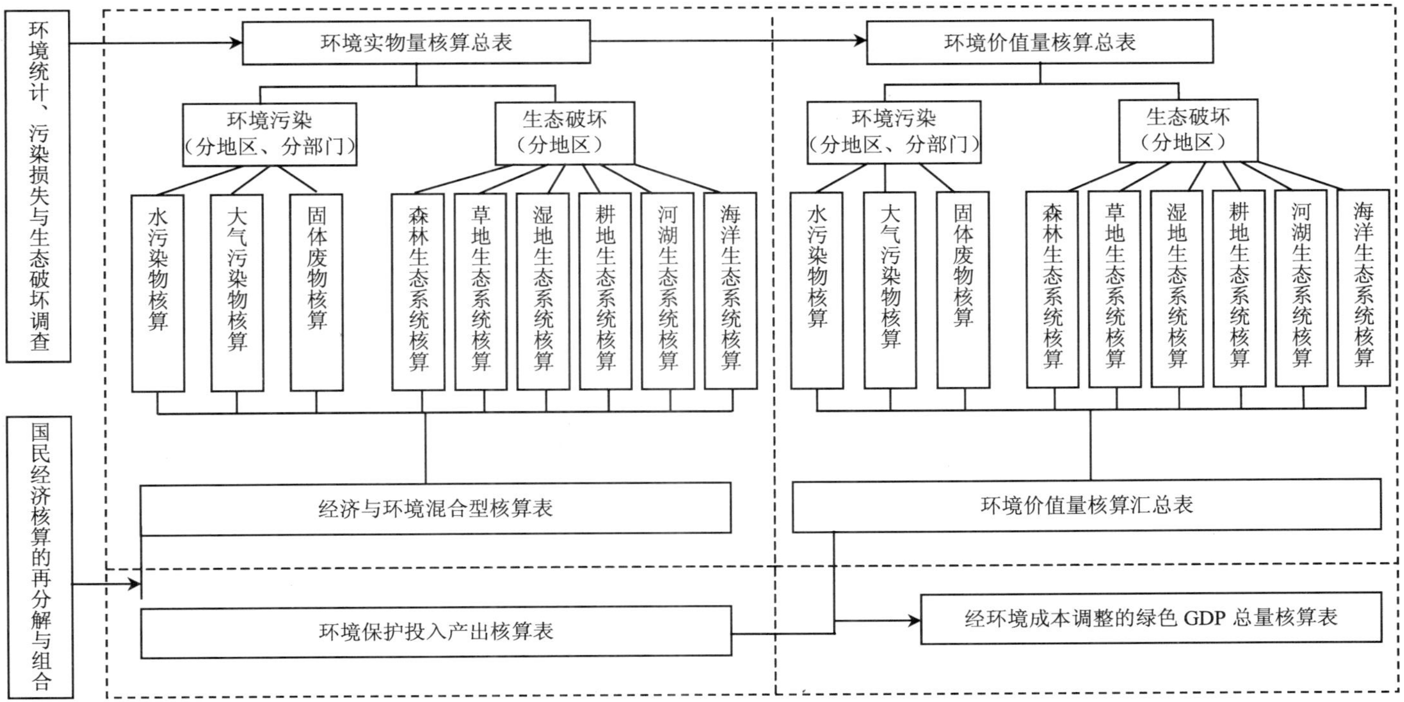

图 3-1　中国环境经济核算体系总体框架

表 3-9　污染物部门实物核算表（水污染）

××××年度　实物单位

产业部门	水污染物									废水					
	COD			NH_3—N			有毒物质			产生量	处理量				排放量
	产生量	去除量	排放量	产生量	去除量	排放量	产生量	去除量	排放量		处理达标量	处理回用量	处理未达标量	合计	
	①=②+③	②	③	④=⑤+⑥	⑤	⑥	⑦=⑧+⑨	⑧	⑨	⑩=⑮+⑫	⑪	⑫	⑬=⑭－⑪－⑫	⑭	⑮
第一产业															
种植业															
畜牧业															
其他农业															
第二产业															
煤炭开采业															
……															
建筑业（环保设施）															
其他工业															
第三产业															
运输业															
商业饮食业															
环境服务业															
其他服务业															
生活消费															
合计															

表 3-10　经济－环境混合核算表

××××年度　货币单位　实物单位

产业部门	产业部门						最终消费	资本形成	净出口	产出总计
	种植业	煤炭开采业	建筑业	……	环境服务业	产业总计				
种植业										
……										
煤炭开采业										
……										
建筑业										
……										
环境服务业										
产业总计										
增加值										
投入总计										
污染物排放										
水污染物：										
COD										
NH_3—N										
有毒物质										
废水排放量										
大气污染物：										
SO_2										
烟尘										
粉尘										
NO_x										
固体废物：										
工业废物										
危险废物										
生活垃圾										

为进行污染物实物核算，需要两方面的统计和监测数据：①各部门经济活动产生的各类污染物排放量、处理量和产生量数据；②各地区的经济活动产生的各类污染物排放量、处理量和产生量数据。结合目前环境统计基础看，工业相关数据较为齐全，但农业和服务业数据较少，因此，在实际试点核算时，可能需要进行重新监测或采用一定方法进行推算，以获取准确全面的数据资料。

3.4.3.2 生态破坏实物量核算

生态破坏实物量核算的目的，是要运用实物单位建立不同地区的各类生态系统服务功能破坏实物量账户，描述与经济活动对应的各类生态系统服务功能的实物破坏量。通过生态系统服务功能的实物破坏量核算，将经济活动的发生与生态系统质量状况的变化联系起来，并为生态破坏价值量核算奠定基础。

与污染核算不同，生态破坏核算主要是就地区进行。表 3-11 是以森林生态系统为主题的核算表式，其中，纵列按生态系统服务功能要素分别列示，横行按不同地区分别列

表 3-11　森林生态系统生态破坏（地区）实物核算表

××××年度　实物单位

地区名称	生态系统服务功能要素																							
	水土流失面积			涵养水源			生物多样性			固碳制氧能力			调节气候			物质生产			保持营养物质循环			其他		
	期初存量	期末存量	当期变化量	期初存量	期末存量	当期变化量	期初存量	期末存量	当期变化量	期初存量	期末存量	当期变化量	期初存量	期末存量	当期变化量	期初存量	期末存量	当期变化量	期初存量	期末存量	当期变化量	期初存量	期末存量	当期变化量
东部 北京 …… 东部小计 东部占全国比例/%																								
中部 山西 …… 中部小计 中部占全国比例/%																								
西部 内蒙古 …… 西部小计 西部占全国比例/%																								
合计																								

示。生态系统可以按照不同标准分类，这里主要按生态系统的环境性质划分，选择了六大类生态系统，即森林生态系统、草地生态系统、沼泽湿地生态系统、耕地生态系统、河湖生态系统和海洋生态系统。另外，对生态系统服务功能内容的描述也很多，表中只选择了每种生态系统几项最重要的、典型的服务功能要素，并不是面面俱到。

由于生态系统服务功能的复杂性，要定义和获得每项生态系统服务功能要素的实物量（或物理量）数据，是比较困难的，除了要有详细的生态系统统计数据外，还需要借助于大量的野外试验与观测技术，同时，需要用到许多专业性的评估技术方法。

3.4.4 环境价值量核算

以实物量核算为基础进行估价，结果就是价值量核算。和实物量核算一样，以下区分环境污染和生态破坏两部分说明环境价值量核算方法。

3.4.4.1 环境污染价值量核算

环境污染价值量核算的目标，是在环境污染实物量核算的基础上，通过估价方法将环境污染实物量折算为价值量，进而计算经环境调整的绿色 GDP 总量。

环境污染价值量核算具体包括两个部分：①对现存经济核算中有关环境污染的货币流量予以核算，主要是污染物实际治理成本的核算；②在环境污染实物排放量核算基础上，估算因污染物排放而造成的环境退化成本和环境污染总成本。

与环境污染实物量核算一样，环境污染价值量核算也包括各部门和各地区的环境退化成本核算、污染治理成本核算、环境污染总成本核算，从表式结构、指标设计、指标间的逻辑关系均与实物量核算表一致，环境退化成本与污染治理成本的计算方法是用对应的排放或处理实物量乘以对应的单位治理成本。此外，根据不同情况，环境退化成本还可以用污染损失评估方法获得。

环境污染价值量核算表式要分别是水污染、大气污染、固体废物给出，要从产业部门和地区两个角度进行核算。表 3-12 以水污染为例给出了产业部门核算示意表式，表 3-13 是所有污染物价值量核算的产业部门汇总表式，表 3-14 是所有污染物价值量核算的地区汇总表式。

污染物排放造成的环境退化成本是环境污染价值量核算中最关键也是最困难的环节，计算思路有两种：①计算维护环境不发生降级需要花费的成本；②计量环境退化后所引起的损失价值。

用第一种思路，需要利用污染排放数据和治理排放的单位成本，计算为治理所有的污染物排放而应该花费的成本，可按污染物类别分别计算，归集到产生污染的各个部门，进而可对各产业的增加值进行调整。从严格意义上来讲，利用这种思路计算得到的仅是防止环境功能退化所需的治理成本，是污染物排放可能造成的最低环境退化成本，并不是实际造成的环境退化成本。

用第二种思路，需要专门进行污染排放损失调查，通过一定方法确定污染排放对当地环境质量产生影响的货币价值，如对产品生产、人体健康等的影响，这些价值就是所要确定的环境退化成本。环境退化成本一般在区域意义上计算，对 GDP 的调整仅限于总量层次，难以分解到产生污染排放的各个部门。

表 3-12　污染物部门价值核算表（水污染）

××××年度　货币单位

产业部门	水污染物									废水					
	COD			NH_3—N			有毒物质			总成本	治理成本				退化成本
	总成本	治理成本	退化成本	总成本	治理成本	退化成本	总成本	治理成本	退化成本		处理达标成本	处理回用成本	处理未达标成本	合计	
	①=②+③	②	③	④=⑤+⑥	⑤	⑥	⑦=⑧+⑨	⑧	⑨	⑩=⑮+⑫	⑪	⑫	⑬=⑭—⑪—⑫	⑭	⑮
第一产业															
种植业															
畜牧业															
其他农业															
第二产业															
煤炭开采业															
……															
建筑业（环保设施）															
其他工业															
第三产业															
运输业															
商业饮食业															
环境服务业															
其他服务业															
生活消费															
合计															

表 3-13　污染物（产业部门）价值核算汇总表

××××年度　货币单位

产业部门	水污染			大气污染			固体废物污染			合计
	总成本	治理成本	退化成本	总成本	治理成本	退化成本	总成本	治理成本	退化成本	
第一产业										
种植业										
畜牧业										
其他农业										
第二产业										
煤炭开采业										
石油天然气开采业										
黑色金属矿采选业										
有色金属矿采选业										
自来水生产供应业										
……										
建筑业										
（环保设施）										
其他工业										
第三产业										
运输业										
商业饮食业										
环境服务业										
其他服务业										
生活消费										
合计										

表 3-14　污染物（地区）价值核算汇总表

××××年度　货币单位

地区名称	水污染			大气污染			固体废物污染			合计
	总成本	治理成本	退化成本	总成本	治理成本	退化成本	总成本	治理成本	退化成本	
东部										
北京										
……										
海南										
东部小计										
东部占全国比例/%										
中部										
山西										
……										
湖南										
中部小计										
中部占全国比例/%										
西部										
内蒙古										
……										
新疆										
西部小计										
西部占全国比例/%										
合计										

3.4.4.2 生态破坏价值量核算

生态破坏价值量核算作为环境价值量核算的一部分，是在生态破坏实物量核算的基础上，通过价值评估技术将生态破坏实物量折算为生态破坏价值量，进而计算出生态破坏的价值损失，即生态破坏损失成本，与环境污染损失成本一起对传统国民生产总值（GDP）进行调整，从而得到相应的绿色 GDP 总量指标。

和实物量核算一样，生态破坏价值量核算首先要区别不同生态系统进行，然后进行加总。表 3-15 是关于森林生态系统的生态破坏损失地区价值量核算表，表 3-16 是各生态系统的生态破坏损失地区价值量核算的汇总表。与实物核算一样，由于生态破坏损失按产业部门分类很难核算，所以这里只列示按地区的生态破坏损失价值核算表，纵列按生态系统服务功能要素分别列示，横行按不同地区分别列示。

表 3-15　森林生态系统生态破坏（地区）价值核算表

××××年度　　货币单位

地区名称	生态系统服务功能要素																							
	水土流失面积			涵养水源			生物多样性			固碳制氧能力			调节气候			物质生产			保持营养物质循环			其他		
	上期价值量	当期价值量	价值变化量	上期价值量	当期价值量	价值变化量	上期价值量	当期价值量	价值变化量	上期价值量	当期价值量	价值变化量	上期价值量	当期价值量	价值变化量	上期价值量	当期价值量	价值变化量	上期价值量	当期价值量	价值变化量	上期价值量	当期价值量	价值变化量
东部																								
北京																								
……																								
东部小计																								
东部占全国比例/%																								
中部																								
山西																								
……																								
中部小计																								
中部占全国比例/%																								
西部																								
内蒙古																								
……																								
西部小计																								
西部占全国比例/%																								
合计																								

表 3-16 生态破坏（地区）价值核算汇总表

××××年度 货币单位

地区名称	生态破坏损失成本							合计
	森林生态系统	草地生态系统	湿地生态系统	河湖生态系统	耕地生态系统	海洋生态系统		
东部						东部海域		
北京								
……								
海南								
东部小计								
东部占全国比例/%						东部占全国比例/%		
中部						南部海域		
山西								
……								
湖南								
中部小计								
中部占全国比例/%						南部占全国比例/%		
西部						北部海域		
内蒙古								
……								
新疆								
西部小计								
西部占全国比例/%						北部占全国比例/%		
合计								

生态破坏损失成本核算的思路有两种：①直接将生态破坏实物量核算表中的“当期变化量”转化为“当期价值量”，即为该项生态系统服务功能损失成本；②通过评估该项生态系统各项服务功能要素的上期价值量、当期价值量，两者相减得出当期生态系统服务功能价值变化量，即损失成本。两种思路在实际中根据不同的情况可灵活处理。

在实际应用时，要定义和获取每项生态系统服务功能要素的价值量，需要对每项生态系统服务功能价值要素进行评估，即采用一定的价值评估方法，将生态系统服务的物理功能转化为经济功能。由于生态系统服务功能的复杂性和从物理量到经济量评估技术方法的不完善，要获取准确全面的数据比较困难。

3.4.5 环境保护活动核算

对环境保护活动进行核算的目的，是要反映现实经济活动为保护环境而花费的经济成本，一方面的环境保护投入产出表的编制，进而是环境保护支出核算，后者包括经常性支出（运行费）和投资性支出两部分。

环境保护投入产出核算的对象包括外部环保活动和内部环保活动，外部环保主体是指公共的环境保护部门，包括城市污水处理、城市垃圾处理、生态保护建设以及环境管理与科研等单位；内部环保主体是指各个排污单位，它们出于行政等压力而自行完成的环境保护，是这些单位的辅助活动。

环境保护活动是发生在现实经济体系之中的，国民经济核算中已经包括了这部分活动的核算。因此，在对环境保护投入产出和环境保护支出进行核算时，需要就原来国民经济核算的内容加以组合和调整，分离出有关产业部门间环境保护投入与消耗以及环境保护支出项目予以单独显示。

环境保护投入产出表要显示环境保护活动的投入与产出。横行反映各产业部门的“环保产品”使用去向：被其他产业部门消耗、用于最终消费、积累以及出口国外；纵列反映各产业部门环保活动的投入：消耗各种中间产品，创造增加值等。

环境保护支出核算表横行是按核算对象分为各类环境保护支出项目，包括经常性支出（运行费用）和投资性支出；纵列是按核算主体分为外部环保主体和内部环保主体。环境保护投入产出表和环境保护支出核算表分别如表3-17和表3-18所示。

表3-17　环境保护投入产出表

××××年度　货币单位

<table>
<tr><th colspan="3" rowspan="3">投入
产出</th><th colspan="6">环保活动部门</th><th rowspan="3">产业总计</th><th rowspan="3">最终消费</th><th colspan="2">资本形成</th><th rowspan="3">净出口</th><th rowspan="3">投入总计</th></tr>
<tr><th colspan="3">外部环保</th><th colspan="3">内部环保</th><th rowspan="2">外部环保</th><th rowspan="2">内部环保</th></tr>
<tr><th>城市污水处理</th><th>城市垃圾处理</th><th>其他环保活动</th><th>第一产业</th><th>第二产业</th><th>第三产业</th></tr>
<tr><td rowspan="6">环保活动部门</td><td rowspan="3">外部环保</td><td>城市污水处理</td><td></td><td></td><td></td><td></td><td></td><td></td><td></td><td></td><td></td><td></td><td></td><td></td></tr>
<tr><td>城市垃圾处理</td><td></td><td></td><td></td><td></td><td></td><td></td><td></td><td></td><td></td><td></td><td></td><td></td></tr>
<tr><td>其他环保活动</td><td></td><td></td><td></td><td></td><td></td><td></td><td></td><td></td><td></td><td></td><td></td><td></td></tr>
<tr><td rowspan="3">内部环保</td><td>第一产业</td><td></td><td></td><td></td><td></td><td></td><td></td><td></td><td></td><td></td><td></td><td></td><td></td></tr>
<tr><td>第二产业</td><td></td><td></td><td></td><td></td><td></td><td></td><td></td><td></td><td></td><td></td><td></td><td></td></tr>
<tr><td>第三产业</td><td></td><td></td><td></td><td></td><td></td><td></td><td></td><td></td><td></td><td></td><td></td><td></td></tr>
<tr><td colspan="3">产业总计</td><td></td><td></td><td></td><td></td><td></td><td></td><td></td><td></td><td></td><td></td><td></td><td></td></tr>
<tr><td colspan="3">固定资产折旧
劳动者报酬
生产税
营业盈余</td><td></td><td></td><td></td><td></td><td></td><td></td><td></td><td></td><td></td><td></td><td></td><td></td></tr>
<tr><td colspan="3">产出总计</td><td></td><td></td><td></td><td></td><td></td><td></td><td></td><td></td><td></td><td></td><td></td><td></td></tr>
</table>

表 3-18 环境保护支出核算表

××××年度　货币单位

核算主体 / 核算对象	外部环保				内部环保				支出总计
	城市污水处理	城市垃圾处理	生态保护支出	其他环保活动	第一产业	第二产业	第三产业	产业总计	
运行费用：									
中间消耗									
原料、动力等									
固定资产折旧									
工人工资									
环保税费									
资源税									
排污费									
培训费等									
运行费用合计									
投资性支出：									
基本建设投资									
固定资产购置等									
投资性支出合计									
环保支出总计									

3.4.6 经环境调整的绿色 GDP 核算

经环境调整的绿色 GDP 核算的目的，就是把经济活动的环境成本，包括环境退化成本、污染物治理成本（或环境保护成本）和生态破坏损失成本以及环境总成本从 GDP 中予以扣除，并进行调整，从而得出一组以绿色国内生产总值 EDP（Eco-Domestic Products）为中心的综合性指标，为社会经济与环境协调发展服务。

计算 GDP 有 3 种方法，其计算关系如下：①生产法。GDP=总产出－中间投入。②收入法。GDP=劳动报酬＋生产税净额＋固定资本消耗＋营业盈余。③支出法。GDP=最终消费＋资本形成＋净出口。

与计算 GDP 一样，经环境因素调整的绿色国内生产总值（EDP）也可以用这三种方法表示。其计算关系如下：①生产法。EDP=总产出－中间投入－环境成本。②收入法。EDP=劳动报酬＋生产税净额＋固定资本消耗＋经环境成本扣减的营业盈余。③支出法。EDP=最终消费＋经环境成本扣减的资本形成＋净出口。按照所扣减的环境成本不同，可以分别给出“经环境退化成本调整的 EDP”、“经环境保护成本调整的 EDP”、“经生态破坏损失成本调整的 EDP”和“经环境总成本调整的 EDP”等指标。

将上述计算方法予以综合，形成经环境调整的绿色国内生产总值（EDP）核算表。表 3-19 是仿照 GDP 核算模式设计的经环境调整的产业部门 EDP 核算表，主要是将环境成本调整落实到各产业部门，计算出各产业部门绿色增加值（EVA）和绿色国内生产总值（EDP）指标；表 3-20 给出的是立足于生产法（或收入法）和支出法的经环境调整的绿色国内生产总值（EDP）总量核算表。

表 3-19　经环境调整的产业部门 EDP 核算表

××××年度　货币单位

项　目	序号	产业部门			合计
		第一产业	第二产业	第三产业	
生产法					
总产出	(1)				
中间投入(−)	(2)				
增加值	(3)=(1)−(2)				
环境退化成本(−)	(4)				
经环境因素调整的增加值 EVA_1	(5)=(3)−(4)				
生态破坏成本(−)	(6)				
经环境因素调整的增加值 EVA_2	(7)=(3)−(6)				
环境保护成本(−)	(8)				
经环境因素调整的增加值 EVA_3	(9)=(3)−(8)				
环境总成本(−)	(10)=(4)+(6)+(8)				
经环境因素调整的增加值 EVA	(11)=(3)−(10)				
收入法					
劳动报酬	(12)				
生产税净额	(13)				
固定资本消耗	(14)				
营业盈余	(15)				
环境退化成本(−)	(16)				
经环境因素调整的营业盈余 EBP_1	(17)=(15)−(16)				
生态破坏成本(−)	(18)				
经环境因素调整的营业盈余 EBP_2	(19)=(15)−(18)				
环境保护成本(−)	(20)				
经环境因素调整的营业盈余 EBP_3	(21)=(15)−(20)				
环境总成本(−)	(22)=(16)+(18)+(20)				
经环境因素调整的营业盈余 EBP	(23)=(15)−(22)				
经环境调整的国内生产总值 EDP_1	(24)=(12)+(13)+(14)+(17)				
经环境调整的国内生产总值 EDP_2	(25)=(12)+(13)+(14)+(19)				
经环境调整的国内生产总值 EDP_3	(26)=(12)+(13)+(14)+(21)				
经环境调整的国内生产总值 EDP	(27)=(12)+(13)+(14)+(23)				

注：EVA（Eco-Value Addition）表示经环境调整的产业部门增加值；EBP（Eco-Business Profit）表示经环境调整的产业部门营业盈余；EDP（Eco-Domestic Product）表示经环境调整的产业部门绿色国内生产总值。

表 3-20　经环境调整的绿色国内生产总值（EDP）总量核算表

××××年度　货币单位

生产		使用	
项目	序号	项目	序号
生产法		支出法	
总产出	(1)	最终消费	(1)=(2)＋(3)
中间投入(－)	(2)	环境服务	(2)
国内生产总值	(3)=(1)－(2)	政府公共消费	(3)
环境退化成本(－)	(4)	资本形成总额	(4)=(5)＋(6)
经环境因素调整的国内产出 EDP_1	(5)=(3)－(4)	固定资本形成	(5)
生态破坏成本(－)	(6)	存货	(6)
经环境因素调整的国内产出 EDP_2	(7)=(3)－(6)	环境退化成本(－)	(7)
环境保护成本(－) 经环境因素调整的国内产出 EDP_3 环境总成本(－)	(8) (9)=(3)－(8) (10)=(4)＋(6)＋(8)	经环境调整的资本形成 ECF_1 生态破坏成本(－) 经环境调整的资本形成 ECF_2	(8)=(4)－(7) (9) (10)=(4)－(9)
经环境因素调整的国内产出 EDP	(11)=(3)－(10)	环境保护成本(－)	(11)
收入法		经环境调整的资本形成 ECF_3	(12)=(4)－(11)
劳动报酬	(12)	环境总成本(－)	(13)=(7)＋(9)＋(11)
生产税净额	(13)	经环境调整的资本形成 ECF	(14)=(4)－(13)
固定资本消耗	(14)	净出口	(15)=(16)＋(17)
营业盈余	(15)	出口	(16)
环境退化成本(－)	(16)	进口(－)	(17)
经环境因素调整的营业盈余 EBP_1	(17)=(15)－(16)	经环境调整的国内生产总值 EDP_1	(18)=(1)＋(8)＋(15)
生态破坏成本(－)	(18)	经环境调整的国内生产总值 EDP_2	(19)=(1)＋(10)＋(15)
经环境因素调整的营业盈余 EBP_2	(19)=(15)－(18)	经环境调整的国内生产总值 EDP_3	(20)=(1)＋(12)＋(15)
环境保护成本(－)	(20)	经环境调整的国内生产总值 EDP	(21)=(1)＋(14)＋(15)
经环境因素调整的营业盈余 EBP_3	(21)=(15)－(20)		
环境总成本(－)	(22)=(16)＋(18)＋(20)		
经环境因素调整的营业盈余 EBP	(23)=(15)－(22)		
经环境调整的国内生产总值 EDP_1	(24)=(12)＋(13)＋(14)＋(17)		
经环境调整的国内生产总值 EDP_2	(25)=(12)＋(13)＋(14)＋(19)		
经环境调整的国内生产总值 EDP_3	(26)=(12)＋(13)＋(14)＋(21)		
经环境调整的国内生产总值 EDP	(27)=(12)＋(13)＋(14)＋(23)		

注：ECF（Eco-Capital Form）表示经环境调整的资本形成；EBP（Eco-Business Profit）表示经环境调整的营业盈余；EDP（Eco-Domestic Product）表示经环境调整的绿色国内生产总值。

经环境调整的绿色国内生产总值（EDP）核算的逻辑基础是：经济活动获得预期产出的同时，也排放了污染环境的污染物，反过来，是环境为经济活动提供了接纳其污染物的服务。这样，在计量当期经济活动成果时，不仅要从当期所获得的产品产出价值中扣除各种中间投入，也要扣除由此引起的环境资源投入；或者可以说，当期所获得的产出价值以及由此形成的收入，不仅要补偿生产过程中的中间消耗，还要补偿环境资源的消耗（即环境成本），所余部分才是可以进行消费和积累的价值。

针对环境因素调整的绿色 GDP 不是一个全面调整的绿色 GDP，其中不包括资源耗减价值调整，是 $GDP_{环境}$。而且，因为调整是在 GDP 基础上进行的，没有扣除固定资本消耗，因此调整结果是一个“总值”而不是“净值”的概念。

以调整后的绿色 GDP 为基础，可以延伸到其他指标的调整，即收入的环境成本调整、储蓄的环境成本调整、投资的环境成本调整。其调整关系式为：①经环境调整的国民收入（可持续收入）=可支配收入－环境成本；②经环境调整的国民储蓄（真实储蓄）=储蓄－环境成本；③经环境调整的投资（真实投资）=资本形成－环境成本。

3.5 经污染调整的 2004 年绿色 GDP 核算

2004 年的经污染调整的绿色 GDP 核算内容由三部分组成：①环境实物量核算，运用实物单位建立不同层次的实物量账户，描述与经济活动对应的各类污染物的产生量、去除量（处理量）、排放量等，具体分为水污染、大气污染和固体废物实物量核算。②环境价值量核算。在实物量核算的基础上，运用两种方法估算各种污染排放造成的环境退化价值。③经环境污染调整的 GDP 核算。

绿色国民经济核算（以下简称绿色 GDP 核算）是一项涵盖了资源核算和环境核算的系统工程，目前的核算并不是完整意义上的绿色 GDP 核算，仅仅涉及了其中环境核算的部分内容，没有包含资源核算，即使是环境核算也是不完全的，主要表现在：①环境保护投入产出核算、生态破坏损失的实物量核算和价值量核算没有纳入；②环境污染损失的核算范围很广，由于缺乏相应的剂量反应关系研究和数据的支持，还有多项污染损失没有核算在内，包括：水污染引起的传染和消化道疾病的患病人数及其门诊和住院医疗、误工损失；水污染造成的新建替代水源成本；室内空气污染造成的损失；臭氧对人体健康的影响损失；大气污染造成的林业损失；大气污染造成的清洁和劳务费用增加；噪声、辐射和光热污染等造成的经济损失；地下水污染损失；土壤污染损失等。

3.5.1 实物量核算结果

核算结果表明，2004 年全国废水排放量为 607.2 亿 t，COD 排放量为 2 109.3 万 t，氨氮排放量为 223.2 万 t；SO_2、烟尘、粉尘和 NO_x 排放总量分别为 2 450 万 t、1 095 万 t、905 万 t 和 1 646.6 万 t；工业固体废物排放量为 1 761 万 t，生活垃圾堆放量为 6 667.5 万 t。

3.5.1.1 水污染实物量

（1）第二产业废水排放量居首位，城市大生活废水和农业面源已成为水污染物的主要来源。2004 年，第二产业废水排放量为 221.1 亿 t，占全国废水排放量的 36.4%。城市大生活废水（指第三产业和城市生活废水）和第一产业废水的 COD 排放量分别占总排放量的 39.3%和 36.6%，氨氮排放量分别占总排放量的 40.7%和 36.1%。

（2）各工业行业水污染物排放差异显著，造纸、化工、冶金、石化等重点污染行业治理任务仍很艰巨。2004 年，工业行业废水排放量和排放未达标量列前 2 位的都是化工和造纸行业，这两个行业的废水排放量和排放未达标量之和分别占总量的 33.3%和 40.4%。废水排放量排在第 3～6 位的分别是电力、钢铁、纺织业和食品加工业。

3.5.1.2 大气污染实物量

（1）大气污染物排放主要集中在第二产业。2004 年，第二产业 SO_2 排放量为 2 185.6 万 t，占全国排放量的 89.2%；第一产业 SO_2 排放量占全国排放量的 6.3%，第三产业和城市生活 SO_2 排放量仅占全国排放量的 4.5%；第二产业烟尘的排放量占全国烟尘总排放量的 81.8%，NO_x 的排放量占全国 NO_x 总排放量的 80.0%。

（2）电力行业是大气污染的主要控制行业。2004 年，工业行业排放量为 SO_2 2 173.2 万 t，其中电力行业排放的 SO_2 占 63.3%。在燃烧过程排放的 SO_2 中电力行业占 86.6%，是 SO_2 排放的绝对大户。工业行业共排放烟尘 886.6 万 t，电力和非金属矿物制造业排放量达 559.0 万 t，占工业行业总排放量的 87.5%。工业行业 NO_x 共排放 1 309.3 万 t，主要集中在电力和钢铁行业。

（3）中部地区的大气污染物治理任务重。2004 年，SO_2 排放最多的 3 个省分别是山东、河北和山西，都集中在中部地区，且这 3 个省 SO_2 的去除率都低于全国平均水平，治理任务非常繁重。2004 年烟尘排放量最大的 3 个省依次为山西、四川和河南，也主要集中在中部省份。2004 年全国排放工业粉尘最多的 3 个省分别是湖南、河北和河南，且它们的治理水平都低于全国平均水平。

3.5.1.3 固体废物实物量

（1）工业固废集中在五个行业，东部地区产生量大。2004 年，全国一般工业固废产生量为 11.9 亿 t，利用量为 6.74 亿 t，其中利用当年废物量为 6.52 亿 t，处置量为 2.64 亿 t，处置利用率为 78.8%。位于全国一般工业固废行业产生量前 5 位的电力、黑色冶金、煤炭采选、黑色和有色矿采选业的产生量占总产生量的 76.9%。东部地区一般工业固废产生量较其他地区高。

（2）危险废物产生和处置利用的行业与地区差异明显。2004 年，全国危险废物产生量为 994 万 t，利用量为 404 万 t，其中利用当年废物量为 379 万 t，处置量为 275.2 万 t，危险废物的平均利用处置率为 68.3%。危险废物产生量列前 5 位的化工、有色矿采选、非金属矿采选、石化和有色冶金业的产生量占总产生量的 83.6%，化工和石化工业的危废处置利用率较高，分别为 90.9%和 98.5%。危险废物产生量列前 5 位的省区分别为贵州、广西、江苏、山东和青海，贵州省危废处置利用率达到 85.3%。青海省危废处置利用率仅为 0.22%。

（3）生活垃圾无害化处理率尚待提高。2004 年，我国的城市生活垃圾产生总量为 1.91 亿 t，平均无害化处理率为 42.0%，处理率为 65.3%。省级行政区中，城市生活垃圾清运量最大的 5 个省分别是广东、山东、江苏、湖北和黑龙江，占总产生量的 36.7%。无害化处理率最高的是青海省，达到了 95.4%，其次为北京、浙江和山东，都在 60%以上。西藏、山西和安徽的无害化处理率都低于 20%，无害化处理水平有待提高。

3.5.2 虚拟治理成本核算结果

3.5.2.1 水污染治理成本

2004 年，全国行业合计 GDP（生产法）为 159 878 亿元，废水实际治理成本为 344.4 亿元，占 GDP 的 0.22%；全国废水虚拟治理成本为 1 808.7 亿元，占 GDP 的 1.13%。废水虚拟治理成本约为实际治理成本的 5 倍。

（1）第二产业治理成本大，造纸、食品加工、化工等行业治理成本较高。2004 年，工业废水实际治理成本占总废水实际治理成本的 74.2%，工业废水虚拟治理成本占总废水虚拟治理成本的 55.5%。在 39 个工业行业中，实际治理成本列前 5 位的分别是黑色冶金、化工、造纸、石化和纺织业，5 个行业的实际治理成本为 145.5 亿元，占总实际治理成本的 57.0%；虚拟治理成本列前 5 位的分别是造纸、食品加工、化工、纺织和食品制造业，5 个行业的虚拟治理成本约占工业废水虚拟治理成本的 70.1%；总治理成本居前 4 位的分别是造纸、化工、食品加工和纺织业。

（2）东部地区的废水治理成本最高，中西部地区实际投入不足。2004 年，东部地区的实际废水治理成本最高，为 212.8 亿元，占全国总量的 61.8%，相当于中西部地区总和的 1.6 倍；虚拟治理成本最高的也是东部地区，为 687.5 亿元，占全国总量的 38.0%，中部和西部地区分别为 566.6 亿元和 554.6 亿元。东部地区实际治理成本占总治理成本比例为 23.6%，而中西部地区的这一比例仅分别为 13.1%和 7.6%，因此，总体来看，中西部地区的废水治理投入缺口较大。

3.5.2.2 大气污染治理成本

2004 年，全国的废气实际治理成本为 478.2 亿元，占当年行业合计 GDP 的 0.29%；全国废气虚拟治理成本为 922.3 亿元，占 GDP 的 0.55%。大气污染虚拟治理成本是实际治理成本的 1.93 倍。

（1）工业行业的虚拟治理成本较高，电力行业是工业废气治理的重点。2004 年几乎所有行业的大气虚拟治理成本都高于实际处理成本，说明大气污染治理的缺口仍然很大。2004 年工业大气污染总治理成本 882.9 亿元，其中电力行业治理成本为 551.4 亿元，占总治理成本的 62.5%，是工业大气污染治理的重点。

（2）东部地区的大气污染实际投入最高，治理任务也最重。2004 年，大气总治理成本为 1 400 亿元，东部地区为 649.2 亿元，将近占全国总成本的 1/2。全国虚拟治理成本 922.3 亿元，占总治理成本的 65.9%，其中，东部地区的大气虚拟治理成本最高，达到 398.2 亿元，中西部地区的大气虚拟治理成本基本相等，都占总虚拟治理成本的 28.4%。东部地区实际治理成本占其总成本 38.7%，在 3 个地区中实际治理投入最高。

3.5.2.3 固体废物治理成本

2004 年，全国固体废弃物实际治理成本为 182.8 亿元，占当年行业合计 GDP 的 0.11%；全国固废虚拟治理成本为 143.5 亿元，占 GDP 的 0.09%。固体废物虚拟治理成本是实际治理成本的 0.79 倍。

2004 年，全国工业固体废物实际治理成本为 111.3 亿元，占总治理成本的 52.7%；虚拟治理成本 99.9 亿元，为总治理成本的 47.3%；全国城市生活垃圾实际治理成本为 71.5 亿元，占总成本的 62.1%；虚拟治理成本为 43.6 亿元，占总成本的 37.9%。

2004 年，西部地区固废总治理成本最高，其中，实际治理成本仅占 41.4%，远低于东中部地区的 67.3%和 62.7%，西部地区的主要差距在于工业固体废物的处理。西部地区矿产资源开发规模大，工业固废总治理成本相当于东西部地区之和，其虚拟治理成本占总工业固废虚拟治理成本的 61.9%，未来需要加大西部地区工业固废的治理投入。

3.5.2.4 治理成本综合分析

（1）环境污染治理投入严重不足，废水治理缺口较大。2004 年，实际和虚拟治理总成本为 3 879.8 亿元，实际治理成本只占总成本的 26%，可见环境污染治理投入欠账较大。其中，水污染、大气污染和固废污染实际与虚拟治理总成本分别为 2 153.0 亿元、1 400.4 亿元和 326.3 亿元，分别占实际和虚拟治理总成本的 55.5%、36.1%和 8.4%。

2004 年，环境污染的实际治理成本是 1 005.3 亿元，其中，水污染、大气污染、固体废物污染实际治理成本分别是 344.4 亿元、478.2 亿元和 182.7 亿元，分别占总实际治理成本的 34.3%、47.6%和 18.2%；虚拟治理成本为 2 874.4 亿元，其中，水污染、大气污染、固体废物污染虚拟治理成本分别为 1 808.7 亿元、922.3 亿元、143.5 亿元，分别占总虚拟治理成本的 62.9%、32.1%和 5.0%。水污染虚拟治理成本占废水总治理成本的 84.0%，是实际治理成本的 5.3 倍。因此，在三类污染治理中水污染治理缺口最大。

（2）第二产业污染治理任务依然艰巨，城市废水污染治理投入亟待提高。2004 年，第二产业污染虚拟治理成本为 1 790.3 亿元，是实际治理成本的 2.9 倍，其中第二产业废水治理的缺口最大，还需要投入 1 003.7 亿元，占第二产业总虚拟治理成本的 56.1%；第二产业大气污染的治理投入缺口相对较小，占总虚拟治理成本的 38.4%，但绝对量也相当大，达到 686.7 亿元。与城市大气污染治理相比，城市生活废水处理能力严重不足，目前，我国城市生活废水的实际治理成本为 47.6 亿元，只有废气治理的 47.1%。因此，城市污染治理投入的主要压力来自城市生活废水。

（3）各工业行业污染治理重点不同，治理投入差距比较显著。2004 年，在 39 个工业行业中，治理成本最高的是电力行业，达到 593.5 亿元，其实际和虚拟治理成本都列各行业之首。列总治理成本前 2～5 位的分别是造纸、化工、钢铁和食品加工业，以上 4 个行业总治理成本的排名与虚拟治理成本基本相同，说明这 4 个行业的污染治理水平都不高，治理投入缺口大。

（4）中西部地区污染治理投入严重不足，东部地区治理投入仍需加大。东部地区人口密集、工业化水平高，经济发展迅猛，但同时环境污染也比较严重。2004 年，东部地区的实际治理成本为 545.1 亿元，占全国总实际治理成本的 54.2%，但其虚拟治理成本仍然高达 1 125.5 亿元，是实际治理成本的 2 倍，说明东部地区的治理投入仍需加大，而中西部地区的形势更为严峻，其虚拟治理成本分别占其总治理成本的 77.0%和 81.4%，说明中西部地区的污染治理投入严重不足。各地区环境污染实际和虚拟治理成本如图 3-2 所示。

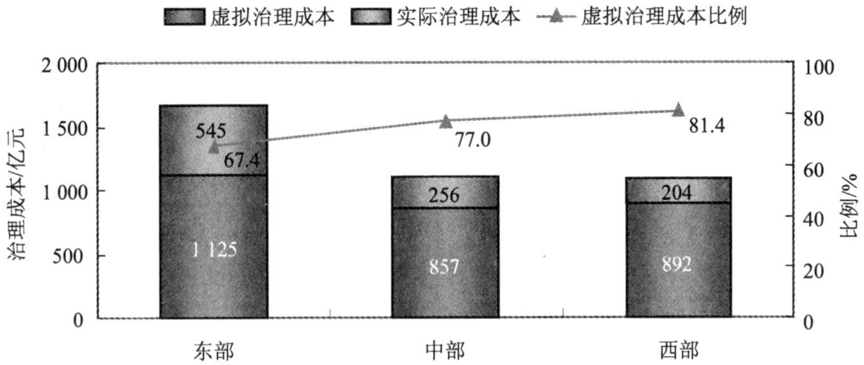

图 3-2 各地区污染实际和虚拟治理成本比较

3.5.3 环境退化成本核算结果

3.5.3.1 水环境退化成本

2004 年，水污染造成的环境退化成本为 2 862.8 亿元，占总环境退化成本的 55.9%，占当年地方合计 GDP 的 1.71%，其中，水污染对农村居民健康造成的损失为 178.6 亿元，污染型缺水造成的损失为 1 478.3 亿元，水污染造成的工业用水额外治理成本为 462.6 亿元，水污染对农业生产造成的损失为 468.4 亿元，水污染造成的城市生活用水额外治理和防护成本为 274.9 亿元。

2004 年，在东中西 3 个地区中，东部地区的水污染环境退化成本最高，为 1 517.7 亿元，占总水污染环境退化成本的 53.0%，占东部地区 GDP 的 1.5%；中部和西部地区的水污染环境退化成本分别为 777.5 亿元和 567.5 亿元，分别占水污染环境退化成本的 27.2%和 19.8%，但这两个地区水污染环境退化占地区 GDP 的比例高于东部地区，接近 2.0%。

3.5.3.2 大气环境退化成本

2004 年，大气污染造成的环境退化成本为 2 198.0 亿元，占总环境退化成本的 42.9%，占当年地方合计 GDP 的 1.31%，其中，大气污染造成的城市居民健康损失为 1 527.4 亿元，农业减产损失为 537.8 亿元，材料损失为 132.8 亿元。

2004 年，在东中西 3 个地区中，大气污染环境退化成本最高的仍然是东部地区，为 1 311.6 亿元，约占总大气污染环境退化成本的 60.0%，中部和西部地区的大气污染环境退化成本分别为 541.6 亿元和 344.7 亿元，分别占大气污染环境退化成本的 24.6%和 15.7%。中部地区大气污染环境退化占地区 GDP 的比例最高，为 1.4%，而东部和西部地区大气环境退化占地区 GDP 的比例分别为 1.3%和 1.2%。

3.5.3.3 固废污染退化成本

2004 年，全国工业固废的新增堆放量为 1 762 万 t，约新增侵占土地 617.7 万 m^2，丧失土地的机会成本约为 1.26 亿元。城市生活垃圾的新增堆放量为 2 987.7 万 t，农村生活垃圾的新增堆放量约为 6 458 万 t，生活垃圾侵占土地约新增 2 553 万 m^2，丧失的土地机会成本约为 5.21 亿元。两项合计，2004 年全国固体废物污染造成的环境退化成本为 6.5 亿元，占总环境退化成本的 0.1%，占当年地方合计 GDP 的 0.004%。

2004 年，在东中西 3 个地区中，中部地区的固废环境退化成本最高，为 2.43 亿元；其次为西部地区，为 2.27 亿元；固废环境退化成本最低的是东部地区，为 1.77 亿元，中西东 3 个地区固废环境退化成本分别占全国总固废环境退化成本的 37.6%、35.1%和 27.3%。

3.5.3.4 环境污染事故退化成本

2004 年，全国共发生环境污染与破坏事故 1 441 起，污染事故造成的直接经济损失为 3.33 亿元。根据《中国渔业生态环境状况公报》，2004 年全国共发生渔业污染事故 1 020 次，造成直接经济损失 10.8 亿元，因环境污染造成天然渔业资源经济损失 36.5 亿元。两项合计，2004 年全国环境污染事故造成的损失成本为 50.9 亿元，占总环境退化成本的 1.1%，占当年地方合计 GDP 的 0.03%。

3.5.3.5 环境退化成本综合分析

（1）环境退化成本总量分析。2004 年，利用污染损失法核算的总环境污染退化成本为 5 118.2 亿元，占地方合计 GDP 的 3.05%。其中，大气污染造成的环境污染退化成本为 2 198.0 亿元，水污染造成的环境退化成本为 2 862.8 亿元，固废堆放侵占土地造成的环境退化成本为 6.5 亿元，污染事故造成的经济损失为 50.9 亿元，分别占总退化成本的 42.9%、55.9%、0.1%和 1.1%。

（2）地区环境退化成本分析。东部 11 省市的环境退化成本为 2 896.7 亿元，占全国环境退化成本的 55.3%；中部 8 省市的环境退化成本为 1 332.7 亿元，占全国环境退化成本的 25.5%；西部 12 省市的环境退化成本为 959.3 亿元，占全国环境退化成本的 18.3%。3 个地区的环境退化成本和占各地区 GDP 的比例如图 3-3 所示。

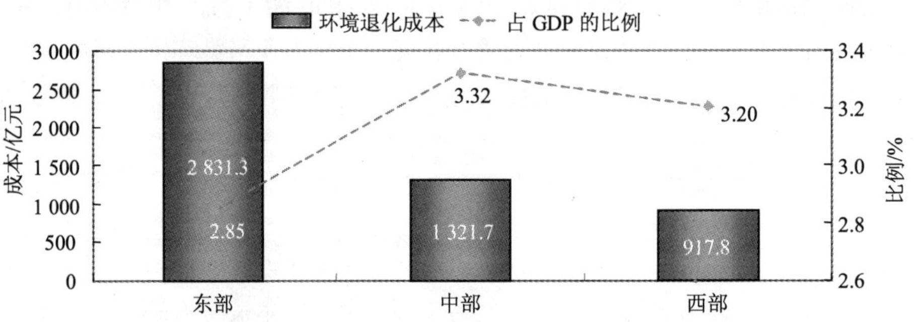

图 3-3 各地区的环境退化成本及其占各地区 GDP 的比例

3.5.4 经环境污染调整的 GDP 核算

3.5.4.1 经污染调整的 GDP 总量

2004 年，全国行业合计 GDP 为 159 878 亿元，虚拟治理成本为 2 874.4 亿元，GDP 污染扣减指数为 1.8%，即虚拟治理成本占整个 GDP 的比例为 1.8%。从环境污染治理投资的角度核算，如果在现有的治理技术水平下全部处理 2004 年排放到环境中的污染物，约需要一次性直接投资 10 800 亿元（不包括已经发生的投资），占当年 GDP 的 6.8%。

3.5.4.2 经污染调整的地区生产总值

2004 年，从各地区 GDP 与 GDP 污染扣减指数排序来看，东部地区的 GDP 污染扣减指数最低，为 1.13%；其次为中部地区，GDP 污染扣减指数为 2.17%；GDP 污染扣减指数最高的是西部地区，高达 3.12%，说明西部地区的经济水平和污染治理水平都较低。从全国来看，GDP 污染扣减指数高于全国平均水平 1.8%的省市有 21 个，低于全国平均水平 1.8%的省市有 10 个。各地区 GDP 污染扣减指数如图 3-4 所示。

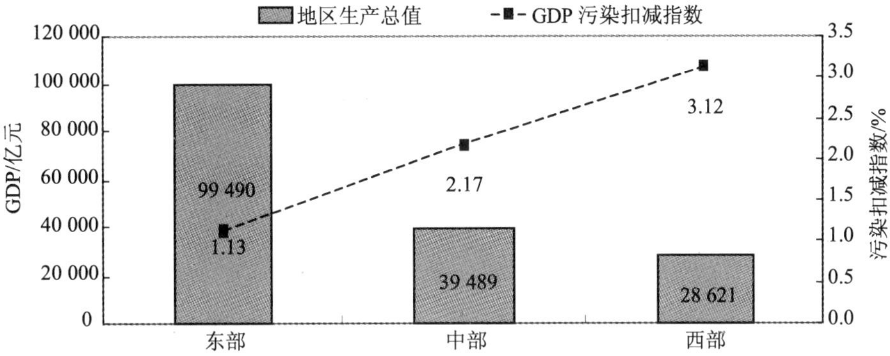

图 3-4　各地区的 GDP 及 GDP 污染扣减指数

3.5.4.3 经污染调整的行业增加值

（1）三大产业部门。2004 年，从经环境污染调整的 GDP 产业部门核算结果来看，第一产业虚拟治理成本为 330.7 亿元，GDP 污染扣减指数为 1.58%；第二产业虚拟治理成本为 1 790.3 亿元，GDP 污染扣减指数为 2.42%；第三产业虚拟治理成本为 753.4 亿元，GDP 污染扣减指数为 1.16%。三大产业虚拟治理成本及占其增加值的比例如图 3-5 所示。

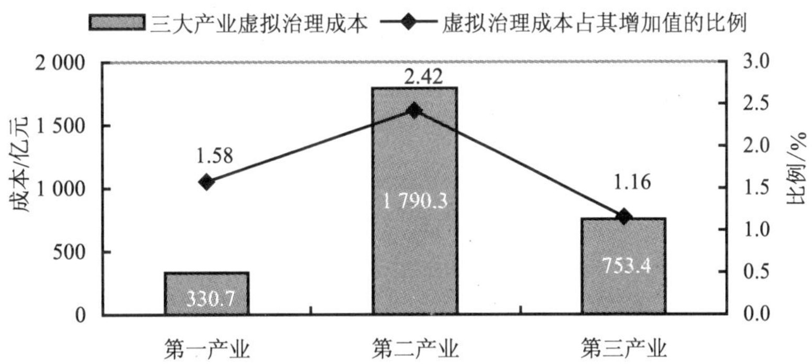

图 3-5　三大产业虚拟治理成本及占其增加值的百分比

（2）39 个工业行业。2004 年，从各工业行业来看，增加值污染扣减指数最低的行业是自来水生产业，扣减指数为 0.04%；其次为烟草制品业和家具制造业，扣减指数为 0.05%，不超过 0.1%的行业还有印刷业、通信业、电气机械业和文教用品业等，说明这些行业的环境污染程度较小。GDP 污染扣减指数最高的两个行业分别是造纸和有色冶金行业，分别为 30.13%和 11.63%，说明这两个行业的经济与环境效益比最低，污染比较严重。39 个行业污染扣减指数如图 3-6 所示。

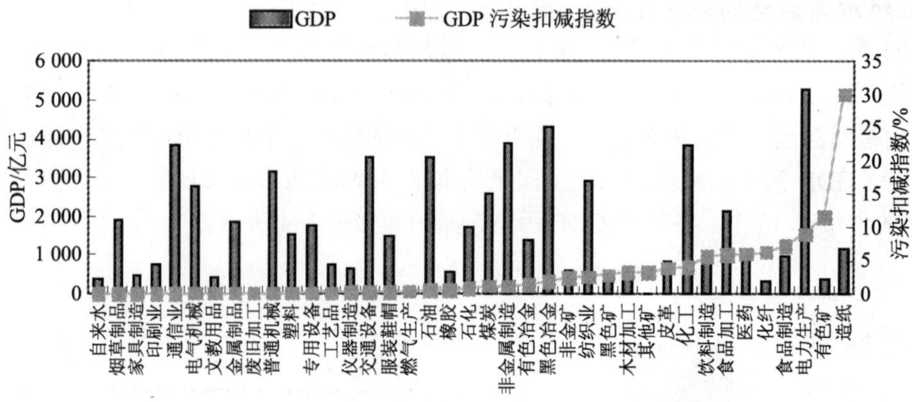

图 3-6　39 个工业行业增加值及其污染扣减指数

参考文献

[1] 联合国，等. 综合环境经济核算 SEEA－1993. 联合国网站.

[2] 联合国，等. 综合环境经济核算 SEEA－2000. 高敏雪，等，译. 内部印行.

[3] 联合国，等. 综合环境经济核算 SEEA－2003. 高敏雪，等，译. 内部印行.

[4] Kulshreshtha A C. System of environmental and economic accounting：UN recommendation and endeavors in Asian countries. 建立中国绿色国民经济核算体系国际研讨会论文集. 北京：中国环境科学出版社，2004，261-262.

[5] Mark Anielski，Greening national accounts：international practices in pluralistic environmental accounting & the measurement of sustainable development，2005，18-19.

[6] Proceedings of UNCEEA & London Group Meetings，2004.

[7] Henry M. Peskin and Marian S. delos Angeles. Accounting For Environmental Services：Contrasting the SEEA and the ENRAP Approaches. www. cbs. gov. nl.

[8] Expanding the Measure of wealth- indicators of environmentally sustainable development. Washington D.C.：World Bank，1997.

[9] Monitoring Environmental Progress. Washington D.C.：World Bank，1995.

[10] SERIEE environmental protection expenditure accounts - Compilation guide. Luxembourg：European Communities，2002.

[11] Julie L. Hass，Kristine Erlandsen，and Tone Smith. Norwegian Economic and Environment Accounts（NOREEA）Project Report 2002. Statistics Norway.

[12] Kirk Hamilton. Genuine Saving as a Sustainability Indicator. 2000.

[13] 高敏雪. 国家财富的测度及其认识. 统计研究，1999，12：9-14.

[14] 高敏雪. 绿色 GDP 认识误区及其辨析. 中国人民大学学报，2004，3.

[15] 王海燕. 论世界银行衡量可持续发展的最新指标体系. 中国人口·资源与环境，1996，1（6）：39-43.

[16] 向书坚，黄志新. SEEA 和 NAMEA 的比较分析. 统计研究，2005，10：18-22.

[17] 史世伟. 德国的绿色 GDP 核算. 宏观经济研究，2004，7：40-41.

[18] 李茂. 联合国综合环境经济核算体系. 国土资源情报，2005，5：13-16.
[19] 张勇. 绿色 GDP 核算在墨西哥. 宏观经济研究，2004，7：42-43.
[20] 丁小浩. 评世界银行对国民财富和人力资源核算的新方法. 经济科学，1997，4：68-74.
[21] 王金南，高敏雪，等. 建立中国绿色国民经济核算体系国际研讨会论文集. 北京：中国环境科学出版社，2004.
[22] 潘岳. 环保指标与官员政绩考核[J]. 环境经济，2004，5：13.
[23] 牛文元. 新型国民经济核算体系——绿色 GDP[J]. 环境经济，2004，3：12-15.
[24] 高敏雪. 绿色 GDP 的认识误区及其辨析[J]. 中国统计信息网，2003-05-23.
[25] 王金南，等. 基于卫星账户的中国环境资源核算初步方案[J]. 中国环境政策，2000，2（3）：2-15.
[26] 赵占明. 落实科学发展观要求积极开展绿色 GDP 的研究试算[J]. 中国统计信息网，2003-03-31.
[27] 冀文海. 中国经济：如何迎接绿色 GDP 时代[J]. 中国经济时报，2004-03-16.
[28] 刘世庆. 西部生态脆弱地区率先试行绿色 GDP 探讨[J]. 中国经济时报，2004-01-19.
[29] 马中，蓝虹. 环境资源产权明晰是实行绿色 GDP 的关键[J]. 环境经济，2004，3：50-52.
[30] 高敏雪. 环境统计与环境经济核算[M]. 北京：中国统计出版社，2000.
[31] 张坤民. 中国环境保护投资报告[M]. 北京：清华大学出版社，1993：3-4.
[32] 国家统计局. 中国统计年鉴[M]. 北京：中国统计出版社，2005.
[33] 国家环境保护总局. 中国环境统计年报 2004[M]. 北京：中国环境科学出版社，2005.
[34] 国家环保总局. 国家环境安全战略报告[R]. 2004.
[35] 中华人民共和国水利部. 2004 年水资源公报.
[36] 中外专家呼吁.农业面源污染已到非治不可地步. http：//www.sina.com.cn 2004/11/02/13：37. 人民网.
[37] 石玉林，卢良恕. 中国农业需水与节水高效农业建设. 北京：中国水利水电出版社，2001：179-188，216-240.
[38] 国家环境保护总局自然生态保护司.全国规模化畜禽养殖业污染情况调查及防治对策. 北京：中国环境科学出版社，2002. 170，105-106.
[39] 徐谦. 北京市规模化畜禽养殖场污染调查与防治对策研究. 农村生态环境. 2002，18（2）：24-28.
[40] 张克强，高怀友. 畜禽养殖业污染物处理与处置. 北京：化学工业出版社，2004，1-33.
[41] 国家统计局农村社会经济调查总队. 中国农村统计年鉴 2003. 北京：中国统计出版社，2003.
[42] 中国畜牧业年鉴编辑委员会. 中国畜牧业年鉴 2003. 北京：中国农业出版社，2003.
[43] 《畜禽养殖业污染物排放标准》（GB 18596—2001）.
[44] 中国环境规划院. 全国水环境容量核定技术指南（内部资料）. 2003. 9. 13.
[45] 奚振邦. 关于化肥利用率及其提高问题. 磷肥与复肥，1996，（2）：54-60.
[46] 樊小林，廖宗文. 控释肥料与平衡施肥和提高肥料利用率. 植物营养与肥料学报，1998，4（3）：219-223.
[47] 国家统计局农村社会经济调查总队. 新中国五十年农业统计资料. 北京：中国统计出版社，2000：188-200.
[48] 张宝莉. 农业环境保护. 北京：化学工业出版社，2002：183-185.
[49] 刘俊良. 城市节制用水规划原理与技术[M]. 北京：化学工业出版社，2003：54，81，93.
[50] 於方. 工业废水污染特征分析与决策支持系统的研究[D]. 国家图书馆，2004.
[51] 钱正英，张光斗. 中国可持续发展水资源战略研究综合报告及各专题报告[M]. 北京：中国水利水

电出版社，2001.
[52] 国家环境保护总局规划与财务司．环境统计报表填报指南[Z]. 国家环境保护总局，2001.
[53] 钱易，刘昌明. 中国江河湖海防污减灾对策[R]. 北京：中国水利水电出版社，2002：142.
[54] 中国环境规划院. 全国水环境容量核定技术指南. 2003，9.
[55] 曹东，王金南. 工业污染经济学. 北京：中国环境科学出版社. 1999.
[56] 建设部综合财务司编. 中国城市建设统计年报 2004. 北京：中国建筑工业出版社，2005.
[57] 周斌. 华东地区城市污水处理厂运行成本分析.中国给水排水，2001（8）.
[58] 贾俊平，何晓群，金勇进．统计学[M]. 北京：中国人民大学出版社，2000：74-81.
[59] 中国能源发展战略与政策研究课题组. 中国能源发展战略与政策研究. 北京：经济科学出版社，2004.
[60] 周大地，等. 2020 中国可持续能源情景. 北京：中国环境科学出版社，2003.
[61] 国家环境保护总局污染控制司. 全国氮氧化物污染控制研讨会论文集. 北京，2003（内部资料）：8-19，40-48.
[62] 郝吉明，王书肖，等．燃煤二氧化硫污染控制技术手册．北京：化学工业出版社，2001.
[63] 俞珠峰．洁净煤技术发展及应用．北京：化学工业出版社，2004.
[64] 王志轩，朱法华，等．火电二氧化硫环境影响与控制对策．北京：中国环境科学出版社，2002.
[65] 王志轩．我国电力工业环境保护现状与展望．中国电力. 1999，32（10）.
[66] 国家统计局工业交通统计司，国家发展和改革委员会能源司．中国能源统计年鉴 2003．北京：中国统计出版社，2004.
[67] 王志轩，朱法华，等. 火电厂二氧化硫环境影响与控制对策. 北京：中国环境科学出版社，2002.
[68] 吴立新，史明志，等. 洁净煤技术与环境. 煤化工，83（2）：2-12.
[69] 刘世锦，冯飞. 中国电力改革与可持续发展. 北京：经济管理出版社，2003.
[70] 王绍文，梁富智，王纪曾，等. 固体废物资源化技术与应用. 北京：冶金工业出版社，2003.
[71] 张锦瑞，王伟之，李富平，王爱东. 金属矿山尾矿综合利用与资源化. 北京：冶金工业出版社，2002.
[72] 汪群慧，等. 固体废物处理及资源化. 北京：化学工业出版社，2004.
[73] 中山大学环境科学研究所等编著. 广东省固体废物污染防治规划，2002.
[74] 聂永丰，等. “三废”处理工程技术手册固体废物卷. 北京：化学工业出版社，2003.
[75] 聂永丰，等. 中国城市生活垃圾现状与管理对策. 城市环境，1999，13（3）：14-18.
[76] 国家环境保护总局规划与财务司. 危险废物和医疗废物处置设施建设手册. 北京：中国环境科学出版社，2004.
[77] 国家环境保护总局规划与财务司. 国家环境保护“十五”计划读本. 北京：中国环境科学出版社，2002.
[78] 吴文伟，等. 城市生活垃圾资源化. 北京：科学出版社，2003.
[79] 张益，陶华，等. 垃圾处理处置技术及工程实例. 北京：化学工业出版社，2002.
[80] 何品晶，冯肃伟，邵立明，等. 城市固体废物管理. 北京：科学出版社，2003.
[81] 赵由才，等. 固体废物污染控制与资源化. 北京：化学工业出版社，2002.

第 4 章

环境税收政策及其实施研究

环境税是实现环境成本内部化和筹集环境保护资金的重要手段。在总结环境税收政策的理论原理以及国内外环境税收政策的经验基础上，本章阐述了中国建立环境税收政策的必要性和意义，提出了建立环境税收政策的独立型、融入型、共存型 3 种方案以及在中国环境税收政策的实施战略。同时，对环境税的实施影响以及技术支持系统进行了分析。

4.1 环境税概念和研究背景

环境税作为调节污染行为的一种经济手段，广义地可以包括环境税、与环境和资源有关的税收和优惠政策、消除不利于环境的补贴政策和环境收费政策。从这个角度看，国际上有许多国家都存在环境税收政策。狭义的环境税主要是指对开发、保护和使用环境资源的单位和个人，按其对环境资源的开发利用、污染、破坏和保护程度进行征收或减免的一种税收。因此，作为一种税种而言，目前真正实施环境税的国家还很少。

随着我国市场经济体制的建立与完善和环境管理需求的提高，我国环境保护工作需要新的管理手段。环境税作为一种新的环境管理手段，已经引起了官员和学者的注意，而且可以在我国资源节约型和环境友好型社会的建设中发挥作用。另外，环境保护由于其公益性，需要大量政府资金投入，环境税可以为政府筹集资金。尽管由环境税征收的收入是公共财政资金，但是可以专项用于污染治理。再者，国外环境税收实践和研究也表明环境税不仅可以改变污染者的行为，而且其税收收入还可以用来保护环境和改善税收结构，实现环境、经济和社会“三赢”。因此我国环境税的倡导者积极推动制定我国的环境税收政策。

引进和建立环境税是一个相当艰巨的工作。①税收体制的改革过程漫长，需要经过复杂的程序；②环境税作为一个单独税种，与其他税种的关系需要理清；③环境税的征收和管理需要研究，因为环境税的征收技术性比较强，需要对税收征管人员进行专业培训或者委托环保专业机构进行征收。

《中国环境税收政策与实施框架研究》是《若干重要环境政策及环境科技发展战略研究课题》的专题，环境税收政策框架设计与实施战略技术路线见图 4-1。本章是通过研究最终建立一套与市场经济相适应的中国环境税收制度及其实施体系，以此为中国的环境质量改善提供刺激动力和积累资金。具体目标如下：①在总结发达国家和其他发展中国家环境税收实践的基础上，提出环境税收政策框架和理论体系，包括环境税制结构理论、税收效应评价理论；②设计出一套符合中国国情的环境税收政策框架和具体方案，包括纳税主体和客体、税种税目配置、税源选择、税率安排和纳税环节等；③从环境与经济可持续发展的角度，提出改革或完善中国现行税收制度的建议，尤其是与环境相关的税种和税收优惠政策；④提出中国环境税收政策实施战略，包括环境税征收、管理和资金使用政策。

4.2 环境税的作用与理论

市场失灵主要表现为环境等公共物品的“免费搭车”经济行为产生的外部效应以及由于市场不健全、市场成本过高等造成的市场缺陷。通过征收环境税这一政府公共财政手段来调节市场经济和消费行为，以达到环境自然资源有效利用、产出和收入结构合理化以及社会生活质量全面提高的可持续发展目标。

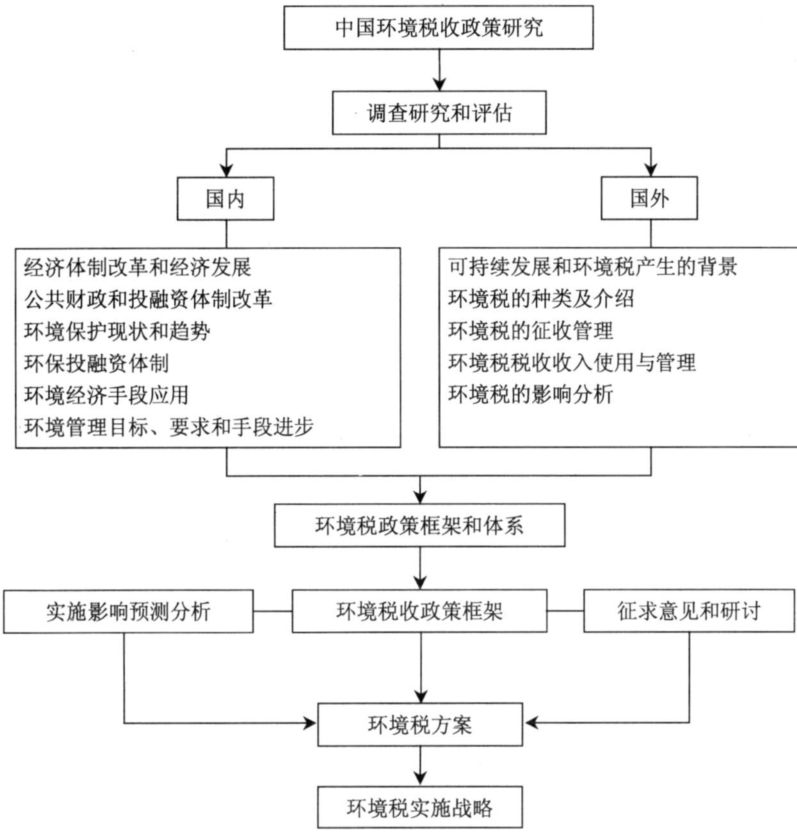

图 4-1　中国环境税收政策框架设计与实施战略技术路线

4.2.1 应用税收手段保护环境

4.2.1.1 可持续发展呼唤有效的环境管理手段

传统工业文明的发展观由于忽视环境、资源、生态等自然系统方面的承载力，倾向于单向度地显示人类征服自然所获得的经济利润，没有考虑经济增长所付出的资源环境成本，淡忘、忽视人文文化、科技教育、环境保护、社会公正、全球协调等重大的社会问题，从而使得人类在获取经济发展的同时，承受着诸如人口压力、空气污染、水源污染、土壤退化、生物多样性锐减以及森林面积大量减少等诸多环境问题。面对日益严峻的环境危机，人们从 20 世纪 70 年代开始积极反思，认识到发展不只是物质量的增长与速度，而应该是“包括经济增长、产业结构、社会结构、人的素质以及生态环境诸多方面在内的多元的、多层次的进步过程，是整个社会体系和生态环境的全面推进”，从而提出一种新的发展战略和模式——可持续发展。

实现可持续发展需要公众的广泛参与，需要各方面的协调配合。我国目前的环境管理工作同时面临不断加大的环境和资源压力、人民群众日益增强的改善环境质量的要求以及在市场经济条件下出现的新问题三大挑战，在目前市场机制不完善的限制条件下，如何促进资源的合理使用、保护环境，最大限度地发挥政府的宏观调控作用是环境管理政策必须解决的问题。“现实中的环境问题既可能来自市场失灵，也可能来自政府失灵”，因此，政府必须基于现实的政策，考虑自身的行政能力，运用经济、法律、行政等多种手段，采取切实有效的环保措施，促进社会的可持续发展。而在市场经济条件下，经济手段是一种更具弹性、成本较低的有效手段，在政府调节过程中应该充分发挥经济手段的作用。

4.2.1.2 中国的主要环境经济管理手段

传统的环境经济学认为，环境污染的“外部不经济”是环境问题难以利用单一的政策命令管制手段或市场激励（经济）手段找到比较完美答案的症结所在。所谓“外部不经济”是指某个人的行为对别人产生了不利影响，外部不经济最典型的例子就是环境污染对生产者和消费者造成的负面影响。外部不经济性内部化的主要途径有：①明晰产权，即运用科斯定理解决经济外部性问题；②政府管制，即政府通过法律、标准、排污许可证等途径解决经济外部性问题；③经济手段，即通过税收和收费等途径解决经济外部性问题。王华等运用经验分析的方法，结合中国大型工业污染企业实际，指出排污收费同补贴相结合，能够有效地刺激企业减少污染排放。

在实践中，中国环境管理的主要经济手段有四类：①征收具有税收性质的排污费，这项政策要求一切向环境排放污染物的单位和个体经营者，应当依照政府的规定和标准缴纳排污费，以使其污染行为造成的外部费用内部化，促使污染者采取措施控制污染。从实施效果看，中国的排污收费制度提高了污染治理能力，加强了环境建设，同时在防治污染管理方面积累了丰富经验，但是仍存在着收费标准偏低、不能足额征收和资金使用管理有待加强等急需解决的问题。②征收与环境资源相关的税收，我国目前与环境有关的主要税收有：消费税、资源税、车船使用税、城市维护建设税以及固定资产投资方向调节税、增值税中规定的有关差别税率、企业所得税中规定的有关减免税条款等。但是，这些税种并不是专门性的环境保护税，对环境保护的调控力度明显不足。③与环境资源相关的补贴政策。补贴政策是中国政府进行宏观调控的一种政策手段，对中国经济发展和稳定人民生活起到了很大的作用，但许多补贴政策制定时并没有考虑它可能带来的环境负效应。此类补贴政策包括：水资源补贴、电力补贴、化肥农药补贴、交通行业补贴和能源补贴等。这些补贴政策在制定之时并没有从社会、经济和环境的宏观角度进行系统评估，没有考虑政策实施对环境和资源的负面影响，不符合可持续发展的战略思想。④环境和生态补偿政策：补偿政策是污染者设法补偿受害者的损失以消除外部不经济的另一种方法，即污染者与受害者双方自愿谈判补偿，污染者把其所得收入或利润的一部分拿来补偿受害者的损失，并在一定程度上达成资源合理分配的默契，使经济活动的外部性得以内部化。

比较上述四类环境管理经济手段中，可以发现：①排污收费有缺乏应有的法律效力，征收率较低，不利于环保资金的筹集与稳定投入。与排污收费相比，环境税具有税收的无偿性、强制性和稳定性等特点，征收环境税以及实行相应的税收抵免政策能调动各方的积极性，对污染治理和保护环境的作用更为积极。②许多补贴政策鼓励企业以低效率的方式消耗资源，很可能导致整个产业的总污染排放量增加，与防治污染的初衷相悖，而课征环境税后，产生环境污染的产品价格上涨，市场需求量下降，从而达到抑制污染性生产活动的目的；同时，补贴政策增加了企业的利润，增加了政府的支出，而课征环境税减少了企业的利润，增加了政府的财政收入。③补偿政策的设计虽然完美，但谈判程序烦琐、成本过高，达成协议的概率低，执行难度大，而课征环境税显然没有这些缺点。

4.2.1.3 环境税

发达国家的经验也表明，经济手段是解决经济外部性问题的有效途径，目前发达国家更多地采用经济手段，尤其是环境税来保护环境。专门的环境税收制度有其他环境管理制度和经济手段无法比拟的优势：①环境税收对污染和破坏环境行为的调控力度更大、调控范围更广泛；②通过税收可以形成稳定的环境保护和污染治理资金来源，征收环境税是解决环保投资不足问题的主要出路；③环境税体现了现代税收的效率与公平两大原则要求；④环境税收政策的实施有助于使环境保护成为人们的一种自觉行为，达到环境保护的目的。

环境经济学家通过分析和论证，得出能否实现可持续发展，在很大程度上同经济过程中的决策机制以及各种社会和政治力量的运作，特别是所制定的政策密切相关。随着经济体制的转型，市场的力量在我国的社会经济生活中发挥了越来越重要的作用。这就要求公共政策包括环境管理政策必须适应市场经济发展的要求，改变目前以命令—控制型（或者说是政府直控型）政策为主的政策体系，使中国的环境政策体系充分体现经济刺激手段与命令—控制型政策相互补充、相互完善的特征。因此，采用具有行为激励功能和资金配置功能的经济政策，是中国环境管理体系特别是环境政策创新的必然要求，而环境税收政策就是中国环境政策创新和建立综合决策机制的最重要的突破口。

4.2.2 公共物品理论

4.2.2.1 公共物品的定义

（1）纯粹公共物品。从经济学的角度分析，纯粹公共物品必须具备下列两个特征中的一个或两个：①消费不可分性或无竞争性；②消费中无排他性。一旦某种物品具有以上特征就可称为纯粹公共物品。

在日常生活中，纯粹公共物品的例子并不多见。现实中，国防可能是最贴近的一种纯粹公共物品，因为提供国防服务而得到的效益都自动地归属于社会中的每个人，同时又不能排除一国之内的任何人从中得到同样的服务数量，除非把他排斥于国防保护范围之外。纯粹私人物品的范畴多少也有点限制，可能只有在家中的食品消费最符合其定义，而像住宅、旅游、休息和公共活动多少会影响别人或存在一定的外部效果。

（2）准公共物品。大多数物品带有某种程度的"公共性质"，这是由于外部影响的存在所引起的，当物品具有较大的外部影响时，我们称这种物品为准公共物品。纯粹公共物品可以清晰地区别出来，但准公共物品则不然，它主要强调的是消费中的公共特性，因而范畴也比较含糊。一般来说，多数经济学家都同意把警察和消防、废水处理和公共垃圾填埋处理、公众卫生服务、中小学甚至大学教育以及邮电和交通等列入准公共物品行列。

环境质量或服务这类物品大体上都可划入准公共物品，但具体到每种特定的环境质量物品却有不同的表现。例如大气质量、核污染、全球气候变化以及全球生物多样性等物品更靠近纯粹公共物品，而水环境质量、噪声和生态环境质量等，则更接近准公共物品。但无论它们的差异有多大，我们都可以把环境质量或服务作为统一的公共物品来看待。

（3）可拥挤物品。有一类物品，当不超过某一范围时，它的表现很像纯粹公共物品，即在此范围内不存在消费可分性和排他性。但是，使用者的拥挤最终会发生，增加更多的使用者将减少所有使用者的效用，甚至产生负效应。进一步说，这类物品能供很多人使用，但有容量限制，同时，在达到容量之前的固定成本远远大于增加额外使用者的边际成本，而且超过容量限制时，增加额外使用者的边际成本将急剧上升甚至趋向无穷大。由此可以判断，准公共物品基本上都可列入可拥挤物品，很多天然的环境舒适性物品，如野营点、风景点、徒步旅游路径、猎场以及钓鱼划船的水域等也具有很强的可拥挤性。

4.2.2.2 公共资源与环境恶化

（1）公共资源和稀缺性。一种物品，如果不具有排他性，则每个人出于自己的利益考虑，就会尽可能多地去利用它。在这种情况下，该物品就具有消费可分性的特点，这就是所谓的“公共资源”，也称为“公共财产资源”。由于获取这些资源并不受严格管制，因此人们将首先把它们作为最基本的资源加以开发使用，而且很容易就会被过度使用，从而造成灾难性的后果。

纯粹的公共物品是一种公共资源，而准公共物品则不一定是公共资源。公共资源在现实中还是很多的，如土地、水、森林以及矿产等自然资源，一般都被法律确定为公共财产资源，其他的还有野生动物，如候鸟、海鱼和珍稀物种等。

当我们确定一种资源为公共财产资源时，并非它就是有人通常理解的无偿使用的公共资源。换句话说，公共财产资源也可以实施有偿使用，这主要取决于该种资源的稀缺性这一事实。

（2）公用权的悲剧：环境恶化。环境污染的根源或环境质量的恶化，关键是对人们所使用的环境资源所有权和使用权没有明确的规定。大气、河流、湖泊和地下水等都是公共资源或公共物品，人们习惯于将这些公共资源用于各种用途，其中包括用于处理各种污染物，最终导致自然环境这种公共资源的过度滥用而严重恶化。

公共资源的财产权属于社会中的每一个人，而一旦某种物品或资源被赋予公共财产拥有权，其本质就是不存在任何所有权。因为在公共财产拥有权制度下，社会中每个团体或个人都将根据自己的费用效益决策准则来利用环境资源，这样势必造成过度滥用资源的倾向，尤其是无偿使用环境资源的情况。如果社会缺乏道德或法律约束，其结果必然是自食环境质量恶化带来的恶果，即大家在滥用自然环境资源的同时，不但损害了他人的利益，还会严重损害自己的经济福利。这种现象就是加勒特·哈定命名的“公共权悲剧”。

“公用权悲剧”的实质就是公共资源的低效率配置。资源的公共性不会刺激任何人去有效利用或占有稀缺租金，结果大家都滥用到平均效益与平均费用相等为止。当然，这种情况下的资源使用量，将远远大于在考虑稀缺租金情况下的资源使用数量。这种结果与我们在分析企业考虑外部不经济性与不考虑外部不经济性时得到的产出水平是一致的。因此，我们可以把稀缺租金理解为资源数目减少带来的外部影响或额外增加的资源开发利用的费用。如果不对公共资源的使用权作出明确的限制，那么公共资源的配置只能是低效率的配置。

4.2.2.3 公共物品需求的确定

公共物品的社会需求或行业需求，是由个别的需求曲线垂直加和得到的，而私人物品的社会需求或行业需求，则通过个人的需求曲线水平加和得到。两种需求确定的差异来源于物品的可分性和排他性，当然公共物品的需求表现是非市场显示的。

公共物品、私人物品需求都表现为边际效用或效益递减规律。举例来说，如果大多数消费者能了解空气污染程度与他们患呼吸系统疾病之间的紧密关系，那么他们愿意为治理污染严重的空气质量支付较高的价格，而一旦空气污染程度不足以引起健康损失或其他不利的影响，他们愿意支付的价格就迅速下降。

4.2.2.4 公共物品的管理

虽然理论上认为个人对公共物品的需求同对私人物品的需求相似，但现实中会发现要获得关于公共物品支付意愿的信息是相当困难的。本节就讨论在缺乏公共物品需求信息的情况下，如何实现对公共物品，特别是对环境的有效管理。

（1）公共物品的供给数量与政府机制。公共物品市场在需求方面是非有效的，但在供给方面则是完全有效的，即能通过其他市场物品的价格和数量得以表现。以环境物品为例，由于提供或生产环境物品时的投入与生产一般私人物品的投入是相同的，因此，确定环境物品的生产供给曲线或生产函数，无论在理论上还是实践中都是可行的，如各种污染物的处理费用函数。这样，就可以借助政府与市场的力量，在得到有关环境物品需求的基本信息之后，直接或间接确定环境质量的供给。

但同时为大多数经济学家所公认的是，尽量减少政府的直接干预和增强市场调节的作用，有利于社会资源配置效率的提高。政府机构的职能虽然是调和一些社会成员之间难以调和的利益，但真正执行起来的效果并不理想，许多针对环境问题的政府决策已经证明是缺乏效率的。因此，问题的关键就变为能否找到类似市场这样一种机制来调节和确保政府行为利益以及社会和个人的利益，或者政府在环境这类公共物品或资源配置方面应在何种程度上采取干预措施，从而达到社会资源配置的最佳效率。

（2）公共物品的定价与分配。价格管制或干预是各国政府控制环境质量这类公共物品以及一些公共服务部门产品消费水平的常用手段，管制和干预的方式随着公共物品特征和生产者的不同而不同。对于纯粹的公共物品，由于无排他性的存在，增加一个额外消费者的边际成本为零，因此，要使纯粹公共物品的消费取得高效率，则最好不给该物品定价，这种方法尤其适合纯粹公共物品完全由政府提供的情况；而可拥挤物品或准公共物品，在定价和分配方面具有更多的灵活性和实际操作的经验，在使用不足的时期内，最适当的收费或定价应该很小或为零，超过容量限制时则按一个正价格收费。

在实际中，经常出现的情况是政府对可拥挤物品的低收费或不收费的政策。表面上看，这种政策能增加消费上的效率，其实际执行结果往往是以忍受拥挤来部分或全部地代替价格的分配作用，因为忍受拥挤的负效应就是阻止潜在的消费者。当然也有一些使用价格机制缓和可拥挤物品消费的政策或措施，如根据季节和环境功能区确定的排污许可证、许可排放量以及相应的排污收费标准。

（3）政府与市场在公共物品管理中的行为。根据前面的分析，政府与市场在公共物品供给中共同发挥作用，并取得行为上的平衡是使环境这样的公共物品达到最佳配置效率的必然途径。发达国家的经验与实践已经证明了两种手段共同实施的有效性。

对于环境这种公共物品，政府与市场在提供环境物品数量方面的平衡关系有两种方式。对于纯粹公共物品类的环境物品（如区域性的空气质量、核反射性污染）可由政府提供资金并组织生产；对于准公共物品（如工业企业污水处理、城市垃圾处理系统）一类的环境物品，如果在消费方面具有一定的可分性或排他性，那么只好由消费者付费或由市场生产，但如果在消费方面明显表现为一种不可分性或无排他性，则最好由政府在资金或财政方面进行干预，如对生产这类物品的企业或公用部门给予补贴或税收优惠等。

由于环境物品这类公共物品的政府产出并非单纯是经济问题，单纯的经济分析并不足以提供有效率的决策。从经济效率和决策效果上说，基本的一点是积极鼓励地方政府和市场提供环境这类准公共物品，主要依靠市场机制促进环境资源的合理配置，同时辅以法律和行政等手段来补救因“市场失灵”带来的效率损失。最后的决策应当是在经济效率、社会公平以及环境物品的数量和质量等方面权衡的结果。

（4）环境物品的有效管理。自然资源和环境物品作为准公共物品，由于它所具有的不可分割性导致产权主体难以界定，每个人都可以自由地进入产权并对其进行利用，而追求私利的个人会无节制地争夺有限资源，这样必然导致人们滥用资源、环境恶化。而当出现环境污染问题时，又因无产权主体无人承担责任。因此，应该由政府代表社会作为环境和自然生成的资源的产权主体，在向社会提供着它独特的公共环境、资源和服务时，作为一项自然资本以征集环境税的形式得到相应的资本权益，从而从经济利益上建立起保护环境和资源的机制。此外，环境保护提供的产品和服务也具有公共产品的性质，属于很难排他的公共消费资源，这也导致了环境保护中的“搭便车”问题，征收环境税可以从某种程度上解决公共资源的付费问题。

征收环境税是环境资源价值的一种体现，环境税体现了环境资源的价值，税率则反映了环境资源的价格。尽管大多数情况下收税并不能真正反映补偿环境资源的价值，但这种补偿作用可以使环境资源使用者改变产生污染的行为，有效地利用越来越稀缺的环境资源。政府可以通过环境税让生产者或消费者在抉择自身利益的时候，将环境资源的费用考虑进去，使环境问题的外部不经济性问题内部化。

4.2.3 污染者付费原则

4.2.3.1 环境污染与外部不经济性

在经济活动中经常出现外部性现象，即在实际经济活动中，生产者或消费者的活动对其他生产者或消费者产生了超越经济活动主体范围的利害关系，其实质是一种价值的无偿转移。环境易产生外部不经济问题，这是由于环境资源具有公共产品属性，在市场上其价格为零，因而经济活动的主体——生产者或消费者出于自身的经济利益考虑，把未经处理的废物直接排入环境，而不考虑这种行为产生的高昂的社会代价。其原因是，他们使用其他资源时要受市场价格或市场条件的约束，而使用环境资源由于环境资源没有价格因而可以不受这种约束。

由于经济活动主体的经济行为产生了不由其自身偿付的成本，使私人的边际成本和社会的边际成本发生偏离。如果不加以纠正，那么他对经济活动数量的决定是建立在私人成本和收益的基础上的，与社会成本和社会收益脱节，两者的差值就是外部边际成本（社会边际成本—私人边际成本），即外部不经济的数量。这种外部不经济由其他社会成员承担，将会使生产或消费的数量超过社会所能容纳的合理程度，最终损害了社会的环境资源。

4.2.3.2 外部不经济性内部化

由于环境外部性的存在，致使环境资源在配置上的低效率和不公平，而在市场经济条件下，不能完全依靠经济主体的自觉行为使环境的外部不经济内在化，必须要由政府干预。由于市场失灵，需要政府建立环境资源市场，运用财政手段，通过税收和价格杠杆作用，对私人边际成本进行调整，使经济活动主体的私人边际成本等于社会边际成本，使厂商在生产经营中充分考虑其产生的环境外部性，这就实现了环境外部成本内在化。

开征环境税就是一种把环境资源引入市场的措施，通过实施环境税收制度，赋予环境资源一个合理的价格，使企业把资源价格纳入其生产经营成本，进而影响企业的经济效益。这样有利于环境资源的合理配置，有利于环境资源使用效率的提高，达到环境污染外部不经济性的内部化。

要实现外部不经济的合理内部化，最重要的是准确把握外部不经济内部化的尺度。从经济学上讲，并非所有的污染都是削减越多越好，使用环境政策也要求费用最小化。经济学上污染排放的理想状态是：削减单位污染物所需的费用成本要小于或等于单位污染物所造成的社会损害。当污染排放的边际损害成本等于削减污染的边际治理成本时的污染削减量为最适度的污染削减量。

4.2.3.3 污染者付费和使用者付费

环境恶化实际上是环境资源的过度利用，其原因是因为环境资源的使用费未进入生产成本核算，在缺乏有效限制的情况下，部分社会成员（包括个人或企事业单位）在生产环节、产品流通环节和消费环节污染了属于社会全体成员共有的环境资源，却把进行治理的负担转嫁给全社会，造成外部的不经济性。为了将这种外部不经济性内部化，国家可以通过征税等方式使污染者为其造成“外部不经济性”的行为承担经济责任，这就是污染者付费原则，简称 PPP 原则。PPP 原则是征收环境税的理论基础。

近年来，对 PPP 原则的进一步扩展是把环保资源利用也纳入 PPP 原则中，即在“污染者付费原则”的基础上增加了“使用者付费原则”（以下简称为“UPP 原则”）。对于一些特殊的污染问题，使用者付费原则往往比污染者付费原则更有效。例如，对于那些污染排放量很小、自行处理又很不经济的污染排放者，最经济有效的办法就是利用污染集中处理设施集中处理，这样，污染排放者就转变成了集中处理设施的使用者，污染排放者（通常是居民和污染排放比较小、污染物比较简单的工商企业）就需要通过付费获取公共设施的使用权。在这种情况下，污染者付费原则就演变成使用者付费原则，这种付费与其获取的服务数量密切相关，而且付费者就是受益者。

从这个意义上说，使用者付费也是受益者付费。如果我们不去考虑使用者所付费用与使用者获取环境服务数量之间的关系，而是简单地认为所有的经济活动者（包括居民）都享受环境保护带来的好处，都应该为保护环境和建设环境基础设施作出贡献，即强调控制污染和保护环境受益的普遍性，那么，环境税就可以设计成为一种纯粹为建设和运营环境基础设施筹集资金的手段。这样，“使用者付费原则”也就可以成为制定环境税的一个理论基础。当前，越来越多的国家在财政税收、补偿或责任等政策中应用 PPP 原则，作为确保价格能够反映全部社会成本（包括环境成本）的手段。

4.3 中国开征环境税的必要性

引进环境税是构建和谐社会的需要，是全面实现小康社会建设目标和环境友好型社会的需要，是提升环境管理水平和控制污染的需要，也是筹集环境保护资金的需要。

4.3.1 环境税是建设环境友好型社会的保障

4.3.1.1 环境税是环境友好的税收政策

中国共产党十六届五中全会提出建设资源节约型、环境友好型社会。环境友好型社会是人与自然和谐发展的社会，是社会的生产与生活以对生态环境无害的方式进行，通过人与自然的和谐来促进人与人、人与社会的和谐。它要求在全社会形成有利于环境的生产方式、生活方式和消费方式，建立人与自然的良性互动关系，构建经济社会环境协调发展的社会体系。资源节约与环境友好既密切相关，又有所区别。节约资源是环境友好的基本前提，环境友好的行为又能促进资源节约。

我国经济正处于高速工业化和城市化时期，就业压力大，经济增长具有强大的内在冲动。但是，我国的生态破坏和环境污染已经达到自然生态环境所能承受的极限，为了使经济增长可持续，必须解决巨大的环境压力，必须寻找在不破坏生态平衡，不污染环境的条件下实现经济增长的路径。也就是必须以环境友好的方式推进经济增长。环境友好排除了先污染后治理的环境保护观，要求必须从源头来预防污染产生。

环境友好型社会的核心是保护生态，从源头预防污染产生。一切污染都是消耗资源和排放废弃物造成的。从源头预防污染产生的最有效途径是减少资源消耗和不排放废弃物。因此，环境友好型社会首先要求最大限度地减少资源消耗；其次，要对消耗资源产生的废弃物进行再利用和循环利用；最后，对在目前技术水平和经济条件下没有再利用价值的废弃物进行环境无害化处理。

环境税可以通过改变商品的价格信号来影响商品的生产和消费。环境税可以改变污染产品的价格，从而影响这种产品的销售。环境税可以改变稀缺资源投入的价格，从而影响这种资源的使用速度。因此政府可以通过环境税发出明确的信号以促进资源节约型和环境友好型社会的建设。

4.3.1.2 全面建设小康社会需要环境税

党的十六大提出了到 2020 年全面建设小康社会的奋斗目标，同时也提出了构建和谐社会的要求，倡导经济、社会和环境的协调发展，建设资源节约型、环境友好型社会。在未来 20 年乃至更长一个时期内，随着小康社会建设目标的实现，国家生态环境图景的描绘，必将成为小康社会的重要内容。

中国经济总量的迅速膨胀和经济粗放型结构是导致环境污染问题的重要原因。目前，我国的环境污染和生态系统破坏已经非常严重，严重的环境污染对人体健康造成了极大的危害。据世界银行估计，1995 年全国仅大气和水污染造成的年损失已达 540 亿美元，约占当年 GNP 的 7.7%。其他不同来源的数据也表明，近年来我国环境污染损失约占当年 GNP 的 6%～9%。特别是一次性超负荷污染物排放与污染物在环境介质中长期积累、迁移过程导致生态环境系统结构失衡、功能衰退，甚至发生不可逆转的系统崩溃，不但直接造成国家或局部地区经济重大损失，而且将对未来可持续发展产生长期和深刻的影响。

这在很大程度上是出于经济发展过程中对资源与环境的保护力度不够和环境政策工具过于落后所造成的。环境保护涉及社会经济的各个方面，国内外的环境保护实践经验已经证明，环境保护工作需要运用行政的、法律的、经济的、技术的、教育的等多种手段，其中经济手段在环境保护工作中起着十分重要的作用。因此，为小康社会的奋斗目标及我国环境保护规划目标的顺利实现，引入并开征环境保护税已刻不容缓。

4.3.2 引进环境税是提升环境管理的需要

4.3.2.1 完善我国环境管理经济手段

随着环境保护工作的深入开展，我国环境管理体制建设得到逐步加强和完善。但总体而言，我国环境管理体制建设还比较落后，环境管理能力和环境管理手段还有所欠缺，环境与发展综合决策机制仍不够完善，环境保护的整体性被条条块块的管理部门分割，缺乏强有力的统一规划、考核和监管机制，地区之间、行业之间环境管理能力和管理手段差距较大，环境监测、环境统计、环境信息系统建设等管理手段落后的问题越来越突出。目前，我国还没有形成适应市场经济要求的灵活的、公平的环保投融资机制，对于中小企业而言，很难获得污染治理资金，在分享政府环保资金，如环境保护专项资金和一些地方政府实施的财政补贴等投融资安排上，往往处于劣势。

在自然资源保护方面，虽然我国通过采取了征收资源税等方式，在资源保护方面取得了一定的作用，但我国现行资源税面临征收范围过窄、税率设计未考虑资源开采对环境以及后代资源基础所产生的外部成本等问题，使资源产品价格过低，不能有效发挥资源保护的作用。另外，在我国资源保护方面，相关税收处于缺位状态。目前，我国采用的最好方式是直接管制和征收排污费等，但这些行政或经济手段从调控范围、实施效果等方面都不能替代税收对可持续发展所产生的作用。因此，引入并实施环境税收制度将成为完善我国环境管理的重要手段之一。

4.3.2.2 创新污染控制激励机制

环境问题的重要特点，在于其“外部不经济性”，即市场主体行为对环境资源的不利影响由该行为主体以外的第三方——他人或后代人承担，即经济主体使用环境资源的成本没有全部反映到其内部成本中去，稀缺的环境资源的价值在现有的市场体制下没有能够体现出来。因此，控制环境污染，解决环境问题便需要权力机关的干预，即政府只有通过使环境外部不经济内部化才可能使环境资源真正得到有效利用和保护。

一个有效率的制度应同时具备约束机制与激励机制，约束机制能促使经济主体不做制度禁止或限制并且最终不利于自己的行为，确保制度的有效实施，而激励机制则有助于经济主体行为自觉地与制度取向相一致，降低制度实施的成本。从 20 世纪 70 年代出现的环境税制由于同时具有约束机制与激励机制，正越来越受到各国政府的关注。正因为如此，完善环境税制也就成为我国环境保护制度创新的重要内容。

4.3.2.3 拓宽环境保护资金新渠道

目前，我国环境污染治理投资的筹资政策主要有：为控制污染源而由项目新、改、扩建的业主出资执行“三同时”制度的基建投资政策；企业为治理老污染源的技术更新改造投资政策；城市维护建设税收用于城市环境基础设施建设政策；排污收费补助污染治理资金的有偿使用政策；有益于环保的信贷政策；环保优惠政策（包括国家给予部分补助）；环保利用外资有关政策。

近年来，尽管我国的环境污染治理投资总量上有了较大增长，但占 GNP 的比例仍然偏低。污染治理投资总量不足是造成我国环境污染日趋严重的主要原因之一。根据国外经验，污染治理投资占 GNP 的比例达 1%～1.5%时，环境污染的恶化有可能得到基本控制，环境状况大体能够保持在人们可以接受的水平上；污染治理投资占 GNP 的比例达 2%～3%时，环境质量可得到改善。目前，世界上一些发达国家污染治理投资占 GNP 的比例已达到 2%以上。但我国的实际污染治理投资占 GNP 的比例一直偏低，难以达到控制环境恶化加剧及改善环境质量的要求。同时我国还需要解决历史遗留的污染问题，将需要更多的资金。

为了环境污染加剧的趋势得到基本控制以及部分重点城市和地区的环境质量有所改善，环保投资需求将会逐年提高，因此，对环境污染行为课以征税，将会成为扩展资金新渠道的重要途径之一。

4.3.3 环境税具有成功的国际经验

从世界各国（尤其是发达国家）的发展情况来看，有利于环境的税收备受各国的重视，“污染者付费”原则得到具体的体现，税收绿色化已成为一种发展趋势。尤其是从 20 世纪 80 年代末以来，环境税在经济合作与发展组织（OECD）成员国国家得到了迅猛的发展，可以说，发达国家普遍采用了环境税或排污收费的手段，一些北欧国家还相继引入了基于减缓 CO_2 排放的碳税。一些过渡经济国家和发展中国家也不同程度地引入了环境税和排污收费制度。从国际的角度来看，环境税已经从单纯的政策研究走向了政策实施，尤其是 OECD 成员国在这方面的实践为我们设计环境税政策提供了有益的经验。

环境税是 OECD 及其成员国最新的环境经济手段，也是一种把环境税与各国的财税改革联系起来的很好办法。环境税是一种既不需要对现行财税体制进行很大改变，又能实现社会经济和环境目标的经济手段。因此它是一种“双赢”（win-win）政策，即通过对污染行为征收环境税，既能调节污染行为、减少污染，又能增加政府的财政收入。同时由于政府财政收入的增加，它就能对好的经济行为少征税，这样就促进政府财政结构的改进，使整个税收体制朝着既有利环境保护方面发展，又鼓励环境良好的社会经济活动，从而有助于实现可持续发展战略。因此在经合组织内部，环境税很受欢迎。无论是从事环保工作的，还是从事财税工作的都认为环境税是一种好的、可操作的经济手段。他们主要从税收绿色化、消除不利于环境的补贴和引进新的环境税 3 个方面开展工作，而且这 3 个方面也代表目前国际上环境税的发展方向。

总体来看，国外环境税收的发展大致经历了以下 3 个阶段：第一阶段是 20 世纪 70 年代到 80 年代初。这个时期环境税主要体现为补偿成本的收费。其产生主要是基于污染者负担的原则，要求排污者承担排污行为的成本。税收种类主要包括用户费、特定用途收费等，尚不属典型的环境税，只能说是环境税的雏形。第二阶段是 80 年代至 90 年代中期。这个时期的环境税种类日益增多，如排污税、产品税、能源税、碳税和硫税等纷纷出现。其功能则综合考虑了刺激和财政功能。即各种排污税主要是用于引导人们的行为方式，而各种能源税则主要用于增加财政收入，同时，也希望其产生积极的环境影响。第三阶段是 90 年代中期至今。这个时期是环境税迅速发展的时期，环境税在许多国家已成为环境政策中的主要手段。西方国家的“绿色税收”主要有 3 类：①对企业排放污染物征收的税，包括对排放废水、废气、废渣等的课税；②对高耗能高耗材行为征收的税，如润滑油税、旧轮胎税、饮料容器税等；③对城市环境和居住环境造成污染的行为税，如噪声税、工业拥挤税、车辆拥挤税。

从单个国家来看，目前世界上绿色税收制度的建立处于前列的国家主要有美国、荷兰和瑞典。美国的“绿色税收”制度包括对产生臭氧的化学品征收的消费税、对汽油的征税，对与汽车相关的其他征税、开采税、对固体废物处理的征税等。美国大部分与环境相关的税收计划是由州和地方政府来实施的，因此每个州的标准都不一样。但美国无论在联邦层次上，还是在州层次上对环境税收越来越重视，从现有的环境税收的实施效果来看，它们的作用是显著的。荷兰特别为环境保护目的而设计的税收主要包括燃料税、噪声税、垃圾税、水污染税、土壤保护税、地下水税、超额粪便税、汽车特别税、石油产品的消费税等。荷兰的“绿色税收”制度以征收生态税收的政府级次和用于生态目的的税收类型为特征。生态税收的征收一般由低一级的政府去完成。大部分用于生态目的的税收主要是特定税。瑞典的“绿色税收”包括对燃料征收的一般能源税：对能源征收的增值税、CO_2 税、SO_2 税、电力税，以及对化肥、电池等的征税等，已经占到税收体系的重要部分。其环境税的核心是对能源的征税，而对能源的征税是从多方面来进行的，目的主要在于通过征税使能源的消费水平下降，并促进技术革新。

从以上分析可以得出，西方国家的绿色税收制度大致经历了一个征税税种由少到多，征税范围由窄到宽，逐步积累，逐步完善的过程。在税种的设计和征税范围上，各个国家根据自己的国情，本着适合本国经济和社会可持续发展的目的，确定了不同的主体税种和征税范围。我国可在充分借鉴西方国家经验的基础上，构建适合我国国情的“绿色税收”制度。

4.3.4 中国现有税收体制需要绿化

4.3.4.1 税收绿色化程度还很低

税收是我国国家财政收入最主要的来源，也是中国政府用于进行宏观调控的重要经济杠杆，对于中国的经济、社会发展具有十分重要的作用。经过 1994 年税制改革和以后几年的逐步完善，中国已经初步建立了适应社会主义市场经济体制需要的税收制度，对于保证国家财政收入，加强宏观调控，深化改革，扩大开放，促进国民经济的持续、快速、健康发展，起到了重要的作用。

我国目前尚未真正构建起完善的环境税收体系，我国缺少针对污染、破坏环境的行为或产品课征的专门性税种，即环境保护税。在我国现行税制中，与环境保护有关的税种主要有：资源税、消费税、城市维护建设税、城镇土地使用税和耕地占用税、固定资产调节税①、车船使用税和车辆购置税等（表 4-1)。2004 年，这几项税收合计占国家税

① 根据有关规定，固定资产投资应税项目自 2000 年 1 月 1 日起新发生的投资额，暂停征收固定资产投资方向调节税。但从税收统计上看目前还有数据，所以也把它列上。

收总收入的 11.7%左右，但是真正绿色的成分远远要低于这个数，因为它主要是针对使用诸如煤、石油、天然气、盐等自然资源所获得的收益而征收，其目的不是促进国家资源的合理开发与有效使用，而是调节从事资源开发的企业因资源本身的优劣条件和地理位置差异而形成的级差收入，由于收入大部分归地方，实际上鼓励了地方的盲目资源开发。其次是税种少，覆盖面小，尤其是消费品税收的作用还未发挥出来。

表 4-1　近 10 年与环境有关的税收收入规模

单位：亿元

税　种	1987 年	1990 年	1995 年	2000 年	2001 年	2002 年	2003 年	2004 年
资源税	20.96	22.12	55.06	63.62	67.11	75.08	83.1	99.1
消费税	0	0	128	858.29	929.99	1 046.32	1 221.7	1 550.5
车船使用税	5.02	7.01	13.4	23.4	24.6	28.9	32.2	35.6
车辆购置税	—	—	—	—	254.8	363.5	474.3	533.9
城市建设维护税	62.93	92.40	209.8	352.25	384.19	470.82	550	674
土地使用税	0	31.37	33.65	64.76	66.15	76.83	91.6	106.2
固定资产投资方向调节税	—	—	53.6	46.1	15.6	8	4.8	3.4
合计	88.91	152.90	439.91	1 338.92	1 713.26	2 017.85	2 457.7	3 002.7
占税收总收入的百分比/%	—	—	8.3	11.1	11.5	12.2	12.0	11.7

（1）资源税。中国的资源税开征于 1984 年 10 月 1 日，征收资源税主要目的是调节资源开发者之间的级差收益，使资源开发者能在大体平等的条件下竞争，同时促使开发者合理开发和节约使用资源。资源税还仅是一种级差资源税，征收的标准是差别税额标准，征税的范围还仅包括矿产资源和盐等。在征税的矿产品中包括：原油、天然气、煤炭、金属矿产品和其他非金属矿产品等①。

资源税增加财政收入的预期贡献是很小的，资源税征收额占同期税收总额平均不到 1.50%。另外，由于资源开发相对集中于国有企业，因此，国有经济是资源税的主要贡献者。根据 2002 年统计，国有经济、集体经济和私人经济对资源税的贡献份额分别为 79.72%、12.42%和 5.97%。

资源的开发与环境保护密切相关，但是资源税的征收管理没有与环境保护挂钩，也没有起到促进资源节约和保护环境的作用。如煤炭资源税税率为 0.3～5 元/t，而山西省对煤炭开采所造成的经济损失进行估算，得出每吨煤炭的环境成本为 50 元左右。

（2）消费税。中国的消费税是 1994 年税制改革设立的新税种，旨在调节消费结构、引导消费方向、抑制超前消费需求，增加财政收入。消费税的征税范围包括五大类 11 种消费品。虽然有几种与环境保护有关，但是，这些税率（税额）的确定也没有考虑这些

① 尽管对水资源没有征税，但地方政府普遍对水资源征收取水费和水资源费。根据我们的调查，有些城市对上水和下水征收多达 12 种费用。

消费产生的环境外部成本①。消费品的税收体制没有体现出对环境资源的关注，没有充分利用税收这类经济手段将一次性的电池、餐饮容器、塑料袋等消费品作为课税对象，从而推动产品销售价格上涨而倡导绿色消费。

从理论上讲，对汽油和柴油征收消费税可以抑制能源产品消费的增长，但是，汽油产品消费上升的趋势并没有受抑制，随着汽油和柴油价格的上升，税负水平逐步下降。自 1994 年以来，汽油和柴油消费税的征收额逐年增加，但在总税收中所占份额逐年下降。

随着经济的发展，对轿车的消费需求会越来越高，中国近几年来摩托车和小汽车的生产量和国内购买量上升较快，小汽车已经开始进入许多中高收入家庭。截至 2003 年年底，全国的机动车保有量达到 9 600 多辆，而北京市达 200 多万辆，大约 5 个家庭就拥有一辆私人轿车。消费税的征收对抑制轿车的需求作用微乎其微。

（3）车船使用税和车辆购置税。中国政府从 1951 年开始，向车船使用者征收车船使用牌照税。1973 年，车船使用牌照税并入工商税。1986 年重新开征车船使用税②。根据《征收车船使用税暂行条例》规定，该税种是对使用车船的行为的一种征税，并不属于严格意义上的财产税。开征车船使用税的主要目的是为地方政府建设、改善本地公共道路和保养航道提供资金。机动车船的征收税额分别见表 4-2 和表 4-3。

表 4-2　机动船舶税额表

计税标准	每年税额
净吨位≤150 t	1.20 元/t
151 t≤净吨位≤500 t	1.60 元/t
501 t≤净吨位≤1 500 t	2.20 元/t
1 501 t≤净吨位≤3 000 t	3.20 元/t
3 001 t≤净吨位≤10 000 t	4.20 元/t
10 001 t≤净吨位	5.00 元/t

资料来源：中国国务院，1986 年。

表 4-3　机动车辆税额表

项目	计税标准	每年税额	备注
乘人汽车	每辆	60～320 元	包括电车
载货汽车	按净吨位每吨	16～60 元	—
二轮摩托车	每辆	20～60 元	—
三轮摩托车	每辆	32～80 元	—

资料来源：中国国务院，1986 年。

从 2001 年 1 月 1 日开始用车辆购置税取代车辆购置附加费，车辆购置税是以车辆为

① 但是，一些地方政府已经开始考虑对卷烟征收吸烟有害健康费，如重庆市于 1998 年 1 月 1 日开始向卷烟生产和经营单位，按销售收入的 1‰费率征收吸烟有害健康费。

② 目前，中国对涉外用车，如外商投资企业，外国企业，华侨和中国香港、澳门、台湾同胞兴办的企业，外籍人员，华侨和中国香港、澳门、台湾同胞等用车征收车船使用牌照税。为了统一税法，简化征收，中国政府计划把车船使用牌照税统一列入车船使用税。

课税对象，实行单一比例税率，即车辆购置税税率为 10%，在特定环节向车辆购置者征收，2002 年征收了 348.8 亿元，占当年总税收的 1.85%。车船使用税和车辆购置税都与车船的实际使用强度（如行驶公里数或汽油使用量）没有直接关系，没有体现出谁用路多，谁就多交税当然也更不直接具有环境方面的意义。很难利用车船使用税和车辆购置税种来缓解交通的拥挤和减轻大气污染，另外，现行的税制不能体现公平合理的原则。

（4）城市建设维护税。城市维护建设税是为了扩大和稳定城市维护建设资金的来源，加强城市的维护建设而征收的一种地方特定税。该税种于 1985 年 2 月开始执行，具有专款专用的性质，所征税款专门用于城市住宅、道路、桥梁、防洪、给水、排水、供热、轮渡、园林绿化、环境卫生以及公共消防、交通标志、路灯照明等公共设施的建设和维护。现行的城市维护建设税以国内缴纳增值税、营业税和消费税的单位和个人为纳税义务人，以纳税人实际缴纳的增值税、营业税和消费税税额为计税依据。

尽管城市维护建设税税额不高，占当年税收总额也不到 5%。但是，由于该税种具有专款专用的特点，因此，该税收已经成为城市环境基础设施投资一项重要的渠道。这些基础设施包括城市污水收集和处理系统、生活垃圾处理系统、集中供热系统和清洁燃料供应等。尽管来源于城市维护建设税的财政收入数额还很低，而且也并不只是专用于城市环境基础设施的维护和建设，但在现行财税体制下，它却为推广集中处理城市污水和垃圾、集中供热、改变城市燃料结构等开辟了具有法律依据的、稳定的和专门的财政资金渠道。

由于这些工程设施对于改善城市大气和水环境质量具有特别重要的意义，因此，这项税收是一项真正的“绿色”税收，是环境保护融资的一种“专项税”。城市建设维护税用于环保投资已经占到总环保投资的 57.6%左右。而且，随着经济的发展和征税依据与税率的调整，来自这一渠道的资金将随之增加，进而有望形成一种主要为城市环境基础设施建设维护提高资金的财政机制。

（5）城镇土地使用税。为了促进合理使用城镇土地资源，适当调节城镇土地级差收入，中国政府于 1988 年 11 月开征了城镇土地使用税。该税种的纳税人为在城市、县城、建制镇、工矿区范围内使用土地的企事业单位和个人。城镇土地使用税根据不同地区和各地经济发展状况实行等级幅度税额，每平方米应税土地的年税额如下：①大城市为 0.5～10 元；②中等城市为 0.4～8 元；③小城市为 0.3～6 元；④县城、建制镇、工矿区为 0.2～4 元。省级政府可以根据本地区的经济发展水平和市政建设状况，在上述税额幅度范围内确定所辖地区适用的税额幅度。2002 年全国城镇土地使用税征收额近 77 亿元，还不到总税收额的 1%。因此，该税种对城镇节约土地资源和合理使用土地基本上没有刺激作用，只不过是补充地方政府财政的一个很小的税种。

（6）耕地占用税。为了加强土地作用的合理利用，保护日益减少的农用耕地，中国政府于 1987 年开始征收耕地占用税。该项税收的纳税人主要是为占用耕地建房和从事非农业建设的企事业单位和个人。耕地占用税的税额主要根据不同地区人均占有耕地的面积和当地经济发展水平实行地区差别的幅度税额，每平方米应税土地的年税额为：①人均耕地在 0.067 hm^2 以下的地区为 2～10 元；②人均耕地超过 0.067～0.133 hm^2 的地区为 1.6～8 元；③人均耕地超过 0.133～0.2 hm^2 的地区为 1.3～6.5 元；④人均耕地超过 0.2 hm^2 的地区为 1～5 元。该项税收收入专门用于建立地方农业发展基金。尽管耕地占用税的税额较低，但对抑制乱占滥用耕地资源起到了一定的作用。

4.3.4.2 与环保有关的税收优惠政策比较少而且缺乏综合考虑

自从税制改革后，税收政策方面的优惠已逐渐减少，减免税中针对环境保护的内容还是比较有限的，还没有形成针对环境保护的综合全面的税收减免制度。但是国家对资源综合利用和污染治理的鼓励政策在税收体制中逐步有所体现，在增值税、消费税、企业所得税、外商投资企业和外国企业所得税中有关节约能源以及引进防治环境污染技术的减免税规定。

（1）增值税。其中与环境保护有关的税收减免主要集中在农业产品、资源综合利用、建材产品、综合利用发电、页岩油、废旧物资、森工企业和污水处理等方面。已经在逐步考虑环境因素的影响，但是从保护环境的角度出发，适用于低税率的货物可以分成两种类型：①有利于环境的产品，如集中供热暖气、煤气和居民用型煤以及资源综合利用的企业等；②对环境不利或可能产生污染的产品，如大量使用的农药、化肥和农膜等。这两种类型的产品应实行相反的税收，对第一类物品实行低税率或负税收；而对第二类物品则实行高税率或正税率。但是，由于增值税具有税收中性的特点，同时，农药化肥又是重要的农业生产资料，因此，从近中期来看，不太可能在增值税中完全考虑环境保护的因素。

自 2004 年 7 月 1 日起，对企业生产销售达到相当于欧洲III号排放标准的小汽车减征 30%的消费税（摘自财税[2003]266 号）。

（2）企业所得税。其对资源综合利用、环保产业和西部一些企业有一定的优惠政策：①企业利用废水、废气、废渣等废弃物为主要原料进行生产的，可在 5 年内减征或者免征所得税。②对设在西部地区国家鼓励类产业的内资企业，在 2001—2010 年，减按 15%的税率征收企业所得税。国家鼓励类产业的内资企业中包括新办水利企业，是指投资新办从事江河湖泊综合治理、防洪除涝、灌溉、供水、水资源保护、水力发电、水土保持、河道疏浚、河海堤防建设等开发水利、防治水害的企业（摘自财税[2001]202 号）。③对专门生产符合《关于公布〈当前国家鼓励发展的环保产业设备（产品）目录〉的通知》所列产品的企业（分厂、车间），在符合独立核算、能独立计算盈亏的条件下，其年度净收入在 30 万元以下（含 30 万元），暂免征收企业所得税，超过 30 万元的部分，依法缴纳企业所得税（摘自国经贸资源[2000]159 号）。

（3）外商投资企业和外国企业所得税。其主要包括以下 3 个方面：①从事能源、交通基础设施项目的生产性外商投资企业，在报经国家税务总局批准后，可减按 15%的税率征收企业所得税（摘自国发[1999]013 号）。②外国企业提供节约能源和防治环境污染方面的专有技术所取得的转让费收入，可减按 10%的税率征收预提所得税，其中技术先进、条件优惠的，可给予免税（《中华人民共和国外商投资企业和外国企业所得税法实施细则》）。③对从事污水、垃圾处理业务的外商投资企业可以认定为生产性外商投资企业，并享受相应的税收优惠政策（《中华人民共和国外商投资企业和外国企业所得税法实施细则》）。

从以上分析可以看出，目前我国环保税收优惠政策仍然很少，主要针对环保产业和资源综合利用，对节能和促进循环经济发展还缺乏足够的力度。另外在设计税收优惠政策时，没有将环境目标纳入综合考虑。

4.3.4.3 新的排污收费依然没有到位

排污收费制度是我国环境管理的一项基本制度，是促进污染防治的一项重要经济政策。排污收费制度实施 20 多年来，对促进企事业单位加强经营管理、节约和综合利用资源、污染治理、控制环境恶化的趋势，提高环境保护监督管理能力发挥了重要的作用。

以实行排放污染物总量收费和排污费收支两条线管理为核心内容的新的《排污费征收使用管理条例》及配套规章于 2003 年 7 月 1 日起全面实施，对排污费的征收、管理和使用进行改革：排污费将作为对环境造成损害的补偿费用，实行排污总量收费；逐渐提高征收标准，最终使之高于污染治理的成本，促使排污者治理污染；在资金使用上，严格执行收支两条线，排污费作为预算资金，不再全部用于污染源的治理和环境保护业务补助；环保监测仪器设备和业务补助等费用将纳入正常财政经费预算，排污费将主要用于综合性污染防治、示范工程，改善区域、流域的环境质量，适当用于重点污染源治理的贴息。

虽然排污收费制度改革后逐步完善，但是环境税较收费制度有一定的优势，环境税是根据法律征收的，比以行政法规为依据的环境费有更强的法律效力，避免了乱收费和费款流失的现象。环境税收入统一纳入国家财政预算管理，加强了国家运用财政政策对经济发展进行宏观调控的力度。因此，费改税是大势所趋。费税改革并不是简单地用税收取代所有的收费制度，费税共存可以说是许多国家财政体制的共同特点，在环境保护方面更是如此。另外对明显具有税收特征的收费（如政策性收费）加快其费改税的步伐，形成以税收为主的政府收入格局，规范财政运行机制。

4.4 中国引进环境税的可行性

中国实施环境税费改革，建立市场经济相适应的环境税收体系条件已基本具备：①具备一定的经济基础，我国经济实力的增强，虽然环境不会随着经济的发展自动改善，但是经济的增长为实施环境政策奠定了基础，使得增加环保投入成为可能；同时人们生活水平的提高，也增强了经济承受能力。②环境税收政策与国家宏观经济政策相适应，是实现经济增长方式转变的重要手段，现行税收制度为环境税收的调整和引入奠定基础，财税制度改革为环境税收政策带来了机遇。③环境税收支持能力增强，财政部、国家税务总局、国家环境保护总局等有关部门都在经组织开展环境税收政策研究，环境管理能力逐步提高，为环境税收政策实施提供技术支持。④环境税收的社会可接受性提高。随着我国经济不断发展，国民生产水平日益提高，对环境要求越来越严，公众已经逐渐认识环境污染的危害性，保护环境意识日益提高。同时，税收体系不断完善，税收逐渐深入到普通民众的生活中，增加了公众对环境税的可接受性。⑤国际趋势。总之，环境税收政策具备了一定的经济基础，得到了公众的普遍认可，征收管理和技术支持能力增强，顺应了全面落实科学发展观的社会经济发展趋势，恰逢实施环境税收政策的良好时机。

4.4.1 经济与环境的协调发展

4.4.1.1 国家经济整体发展水平提高

经济发展与环境的相互关系一直是环境经济的热门话题，也是社会各界关注的焦点。

发达国家的发展历史证明了经济发展与环境质量之间呈现倒 U 型曲线，即人们所熟悉的环境库兹涅茨曲线（ Environmental Kuznets Curve，EKC）。最早由美国环境经济学家 Gene M. Grossman 和 Alan B. Krueger 对 66 个国家不同地区的 14 中空气污染物和水污染物 12 年的变动情况进行研究后，发现 SO_2（主要由重工业工厂和火力发电厂中煤的使用而产生）和烟尘的排放与人均 GDP 的增长呈现倒 U 型的曲线关系，曲线的转折点在 4 000～5 000 美元之间。Shafik N.和 S. Bandyopadhyay 提出用以下 10 个生态环境指标估算 EKC：清洁水缺乏率、城市公共卫生设施缺乏率、大气悬浮颗粒、SO_2、森林覆盖率、森林采伐、河流中的溶解氧、河流中的大肠杆菌、人均城市垃圾产生量和人均碳排放量，他们运用世界银行所提供的数据拟合这 10 项环境指标与人均 GDP 的关系，发现倒 U 型的关系普遍存在并且转折点在 3 000～5 000 美元之间（胡聃等，2004）。

近年来，许多学者对传统的库兹涅茨曲线进行深入研究，认为 EKC 模型具有误导性，“先增长，后清理”的说法过于简单。一些研究结果表明，治理改革可以在国家远未达到中等收入水平之前明显降低大气污染，还有一些相对后发展国家和地区，从相对较低的经济水平开始改善经济模式，从而实现了更低水平跨越曲线顶点的实践。只要发展中国家和地区积极发挥后发优势，倡导循环经济，走可持续发展道路，与发达国家相比，是可以以较低的经济水平和较低的污染程度跨越环境库兹涅茨曲线顶点的。总之，环境质量的改善并不是随着经济发展而自动发生，各项环境政策实施和技术进步的支持。而经济增长为环境政策实施提供了物质基础。

近年来，国内许多学者也开展了环境库兹涅茨曲线的研究，有很多经济学家对我国的环境与经济的关系做了较多的研究，发现我国的环境库兹涅茨曲线不同于发达国家和新兴工业化国家的环境库兹涅茨曲线，并不完全符合倒 U 型的环境库兹涅茨曲线特征。北京市、威海市、上海市的研究结果显示，环境指标与人均 GDP 呈现显著的环境库兹涅茨曲线特征，但比发达国家较早实现了环境库兹涅茨曲线转折点，且到达转折点的时间跨度小于发达国家（吴玉萍等，2002）。王金南等研究表明，中国东部城市大气环境质量 SO_2、颗粒物和 NO_x 的库兹拐点分别为 2 100 美元、2 300 美元和 4 900 美元（王金南等，2005）。

自改革开放以来，中国国民经济增长迅速，2004 年国内生产总值 136 515 亿元，比上年增长 9.5%，人均 GDP 超过 1 000 美元。党的十六大确定了全面建设小康社会的奋斗目标，力争到 2020 年使国内生产总值再翻两番。到那时，国内生产总值比 2000 年翻两番，达到 40 000 亿美元左右，可能占世界 GDP 的 22%，人均国内生产总值达到 3 000 美元左右，经济更加发展、民主更加健全、科教更加进步、文化更加繁荣、社会更加和谐、人民生活更加殷实。新的技术革命赋予工业化新的内容，以信息化带动工业化，有可能实现跨越式发展。

根据前面的研究，中国环境转折点即将来临，具备了增加环保投入，加大污染治理力度的经济基础，国家总体经济支持能力提高，为实施环境税收政策提供了物质保障。

4.4.1.2 社会经济承受能力增强

人们收入水平是制定税收政策需要考虑的重要因素，因为税负可能通过产品销售价格最终由消费者承担，环境税也是如此，尤其要考虑对低收入人群的影响。人们收入水平是税收政策的实施的重要因素，既要考虑税负的总体水平，也要考虑不同收入人群的税负差异，改革开放以来，我国经济迅猛发展，人们生活水平也大幅度提高，到 2000 年实现了人民生活总体上达到小康水平。城镇居民人均可支配收入从 1980 年的 477.6 元提高到 2003 年的 8 472 元，乡村居民人均纯收入从 1980 年的 191.3 元提高到 2003 年的 2 622 元（图 4-2）。党的十六大报告提出到 2020 年全面建设小康社会，建设一个惠及十几亿人口的更高水平的、更全面的、发展比较均衡的小康社会。到 2020 年国内生产总值比 2000 年翻两番，人均超过 3 000 美元，相当于当时中等收入国家的平均水平。人们生活水平将有大幅度提高，对环境税的支持能力也会逐步增强。

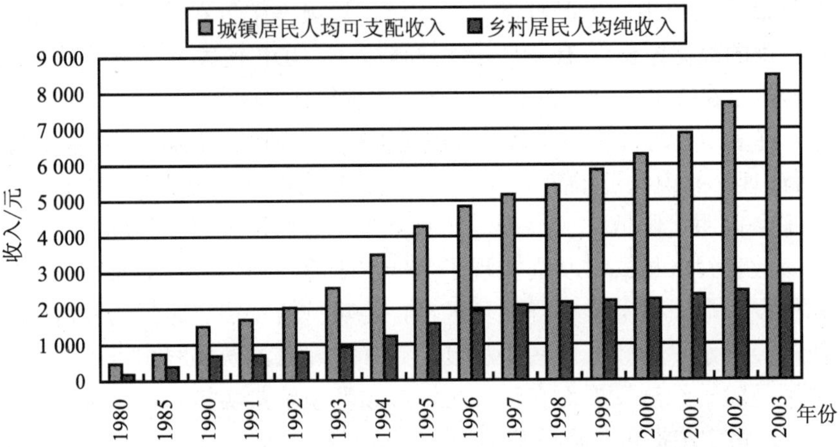

图 4-2　历年城镇居民人均可支配收入和农村居民人均纯收入变化情况

4.4.2 良好的政策环境

4.4.2.1 环境财政制度时机日趋成熟

1992 年确立社会主义市场经济体制的改革目标，我国政府逐步明确了财政体制改革的目标是建立公共财政体制，在财政收入体系、财政支出体系和财政宏观调控体系三大方面进行了一系列全方位、根本性的改革。1998 年以来推出了税费改革、国库集中收支、政府采购部门预算、依法治税等一系列改革措施。目前在财政上已经基本建立起增长稳定的财政收入体系和灵活有效的财政宏观调控体系，正在构建管理规范的财政支出体系，且环境保护正在成为公共财政支持的一个主要方面。

但是，我国目前的环境保护投资总量仍然不足，专家认为，只有当环保投资占 GDP 的 1.5%以上，中国的环境质量才会出现明显改善。而中国环保投资占 GDP 的比重一直低于 1%，1999 年才首次突破 1%。据研究，“十一五”期间环保投资需求量达到 13 750 亿元，约占同期 GDP 的 1.6%。而在现有投资途径下，存在很大的资金缺口，需要通过其他途径或增加现有途径的投入力度才能解决资金缺口，否则就很难实现“十一五”期间环境保护所要达到的目标。而建立环境税并将税收收入专项用于污染治理和环境保护是解决我国环保投资不足的重要途径。通过开征环境税，增加政府收入并专项用于环境保护，可以在一定程度上解决政府环境保护投入资金来源问题。

根据稳健的财政政策调整经济结构的要求，财政资金中缺位和不到位但属于公共财政范畴的，要加大投入，而在国家公共财政体系的改革过程中，政府收支分类改革方案已经把环保正式列入政府公共财政支出科目；新财政政策“推进改革”的安排，要适当调减国债项目的投资规模，用更多的资金推进公共财政体制改革的制度创新，这是环保资金全面正式进入公共财政体制的重要风向标。

4.4.2.2 税收制度改革契机

目前税制中，资源税、消费税、车船使用税、城乡维护建设税等都与环境保护存在着直接或间接的联系，这些绿色税收收入占国家总税收收入的 8%左右，这为税收绿色化改革奠定了基础。1994 年以来，实施分税制财政体制改革和税收制度、征管制度以及税务机构改革，初步建立了适应中国市场经济体制需要的税收制度和公共财政管理法制框架，为税收“绿色化”提供了很大的改革空间，现有的税收征管系统为环境税的征收提供了机构和能力保障，为环境税收政策奠定了一定基础。

党的十六大提出了完善国家计划和财政政策、货币政策等相互配合的宏观调控体系，深化财税、金融和投资体制改革，完善预算决策和管理制度，加强对财政收支的监督，强化税收征管。这是党和国家在 21 世纪头 10 年，加强和完善宏观调控的重大举措及其对财税改革的需求。党的十六届三中全会决定中提出的“财政政策要在促进经济增长、优化结构和调节收入方面发挥重要功能，完善财政政策的有效实施”以及“分步实施税收制度改革”、“推进财税体制改革”、“完善经济法律制度”等，这是对深化财税体制改革，完善财税法律制度的具体要求，为环境税收政策提供了法律保障。党的十六届五中全会进一步提出了推进财政税收体制改革任务。

从 2004 年开始，新一轮的改革陆续启动，按照“简税制、宽税基、低税率、严征管”的原则，围绕统一税法、公平税负、规范政府分配方式、促进税收与经济协调增长、提高税收征管效能的目标，将现行的生产型增值税改为消费型增值税、完善消费税、统一企业税收制度、改进个人所得税、实施城镇建设税费改革、完善地方税制度、深化农村税费改革等方面稳步推进税收改革。税收制度的改革为建立体现环境保护政策目标的税收政策提供了契机，国务院确定的 2005 年税制改革的四项任务之一，就包括“研究完善环境保护有关税收政策”，这为环境税的设计和建立提供了难得的机遇。

消费税改革的重点是税目及税率调整，消费税的课税范围主要是考虑寓禁于征和纳税能力公平方面。在消费税中增加对污染环境的消费品和消费行为征税，符合消费税征收的目的和原则，能够起到调节环境行为的作用，如一次性包装物品、废旧电子产品、汽油、柴油等。

4.4.2.3 经济发展战略转变

我国水资源只有世界平均水平的 1/4，森林资源只有世界人均水平的 1/5，耕地只占世界的 7%，人口却占世界的 22%。在相当长的时期内，我国经济发展的政策脱离了对环境因素和资源因素的考虑，经济发展过多地依靠扩大投资规模和增加物质投入，在进入工业化中期，工业化、城镇化进程加快和消费不断升级，以及经济全球化过程中加工业和制造业向我国转移，这种粗放型经济增长方式与资源、环境的矛盾越来越尖锐。2004 年，中国的国内生产总值约占全球的 4%，但消耗的一次性能源约占全球的 12%，淡水占 15%，氧化铝占 25%，钢材占 28%，水泥占 50%。中国单位能耗每千克油当量所产生的国内生产总值约为 0.7 美元，低于印度等许多发展中国家，日本却高达 10.5 美元，相当于中国的 15 倍。大量资源能源消耗造成污染严重，如果不解决污染问题，资源将因为污染而更为贫乏，因此中国必须走资源节约型道路。

党的十六届三中全会提出“坚持以人为本，树立全面、协调、可持续的发展观，促进经济社会和人的全面发展”的科学发展观，科学发展观是社会的全面协调发展，是建立在优化结构、提高质量和效益基础上的发展，是实现速度、结构、质量、效益相统一的协调发展，这是科学发展观的一个鲜明特征。统筹城乡发展、统筹区域发展、统筹经济社会发展、统筹人与自然和谐发展、统筹国内发展和对外开放“五个统筹”就是对科学发展观的完整论述。

2005 年 6 月党中央、国务院提出的加快建设“节约型社会”的要求，8 月 14 日，17 家中央大企业签署了“中央企业资源节约承诺书”，承诺用 3～5 年的时间在节约方面达到国际同行业先进水平，即万元 GDP 总能耗下降 5%，万元 GDP 耗水量下降 10%。合理使用资源已经成为社会共识，全民行动。

党的十六届五中全会提出要坚定不移地以科学发展观统领经济社会发展全局，坚持以人为本，转变发展观念、创新发展模式、提高发展质量，把经济社会发展切实转入全面协调可持续发展的轨道。要加快建设资源节约型、环境友好型社会，大力发展循环经济，加大环境保护力度，切实保护好自然生态，认真解决影响经济社会发展特别是严重危害人民健康的突出的环境问题，在全社会形成资源节约的增长方式和健康文明的消费模式。会议审议通过的“十一五”规划提出了“2010 年人均国内生产总值比 2000 年翻一番；单位国内生产总值能源消耗比‘十五’期末降低 20%左右”的目标。

税收是政府宏观经济调控最有效的手段之一，环境税收政策是经济发展模式嬗变的有力保障，使得工业生产走内涵扩大再生产的道路，优化发展资源节约型、质量效益型、科技先导型产业，优化资源配置，发展规模经济。同时，税收手段可以鼓励全民节约的行动、遏制浪费行为。

4.4.3 环境税收政策支持能力增强

4.4.3.1 环境管理能力不断增强

环境税收政策与其他税收政策不同，需要大量的环境保护方面的资料和数据支持，需要环境保护部门的合作。经过多年坚持不懈的努力，环境保护工作取得一定的成效，逐步建立了国家、省、市、县四级环境保护机构，一些地区配备了乡镇环保人员和机构，各级环境保护机构 11 798 个，环保人员已达到 154 233 人。建成地级及以上城市空气质量自动监测网络，基本建成重点流域等大江大河、国控和省界水质自动监测网络，初步建成生态环境和辐射环境监测网络体系，建成国家和省级环境信息网络和应急响应系统，以及国家重点污染源自动在线监控设施。有关的环境保护法规和税收法规体系已经基本建立，这为建立环境税收制度提供了基本的法律保障。随着环境保护部门能力的加强，环保部门可以提供技术上的支持。

逐步形成了以科研院所和企事业环境科研队伍，环境污染控制技术水平不断提高，为发挥环境税收政策刺激作用提供了技术保障。如经过多年的技术设备引进，目前烟气脱硫技术国产化率已达 70%以上。2004 年环保产业年产值超过 2 700 亿元，实现利税 220 亿～270 亿元。

4.4.3.2 经济手段的应用得到重视

长期以来，我国环境管理的以命令控制型手段（行政手段和法律手段）为主，经济手段为辅。即利用行政命令或法律、法规强制企业执行环境标准，控制污染，对违反者实施行政处罚。这种命令控制型手段对环境保护曾发挥了很大作用，促进了环境质量的改善。但是，经济高速发展对自然资源和生态环境的影响日益显现，导致自然资源枯竭、环境退化和生物多样性丧失等一系列问题，成为制约我国社会经济可持续发展的严重障碍，因此，单靠法律和行政干预已不能解决环境污染，而是要更多地利用基于市场的税收或收费手段。此外，但是随着市场经济的建立，也要求重视经济手段的应用。与命令控制型手段相比，环境经济手段有许多内在的优越性：①环境经济手段是以市场为基础，着重间接宏观调控，通过改变市场信号，影响管理对象的经济利益，引导其改变行为，这种间接宏观管理模式，不需要全面监督管理对象的微观活动，从而大大降低了政策执行成本；②环境经济手段通过市场中介，把保护和改善环境的责任，从政府转交给环境责任者，不是用行政法规强制他们服从，而是把具有一定的行为选择余地的决策权交给他们，可以适用于具有不同条件、能力和发展水平的管理对象。

4.4.3.3 国内外理论研究与实践经验

经过多年国际以及国内环境税收理论的发展，环境税收方面的理论已日臻完善，为我国建立科学完整的环境税收制度提供了理论依据。欧美发达国家特别是 OECD 成员国的环境税收实践为我国环境税的实施提供了宝贵的可借鉴经验。有关政府部门，尤其是财税部门对环境问题也日益关注，财政部、国家税务总局、国家环保总局等有关部门都在经组织开展环境税收政策研究，奠定了环境税收政策基础。

4.4.4 环境保护和危机意识增强

经过多年的环境保护工作，环境保护知识得到普及，特别是 2003 年以来经济的高速增长，使中国旧的发展模式的弊端暴露无遗，也使科学发展观成为全国上下的强烈共识，中国公众包括各级领导环境意识的明显提高，环境税收政策已得到普遍认可。

4.4.4.1 各级领导干部环境意识增强

领导干部是政策的执行者和推动者。目前，中国各级领导干部对环境保护认识都有很大提高。同时，正在开展环境保护指标纳入领导干部考核体系研究，而且这一政策具有强烈而坚实的民意基础。根据中华环保联合会的调查，98%的公众认为环境保护应该纳入党政领导的政绩考核中。而领导干部环境意识提高将加快环境税收政策的实施进程。

4.4.4.2 企业环境意识

企业对市场信号日趋灵敏，更加注重降低包括环境成本在内的所有成本，逐步树立企业的“绿色”形象。这些转变为环境外部不经济性内部化提供了实现机制。循环经济的理念得到全社会的共识，化工、造纸等 5 个重点行业开展了清洁生产试点，近千家企事业单位获得了 ISO 14000 环境管理体系认证，有 2 000 多种产品获得环境标志，年产值达 500 多亿元。企业环境意识提高降低了环境税收政策的障碍。这些都对实施环境税提供了企业的支持。

4.4.4.3 公众对环境税的支持率提高

（1）公众总体环境意识提高。据我国 20 世纪 90 年代先后开展的一批公众环境意识调查结果显示，20 多年来，我国公民的环境意识有明显提高，日益恶化的环境污染唤醒了全民的环境意识，公众的环境素质和参与环境保护的程度普遍有了提高，环境保护和可持续发展的观念已经为大多数人接受，社会对环境税的可接受性大为提高。2004 年中华环保联合会组织的调查显示，公众对环境的关心程度和参与意识有了很大提高，94.9%的公众都同意环境保护已经相当紧迫，并且有 93.5%的公众愿意参加环境保护的非政府组织（图 4-3、图 4-4）。

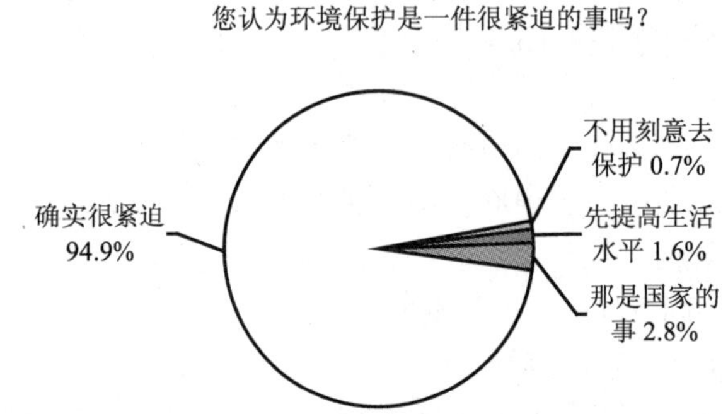

图 4-3　公众环境紧迫性认识

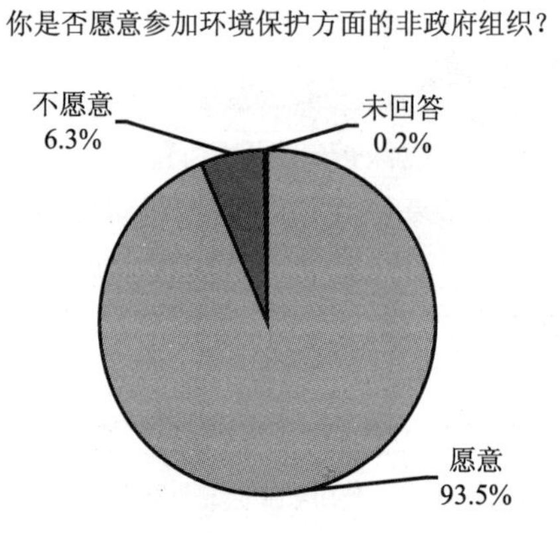

图 4-4　公众参与环保 NGO 的愿望

（2）公众对环境税的支持程度提高。1997 年中国社会科学院生态与环境经济研究中心和中国生态经济学会组织各省的高校、科研机构、生态经济学会和生态经济专业委员会，就城市环境状况和城市居民环境意识，在全国 26 个省市自治区的 34 个城市中进行了一次问卷调查。调查对象主要是大城市，也包括一些中小城市，调查总共发出 3 万份问卷，回收到有效问卷 7 507 份。调查结果见表 4-4，其中，赞同设置环境税来筹集政府环境投资的支持率超过了一半（50.29%）。赞同政府以设置环境税来获得环境投资的比重与年龄呈负相关，这表明：随着接受较多环境教育的年轻人成长起来，城市居民赞同设置环境税的比重会越来越大；赞同设置环境税获得政府环境投资的比重与受教育程度呈正相关，这预示着：随着时间推移和城市居民平均受教育程度的提高，城市居民赞同设置环境税的比重会越来越大。对于绿色产品，74.02%的人愿意购买绿色产品，购买绿色产品的意愿与教育程度和收入水平具有正相关关系，与年龄具有负相关关系，这些信息表明：随着城市居民平均受教育程度与收入水平的提高，较早接受环境教育的年轻人一批批成长起来。愿意购买绿色产品的比重会越来越大，56.32%的人认为绿色产品的价格不宜高于常规产品价格的5%。1998年调查显示，多数被调查者愿意以实际行动参与环保，68%的被调查者表示愿意政府为保护环境增税；65%的被调查者愿意购买比非环保产品贵20%的环保商品；绝大多数被调查者在购买商品时会考虑各种与环保相关的因素。

表 4-4　公众对环境税的支持程度

调查指标	1997 年	1998 年
设置环境税的支持率/%	50.29	68
购买较贵的环保产品/%	74.02	65
环保产品价格高于普通产品比例/%	5	20

4.5 环境税收政策框架和方案设计

4.5.1 环境税收框架

环境税收政策是为了实现环境保护目的而制定的一系列税收政策，包括环境税收和环境收费、消除不利于环境保护的补贴政策和税式支出政策、支持建立环境友好型社会制定的税收优惠配套政策等。本文主要根据狭义环境税的概念，重点将放在环境税方案的设计上，提出 3 种环境税方案：独立型环境税方案、融入型环境税方案、环境税费方案。

环境税收政策设计应该遵循税收制度设计的基本原则，但由于环境税收自身的特殊性，这些原则在环境税收上也有其特殊内容，同时还要符合其他一些要求。具体来说，环境税收政策设计所遵循的原则有：有效性、经济效益、公平性、管理的可行性、可接受性与其他税费的协调等。这些原则通常也是环境税收政策的评价准则。

环境税收政策体系是由多个能够发挥环境保护作用的税收政策所形成的系统，该系统内部的各个政策之间应该相互协调、相互补充，共同发挥作用。环境税收政策的构成可以从几个角度来划分：①从政策功能看，环境税收政策主要可以分为：成本收回型环境税、刺激型环境税、收入型环境税；②从政策的具体形式看，环境税收政策可以分为：独立的环境税、与环境保护相关的税种、环境税式支出政策；③从形成污染或者破坏环境的环节来看，环境税收不仅包括对已经或可能形成污染的产品或直接对污染物征收的污染税，而且对形成污染的初始源头，即对资源的开采和使用征收的资源税和生态补偿收费。有关中国环境税收政策基本框架建议如图 4-5 所示。

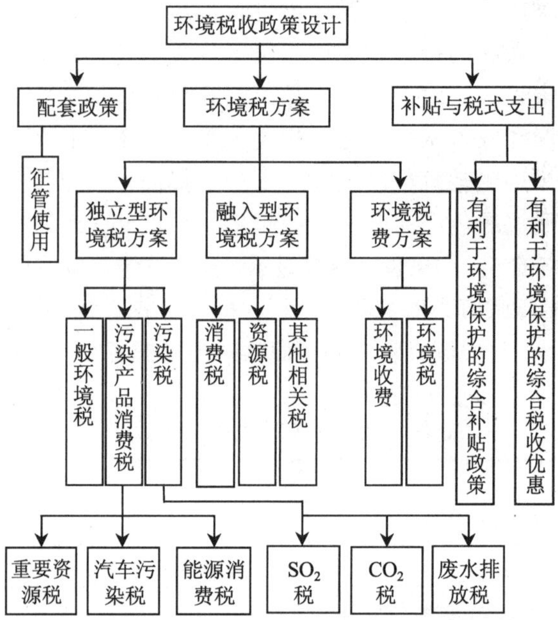

图 4-5　中国环境税收政策框架

根据环境税与现有税收政策关系及其发展前景，环境税方案主要包括独立型环境税方案、融入型环境税方案、共存型环境税费方案以及环境税式支出 4 种方案。当然，这些方案之间也并不是完全独立的，它们之间也可以重新组合成为新的方案。下面将主要介绍这 4 种方案的基本内容。

4.5.2 独立型环境税方案

4.5.2.1 一般环境税

一般环境税是一种基于收入的环境税，其目的是筹集环境保护资金。具体来说，就是在保留现有排污收费制度和使用者收费制度的框架基础上，为了筹集环境保护的资金而引入的一项环境税收制度。由于良好的生态环境同样可以视为一种“公共产品”，控制污染和保护环境的受益是普遍的，因此就可以根据“受益者付费原则（BPP）”对所有从环境保护中的受益者进行征税。征收的收入由政府纳入公共预算体系统筹安排，主要用于改善环境质量所需的基础设施建设以及生态保护建设和环境管理等。

按照“受益者付费原则”确定的一般环境税税基不同于按使用者付费或者污染者付费原则所建立起的环境税税基，它可以同于或者依附于现有有关税种的税基，如城市维护建设税、企业和个人所得税，相当于城市维护建设税或所得税的附加。比较起来，城市维护建设税的税基比所得税的税基要更宽，因为后者对亏损企业不可能根据所得税征收附加。同时，城市维护建设税收入的使用中很大一部分也是用于城市基础设施建设和环境保护。因此，比较理想的方法是将环境税直接加在城市维护建设税上，即城市维护建设税的环境附加。

一般环境税设计的关键问题如下：

专栏 4-1 一般环境税的税制设计

纳税人：凡是缴纳增值税、消费税和营业税（以下简称“三税”）的单位和个人，都是一般环境税的纳税义务人。这里不同于城市维护建设税的是，根据公平原则和受益原则，缴纳“三税”的外商投资企业和外国企业也同样需要缴纳一般环境税。

计税依据：一般环境税以纳税义务人应缴纳的“三税”税额为计税依据。这里“三税”税额是指正税，不包括税务机关对纳税人加征的滞纳金和罚款等非税款项。

税率：一般环境税的税率初步可以确定为“三税”的1%～4%的范围之内。

减免税规定：环境税以“三税”的应缴纳税额为计税依据征收，一般不规定减免税。因此，纳税人因享受税收优惠政策而免缴的“三税”仍应据此缴纳一般环境税。但海关对进口产品代征的流转税，免征一般环境税。

（1）一般环境税的设立方式。一般环境税的设立方式可以有两种选择：①将城市维护建设税扩大为城市维护建设和环境税，其税率在原有城市维护建设税的基础上，相应提高税率；②单独设立一项环境税，可称为环境税附加，采取与城市维护建设税类似的税基，这种方式与教育费附加类似。前者设立比较简单，但由于城市维护建设税的征税范围不包括外资企业，且计税依据为实际缴纳的“三税”税额，与前面的税制设计思路不完全相符，因此我们更倾向选择后者。

（2）一般环境税税率的确定。一般环境税的税率应该根据环境保护的资金需要和纳税人的负担能力合理确定。但是，为了避免不同地区之间的差距过大，可以制定一定的税率幅度，由地方自行在幅度范围内选择。

如果一般环境税作为城市维护建设税中的一个部分，或者与教育费附加一样作为一个独立税种，其税率就可以参考这两个税种的税率和收入情况进行确定。现行的城市维护建设税税率分为三档，分别是 7%、5%和 1%，教育费附加为 3%。根据它们的税率和环境资金的需要，一般环境税的税率可以确定在 1%～4%的范围之内。以 2004 年我国“三税”收入 14 016 亿元为例，可筹集 140 亿～560 亿元收入。

（3）中央税与地方税的选择。作为与城市维护建设税密切联系的一般环境税，其收入使用的受益者具有一定的范围限制，因此，可以作为地方税，由地方安排使用。但是从增强中央对于环保的宏观调控能力出发，也可以将其作为中央税，为中央环保支出提供财力保障。

4.5.2.2 直接污染税

直接污染税是一种基于刺激的环境税种，其征收原则是污染者付费，计税依据是污染物的排放量。这种以促进建立有利于环境行为或直接限制污染排放为宗旨的环境税，应该说是最符合环境税的理论原理。鉴于这种污染税的税基与污染物数量直接相关，因此，可以称其为直接污染税或污染排放税。

设计基于刺激的环境税，关键是要把税基直接建立在污染者排放的污染物数量上，而且其税率应高到能够产生一种刺激作用，促进污染者采取措施削减污染物的排放量。由于这种环境税的刺激作用，至少对于一个具体的排污者而言，该税的收入应该是随着时间的推移而不断下降的，否则，这种环境税就失去了其应有的刺激作用，从而也就不能属于刺激型的环境税。

从直接排放的污染物来看，主要有各种废气、废水和固体废物。由于这些污染排放物目前基本都实行了排污收费制度，因此可以考虑将排污费中的 SO_2 和 NO_x 的收费改为征税（专栏 4-2、专栏 4-3）。

专栏 4-2　SO_2 税税制设计

征税对象：其征收范围是排放 SO_2 的行为。

纳税人：SO_2 税的纳税人是向大气中排放 SO_2 的所有排放者，包括工业企业、事业单位、商业和服务业企业以及其他单位。为了减少操作成本，纳税人也可以集中在煤炭和石油的使用者上（其中，可考虑对行政事业单位和居民个人暂不征收）。

征收依据：SO_2 税的征收依据是 SO_2 的实际排放量。对于有监测数据的，按照实际监测值征收。对于那些量大面广、规模小、监测困难的污染源，可以按照燃料中的含硫量以及相应的削减措施折算征收。对实际排放量难以确定的，可根据纳税人的设备生产能力及实际产量等相关指标测算排放量，作为计税依据。

税率：根据《北京市环境税收政策制定研究》课题，煤炭 SO_2 税率表如表 4-5 所示。

征收：可以委托环境监察部门征收。

专栏 4-3　NO_x 税税制设计

纳税人：NO_x 税的纳税人主要是燃煤锅炉使用单位和机动车辆的拥有者。

征收依据：NO_x 税的征收依据是 NO_x 的实际排放量。NO_x 的来源与其他污染物不完全相同，其中部分的氮来自燃料和原料本身外，大部分是在燃烧过程中，空气中氮和氧化合而成，即燃烧源。燃烧源可以分为流动燃烧源和固定燃烧源两类。其中，流动燃烧源主要是由车辆、飞机等排出的废气，尤其以汽车最为突出；固定燃烧源主要是锅炉和其他设备所形成的。

税率：参照 SO_2 税税率和 1997 年中国环境科学研究院研究提出的 NO_x 收费标准，NO_x 税税率为 1 200 元/t。

征收：可以委托环境监察部门征收。

直接污染税设计和实施中面临的问题：①税率的测算和确定。一是 SO_2 税税率的确定。SO_2 税采用定额税率，税率水平可以根据 SO_2 税设计目的和原理，按照 SO_2 削减的边际处理成本以及目前 SO_2 排污费的水平合理确定（表 4-5）。总的原则是税率不能太低，必须能够起到对纳税人的刺激作用，就 SO_2 的排放而言，应高于现行排污费的收费标准。二是 NO_x 税税率的确定。NO_x 税税率确定的原理与 SO_2 税一样。②与现有排污收费制度的关系。实行上述 SO_2 税和 NO_x 税后，对排污费中的 SO_2 和 NO_x 收费应该相应取消。③如果同时征收 SO_2 税和 NO_x 税，存在一些征税对象重叠，可能导致企业税负过重。

表 4-5　煤炭 SO_2 税率表

单位：元/t

低硫煤		中硫煤	
含硫量/%	税率	含硫量/%	税率
0.4	8.4	1.2	25
0.6	12.6	1.4	29
0.8	16.6	1.6	33.4
1.0	20.85	1.8	37.6

4.5.2.3 污染产品税

污染产品税同样是一种基于刺激的环境税种，其征收原则是使用者付费，对象是有潜在污染的产品。鉴于这种污染税的税基与产生污染的产品相关，因此，可以称其为污染产品税。污染产品税也是通过税率的设立来产生一种刺激作用，促进消费者减少有潜在污染的产品的消费数量，或者鼓励消费者选择无污染或者低污染低替代产品。从污染的产生载体来看，造成污染的产品主要有能源燃料、臭氧损耗物质、化肥农药、含磷洗涤剂、汞镉电池等。相应的，可以对这些产品征收各种污染产品税，如燃料环境税、特种产品污染税等（专栏 4-4）。

专栏 4-4　煤炭和燃油环境税税制设计

征税对象：作为燃料用途的煤炭和燃油。燃油主要包括汽油和柴油。

纳税人：所有使用煤炭和燃油燃料的企业、单位以及个人。

计税依据：煤炭和燃油环境税以煤炭和燃油的使用数量为计税依据，其中，单位以煤炭为燃料的，为实际耗用数量；个人以煤炭为燃料的，为实际购买量。燃油环境税的使用数量为纳税人的实际购买数量。

税率：煤炭环境税的税率可参照 SO_2 的税率，以平均值 20 元/t 作为定额税率；燃油环境税税率为：汽油 0.20 元/L，柴油 0.15 元/L。

征收：煤炭环境税的征收可以选择销售环节，委托煤炭管理或销售部门采用代收代缴的方式；汽油环境税可以由石油化工公司或加油站作为扣缴义务人，如以加油站作为扣缴义务人，应该使用税控装置。

煤炭和汽油环境税实施中的具体问题：①税率的确定。煤炭和汽油环境税税率的确定与前面直接污染税中 SO_2 和 NO_x 税税率确定的原理和方法一致。②与资源税和消费税之间的关系。如果对煤炭和燃油征收环境税，则需要对煤炭和汽油、柴油的消费税进行调整。

专栏 4-5　特种产品污染税税制设计

征税对象：各种对环境产生污染的产品或消费品，包括化肥农药、含磷洗涤剂、一次性木质餐具、汞镉电池等。

纳税人：为上述产品的使用和消费者。

计税依据：污染产品的消费量和价值。

税率：按产生污染的特种产品制定税目，实行 1%～3%的差别税率。

征收：在消费环境征收。

特种产品污染税实施中的具体问题：①税率的确定：根据现有上述产品所征收的增值税的税负和消费者的负担能力合理确定。对有的应税产品实行从价定率征收，对有的应税产品实行从量定额征收。根据以前的研究，特种产品污染税的税率见表 4-6。②根据我们的初步预测，如果污染产品税能够足额征收，那么开始 1～2 年可以征收到 337 亿元的收入。如果按 30%的征收率估算，则可以征收到 100 亿元。但是，如果污染产品税税率比较高，则随着污染产品税的逐步征收，税收收入将逐步降低。③对化肥、农药，现行税制是给予一定的政策照顾的，因此在确定相关税率时，要考虑农民的承受能力。从大的“三农”政策角度看，对化肥和农药征收环境税的近期可能性不大。

表 4-6　特种产品污染税税率建议

产品类型	税　目	税　率
含磷洗涤剂	高磷洗涤剂	税率为销售价的 20%
	低磷洗涤剂	税率为销售价的 15%
电池	锌—锰干电池	均一税率 0.3 元/节
	碱性锌—锰干电池	均一税率 0.5 元/节
	氧化银电池	税率为 0.4 元/节
	水银电池	税率为 0.5 元/节
	锂电池	税率为 0.1 元/节
	镍镉类和镍氢类充电电池	按其重量征收不同税率，从 0.2～10 元/节
	其他电池	按其最接近类型电池的税率征税；不含汞、镉、铅等有害物质的电池税率为 0.1 元/节；不能说明其成分的电池，按最高税率征税
臭氧耗损物质	全氯氟烃（CFC，俗称氟利昂）、含溴氟烷（CFCB，Halons 俗称哈龙）、四氯化碳（CCl_4）、甲基氯仿（1,1,1-三氯乙烷 CH_3CCl_3）、溴甲烷（CH_3Br）以及部分取代的氯氟烃（又称含氢氯氟烃 HCFC）	具体税率应根据不同臭氧耗损物质（ODS）对臭氧的损害程度和可替代其的非 ODS 产品的价格确定。我们可先设计一个基础税额，再计算出化学品的臭氧损害系数，两者相乘即可得出该种物质的税率。根据美国经验，这个基础税率可定为 100 元/kg ODP

产品类型	税　目	税　率
包装材料	一次性饮料包装 玻璃容器 塑料容器 金属容器（铝易拉罐和马口铁罐等） 软包装袋	0.3 元/L 0.5 元/L 2 元/L 2 元/kg
	塑料包装材料 容量大于 5 kg 塑料手提袋	10 元/kg
	纸制包装材料（纸板、瓦楞纸箱、纸盒、纸袋、牛皮纸和包裹用纸）	0.5～5 元/个，根据包装材料大小和纸质确定差异税率
	水泥包装袋	不论大小 1 元/个
一次性方便餐具	发泡快餐盒	税率为 50%，使其在总体售价上高于可降解材料制的快餐盒
	一次性木筷	税率为 100%
	一次性塑料杯盘叉	税率为 30%
化肥	氮肥 磷肥	化肥的税率由其含氮和含磷的比例决定，平均税率按 100 元/t 计算
农药	农药	农药的税率按农药的有效成分在自然界的降解时间确定，平均税率按 100 元/t 计算
家用办公电器	台式电脑 洗衣机 电视机 复印机 激光打印机 电冰箱 房间空调器 日光灯管	50～200 元/台 50～200 元/台 50～200 元/台 50～300 元/台 50～100 元/台 50～100 元/台 50～100 元/台 2 元/个

4.5.3 融入型环境税方案

融入环境税方案虽然不设立独立的环境税税种，但是通过对现有部分税种的改革和完善，再加上环境收费制度的配合，同样可以起到上述独立环境税税种所能起到的作用。

4.5.3.1 消费税

现行消费税在环境保护上主要是通过调控能源消费中占较低份额的石油产品或其互补产品（摩托车、小轿车）来实现，由于没有将煤炭这一主要能源消费主体以及其他一些容易给环境带来污染的消费品纳入征税范围，其环境保护的效果并不突出。为了增强消费税的环境保护效果，可以对消费税进行以下改革：①在近期可以考虑增设含磷洗涤剂、汞镉电池、一次性餐饮容器、塑料袋等产品的消费税税目；

②在远期可能的条件下增设煤炭资源消费税税目，根据煤炭污染品质确定消费税税额，采用低征收额大征收面的方式进行征收，对清洁煤和型煤免征消费税；③在继续实行对不同排气量的小汽车采用差别税率的基础上，应对排气量相同的小汽车视其是否安装尾气净化装置而实行区别对待，并应明确规定对使用“绿色”燃料的小汽车免征消费税（专栏 4-6）。此外，使用燃油的助力自行车也应和摩托车、小汽车一样征收消费税。

专栏 4-6　消费税调整建议

新增税目：① 新增资源消耗大的、污染严重产品税目，如含磷洗涤剂、汞镉电池、一次性餐饮容器、塑料袋等。税率可以参考独立型环境税中的特种产品污染税税率；② 煤炭和清洁能源消费税目，实行差别税率，煤炭消费税要考虑煤炭使用的环境成本，清洁能源实行低差别税率。

税率调整：① 提高汽油、柴油消费税税率，建议考虑环境成本；② 对排气量相同的小汽车视其是否安装尾气净化装置而实行区别对待；③ 对清洁汽车实行低差别税率或免征。

4.5.3.2 资源税

现行资源税是为了调节级差收入和促进资源合理开发利用而开征的一个税种，从实际运行来看，对节约资源和降低污染的作用并不大。由于资源税中与污染相关的项目主要在矿产品中的能源产品上，但就减少污染而言，在资源开采环节征收资源税没有在消费环节征收消费税的效果明显。反倒是通过消费的调节可以影响到开采，因为当消费者不使用具有污染的资源产品时，矿业企业也就不会去开采这种资源。因此，我国资源税对环境保护的作用应该主要体现在保护资源、促进资源的合理开发利用上。对此，目前资源税的一个明显缺陷是没有将水资源、森林资源、草场资源等也包括到征收范围中来，实现对全部资源的保护。为了提高资源税的环境保护作用，可以对其进行如下改革：①在现行税目中增加水资源，将现有的水资源收费制度改为税收，并进一步加以完善；②在远期条件完备的情况下，考虑对森林、草场资源等进行征税。因为这些资源能否开征税收是与一定时期经济发展的状况，以及对某些资源的开采技术和管理能力相关的，并不能主观决定；③鉴于我国目前矿业资源开采中的浪费严重，我国矿产资源回采率仅为 30%，比世界平均水平低 20 个百分点（安体富，2001），因此，需要将回采率或者资源开采后污染的处理情况与资源税的税率水平联系起来，从而能够更好地发挥资源合理利用和环境保护的作用（专栏 4-7）。

4.5.3.3 水资源环境税

水污染物的产生量虽然与水资源的消费数量之间不存在密切的相关性，但水作为水污染物的一种载体，控制水资源的消费也可以在一定程度上起到刺激削减污染物的作用。因此，可以从水资源出发来制定环境税。最直接的方式就是根据水资源的稀缺性和水污染的治理成本，制定和实施水资源环境税（专栏 4-8）。

专栏 4-7　资源税调整建议

新增税目：① 淡水资源税目，包括地表水和地下水开发和利用，在充分考虑水资源的稀缺性和生态补偿的前提下，制定淡水资源税率；② 森林资源税目，对采伐森林资源征税；③ 草地资源税目，对草地开发和利用征税（如旅游、集约开发等）。自然放牧免征。

税率调整：调整煤炭、石油、天然气和黑色金属矿原矿的资源税率，将这些资源的稀缺性和生态补偿与恢复成本纳入税率。

专栏 4-8　水资源税制设计

征税对象：作为原料和生活用途的水。

纳税人：所有使用水的企业、单位以及个人。

计税依据：以水的使用数量作为计税依据，具体为供水单位的实际供水量。

税率：可暂定为水费的 20%～30%，视水资源的稀缺性和污染情况采取差异税率。

征收：由于目前水费征收和管理的办法完备，可以沿用现有的管理办法，由征收水费单位按规定税率代收代缴。

水资源环境税实施中的具体问题：①税率的确定。原理上是根据水资源开发的边际使用者成本和边际外部成本确定，实际中可根据目前水资源的稀缺性、水费、排污水费和纳税人的负担能力合理确定。②与污水处理费之间的关系。征收水资源环境税后，如果足够高的话，一些地方征收的污水处理费原则上应取消。

4.5.3.4 其他相关税种

（1）城市维护建设税。城市维护建设税为城市环境基础设施建设提供了主要的资金来源，其中就包含了环境基础设施的建设资金。为增强其在筹集环境保护资金上的作用，可以进行的改革有：①为了加快乡镇公共基础设施建设，把征税范围扩大到乡镇，税名相应改为城镇维护建设税。②城市维护建设税作为一个独立的税种，应改变其附加税的性质，使其拥有独立的税基。③为了能够加快城镇环境基础设施的建设，起到上述一般环境税的作用，可以适度提高城市维护建设税的税率，并将此部分专项用于环境保护。

（2）耕地占用税。征收耕地占用税的目的主要是严格控制有限耕地的占用和滥用。其改革的内容有：①较大幅度地提高耕地占用税的税率，真正起到对耕地的保护作用；②将占用湿地的行为也纳入耕地占用税的征税范围，且适用高档税率；③对农村非农业用地也列入征税范围，按低税率征收。

（3）车船使用税。与对车辆征收消费税一样，车船使用税同样是作为燃料的互补品来发挥环境保护的调控作用。但现行车船使用税基本上是根据车船的吨位数或固定税额进行征收，与其使用的强度无关。对其的改革内容主要有：①将现行的车船使用税与车船牌照使用税统一为车船税；②考虑车船税税负偏低的情况，为了增强对汽车尾气和噪声的削减作用，应该适当提高税额标准或者征收污染附加税；需要注意的是，对于车辆等交通工具的征税税率的确定，应该综合考虑所有与车船等交通工具的税种以及收费来进行。

专栏 4-9　其他相关税种调整初步建议

城市维护建设税

新增税目：将镇纳入城市维护建设税税目。

税率调整：提高税率，专项用于城市环境保护。

耕地占用税

税目调整：将占用湿地的行为也纳入耕地占用税的征税范围；对农村非农业用地也列入征税范围，按低税率征收。

税率调整：较大幅度地提高耕地占用税的税率，占用湿地高税率，非农业用地低税率。

车船使用税

税目调整：将现行的车船使用税与车船牌照使用税统一为车船税。

税率调整：提高税率，考虑车船使用对燃料和大气的影响，按排气量大小确定不同税率。

4.5.4 共存型环境税费方案

4.5.4.1 环境税费形式的选择

在上述独立环境税方案中，涉及一个主要问题就是费税关系的处理，因为根据目前的环境收费制度，上述独立的环境税中很多是与环境收费相重复的，但是由于税和费对污染控制的作用机制是一致的，而且目前我国环境收费标准远低于平均边际处理成本，费税并存可以增加刺激力度。因此，环境税收政策的设计需要考虑如何对两者进行协调，制定合理的环境税费框架。

具体来说，环境税费方案的设计就是需要在各种项目上对“税”和“费”形式的选择做出判断。从理论上看，影响税费选择的因素主要是征收对象的特点、征收管理的难易程度、征收单位的能力等。如果征收对象（税基或费基）相对稳定、征收比较容易，那么就可以考虑征税的形式，或者代征形式（如果征收单位能力有限）；如果征税对象不太稳定，征收不太容易，那么就可以采取收费的形式。在环境保护方面，一种污染物排放量很大，而且相对稳定、征收也比较容易，那么就可以采用征税的办法。发达国家 SO_2 税就是一个典型的代表。如果污染物排放与产品之间有密切的关联，那么也可以采取产品税的办法来征收。国外碳税和燃料税就是典型的例子。如果一种污染物排放量不明显，而且与产品之间没有明显的关联，税务部门征收比较难，那么就采用收费的办法。韩国排污收费和新加坡的污水费就是典型的例子。

再从国外的环境税实践来看，国外环境税政策有效性的分析中也可以为税费形式的选择提供参考，如在国外实施的环境税中，硫税、NO_x 税、无铅汽油和清洁柴油的差别税率、水污染收费的刺激效果和环境效果都较高（欧洲环境局，刘亚明译：《环境税的实施和效果》，中国环境科学出版社，2000 年版，第 5～6 页，这里所称环境收费可以视为环境税）。因此，这些能够取得较好政策效果的环境税税种，是我国建立独立环境税种以及进行费税改革中需要合理借鉴的。

具体到我国，税费形式的选择不仅要依据上述标准，立法、收入规范性和预算管理完整性等也是需要重点考虑的因素。例如，为了增加其法律地位，减少征收阻力，纳入预算管理，改变乱收费的状况等也往往都成为费改税的重要原因。总之，在我国，税费形式需要根据目前的现实国情进行全面的分析，以选择具有高效果和高效率的收入筹集方式。我国在税费改革过程中出现的那种大范围的“费改税”的倾向和观点是值得商榷的。

综合起来，我国现行各种环境收费中可以进行费改税的项目主要有：排污费中的部分规模较大的收费（SO_2、NO_x）和水资源费，而对于数额较小的一些排污收费，如污水处理以及垃圾处理等收费则可以仍然保留收费形式。

专栏 4-10 环境税费方案要点

环境税和环境收费的作用机制是一样的，都是通过改变价格信号来影响污染者的生产和消费行为。

目前环境收费没有到位（标准偏低，征收面不全等），为引进环境税提供机会，可以通过环境税和环境收费的共同作用，提供更大的刺激作用。

现行收费规模相对较小，而且征收面广，技术要求相对高，如改成环境税，操作成本比较高，而且随着环境收费的管理规范化，近期改成环境税的可能性很小。

环境收费和环境税并存将在我国长期存在，需要综合考虑环境收费和环境税对污染企业、消费者和当地政府的影响。

环境收费中几个大的收费项目有可能转为环境税，这些项目包括污水处理收费、SO_2 排污收费等。由于现行的排污收费条例是 2003 年 7 月 1 日开始实施的，目前要将这些收费改成税有点仓促。

维持现行的环境收费制度，引进新的环境税是我国环境税收政策的优先考虑领域，应重点考虑制定碳税、生态税和硫税等。

4.5.4.2 我国环境收费制度的完善

目前在我国费税并存的条件下，需要进一步完善我国环境收费制度。要增强排污收费制度的强制性，保证排污收费的足额征收。针对新的排污收费实施后所出现的问题，对排污收费的征收、管理和使用进行相应的改革。

提高征收标准，加大刺激力度。在理论上，收费标准应不低于环境成本曲线与环境收益曲线相交点处的污染防治费用（环境成本），否则污染单位将不会致力于污染的防治。尽管新的排污收费条例明确了总量收费和多因子收费，但是由于考虑企业承受能力和可接受性，其收费标准远低于按照环境经济理论计算出来的最佳收费标准。排污收费标准低于最佳收费标准的事实一方面说明我们还可以引进环境税收政策，另一方面如果不能引进环境税，我们还可以提高收费标准。

在排污收费实行预算管理条件下，切实解决各级环境保护部门的经费问题。环保部门的行政事业开支可由以下渠道获得：①由各级财政预算设立“环保行政事业费”科目；②环保专项经费。

加强环保资金使用和管理，以切实保障对环保的投入。各级环保专项资金要严格按照项目管理要求，确定重点支持项目，包括综合性污染防治、重点污染源治理示范工程、区域或流域环境质量的改善等。要着力提高资金的利用效率，严禁挪用、挤占资金。

4.5.5 环境税式支出政策

除了设立独立的环境税种或者在相关税种的基本构成中作出规定外，通过税制的一些优惠规定也能起到鼓励环境保护行为的作用，如增值税、消费税和所得税中的税收减免、加速折旧等规定，这些税收优惠也称为税式支出。目前我国在环境税式支出政策上存在的问题是：有关环境方面的税式优惠政策规定极为笼统和原则化，未在预算中专门列明，透明度低和强制性规定少，优惠手段和形式都比较单一，受益面比较窄，缺乏针对性和灵活性，对环境资源市场的调整范围和作用都十分狭窄，影响了政策实施效果。因此，应该适时制定或补充相应的环境税收优惠政策，调整优惠手段形式，以促进综合利用和环保产业的发展。具体来说，完善我国环境税式支出政策的具体措施有：

（1）明确环境税式支出政策范围，增强针对性。①制订环保技术标准，对高新环保技术的研究、开发、转让、引进和使用予以税收鼓励。可供选择的措施包括：技术转让收入的税收减免、技术转让费的税收扣除、对引进环保技术的税收优惠等。②制定环保产业政策，促进环保产业的优先发展。可考虑采取如下税收措施：环保企业可享受一定的税收优惠，譬如所得税的减免；对环保设备采用低税率，或允许环保设备增值税作进项抵扣；对环保设备实行加速折旧；鼓励环保投资包括吸引外资，譬如实行环保投资抵免或者退税，同时，在吸引外资时应注意防止外商将污染项目转入国内。③发展循环经济，研究对再生资源业的税收对策，在避免税收负效应的同时，应有利于废旧物资的回收利用。④税收优惠政策要有利于促进资源节约型、环境友好型和谐社会的建立，对资源节约和环境友好行为给予税收优惠。

（2）调整优惠政策的手段和形式。除继续保留原有的减税免税和零税率等直接税收优惠形式外，还应针对不同优惠对象的具体情况，采取加速折旧、投资抵免、成本费用扣除等多种间接税收优惠形式。通过各种不同税收优惠形式的灵活运用，可以激励企业采取措施治理污染，提高税收优惠措施的实施效果。

（3）确定环境税收政策优惠力度。一项政策的优惠力度应该以能够正好发挥出该项优惠的调节作用为宜，力度不够则可能难以达到预期目的，力度过大，又会造成税收收入的损失。而正确选择优惠力度并不是一件容易的事情，它需要对优惠政策进行分析和评价，以确定最合适的力度，同时还要根据实际情况的发展不断进行调整。

（4）与其他类型的税收优惠政策之间的协调，制定综合性税收优惠政策。税式支出政策并不仅仅是环境政策优惠，还包含产业、区域等多方面的优惠措施，因此，环境税收优惠政策的制定还必须考虑其他优惠政策的状况，并与之相协调。否则，当环境税收优惠政策与其他类型的优惠政策之间发生冲突时，其作用可能会被其他税收优惠作用所抵消，造成环境税收政策调节效应被削弱甚至取消。反之，在制定其他税收优惠政策时也应考虑环境保护目标。

与税收优惠政策相对应的，消除不利于环境保护的补贴或调整补贴结构使其有利于环保也应看成是环境税收政策的一部分。通过调整补贴类型和结构使补贴有利于环境保护。

4.6 环境税的实施战略

4.6.1 循序渐进、分步实施

环境税收政策采取先易后难、先旧后新、先融后立的实施战略（表 4-7）。

表 4-7　中国环境税收政策实施战略进程

<table>
<tr><th rowspan="2">项目</th><th>第一阶段</th><th>第二阶段</th><th>第三阶段</th><th>第四阶段</th></tr>
<tr><th>消除不利补贴和优惠</th><th>融入方案</th><th>独立方案</th><th>费税并存</th></tr>
<tr><td>煤炭资源</td><td></td><td>消费税/资源税</td><td>煤炭资源税</td><td rowspan="8">品种、税率调整，提高税收绿色化程度</td></tr>
<tr><td>水资源</td><td></td><td>资源税</td><td>水资源税</td></tr>
<tr><td>其他矿产资源和森林等</td><td></td><td>资源税</td><td></td></tr>
<tr><td>污染产品（含磷洗涤剂、一次性用品、塑料等）</td><td></td><td>消费税</td><td>污染产品税</td></tr>
<tr><td>SO_2</td><td></td><td>以煤炭形式融入消费税</td><td>SO_2税</td></tr>
<tr><td>NO_x</td><td></td><td></td><td>NO_x污染税</td></tr>
<tr><td>一般环境税</td><td></td><td>附加税</td><td>独立税基</td></tr>
<tr><td>其他税收</td><td>调整完善</td><td>调整完善</td><td>调整完善</td></tr>
<tr><td>排污收费</td><td>调整完善</td><td>调整完善</td><td>征硫税和氮税</td><td></td></tr>
</table>

（1）要消除不利于环境的补贴和税收优惠政策。不利于环保的补贴和税收优惠政策对我国环境保护带来负面影响，需要清理和消除。我国已经从计划经济转向社会主义市场经济，原来的补贴政策逐步得到清理和调整，补贴形式也从原来的暗补和间接补贴转向明补和直接补贴，补贴所产生的影响比较直观，但是仍有一些补贴的实施会对环境产生负面影响。我国有各种各样的税收优惠政策。这些优惠政策都是针对某个目标而设置的。有些税收优惠政策的实施尽管能够实现既定的目标，但是也间接地鼓励资源使用和破坏环境。因此这些补贴政策和税收优惠政策应该调整，在制定新的补贴政策和优惠政策时要综合考虑经济、社会和环境影响。

（2）综合考虑环境税和环境收费政策。从环境经济学角度看，环境税和环境收费的作用机制是一样的，都是通过改变价格信号，来促使企业和个人减少污染排放。如果每种政策手段都能一次到位，那么只要一种政策手段就行。现实情况是我国目前的环境收费标准远没有到位，这给我们制定环境税收政策提供空间。在环境收费和环境税共存的情况下，要充分考虑两者的叠加作用，还可以使两种手段的作用对象错开，这样可以避免高于治理成本的征税和收费。

（3）实施融入型方案对现有税制进行绿色化。通过融入型环境税方案对消费税、资源税和其他相关税种进行改造，使得这些税种更加环保。由于该方案不需要调整税制结构，只是调整相关税种下的税目。操作比较方便，不需要通过人大立法程序，只需要国务院批准就可实施，因此用融入型环境税方案来改善现行税制的绿色程度是一种相对简单的工作，尤其是目前我国正在进行新一轮税制改革。

（4）要抓住契机引进独立型环境税方案。独立型环境税方案需要全国人大批准才能生效，因此实施较难，应摆在最后。独立型环境税目标明确，税基也很清楚，刺激作用应该更强，尽管实施难度大，但是仍应作为努力的最终目标。

4.6.2 突出重点、试点示范

结合目前正在开展的新一轮环境税制改革，选择对环境影响大、容易实施的项目作为环境税收政策改革的重点，在重点地区首先开展试点。

（1）重点开征污染产品税。从现行税收体制来看，将污染产品税纳入到消费税中是可行的，污染产品税和消费税有很多共同点，都是针对特殊的消费品和消费行为征收的一种间接税，都可以根据国家的政策，合理地引导消费需求，间接引导投资方向。污染产品税与消费税的计税依据和应纳税额的计算都相同，可以使用相同的发票；两者的纳税环节、纳税地点和纳税环节发生的时间也相同。因此，可以利用现有的税制，优先考虑将污染产品作为消费税的一部分征收，而不必增加新的税种，直接把污染产品税纳入业已成型的税收系统，减少实施成本。

（2）改革煤炭消费税。煤炭燃烧是我国大气污染的主要来源，煤炭开采造成生态破坏等，因此税收政策中应将煤炭资源的开发利用作为重点。近期可以在资源税中提高征收比例，远期可能的条件下增设煤炭资源消费税税目，根据煤炭污染品质确定消费税税额。

（3）水资源费改税。水资源短缺已成为我国经济发展的制约因素，严重影响了人们的日常生活。目前虽然开征了水资源费，但是并没有起到有效控制水资源浪费、减少污染的作用。在税收政策中需要重点考虑征收水资源税，在资源税中增加水资源税目，将水资源费纳入资源税中。在税率中考虑水资源开发利用的全部成本，包括资源的稀缺性和水资源利用中的环境成本。

4.6.3 综合制定补贴和税式支出政策

（1）综合考虑经济、社会和环境影响。环境保护事业需要税收优惠政策的支持，而且我国目前对资源综合利用和环保产业提供税收优惠政策。在设计其他目的的税收优惠政策时，也应该考虑对环保的影响，使税收优惠政策具有多种目标。

（2）补贴政策不应以环境为代价。补贴是一种常见的经济调节政策。在设计补贴政策时，要考虑补贴政策实施所带来的环境问题。要防治补贴政策给环境保护带来的负面影响。

4.6.4 抓紧完善环境税的配套政策和相关工作

（1）研究环境税的征收管理。与传统的税收征收管理相比，环境税的征收管理比较复杂。环境税征收计税依据有从量的，也有从价的，需要相关技术支持。可以通过培训和代征来解决环境税征收的技术问题。要正确解决征收环境税的管理组织机构，提高税务部门征收环境税的能力。

（2）向公众宣传环境税收。我国开征环境税是一个全新的工作，需要得到公众的支持。要通过各种媒体，宣传引进环境税的意义、作用和必要性。根据相关调查，目前公众对建立环境税政策的支持程度很高，90%以上的公众支持建立环境税。

（3）加强环境税收的基础工作。环境税的征收依据是企业的生产和排放数据，有些数据需要通过企业申报获得。要建立准确可靠的排污申报和核实制度，准确核定企业的排放数据。需要加大投入，增加相关部门的能力，配备相应设备。

（4）继续深入开展环境税研究。主要是进一步研究环境税的税率确定和征收范围。开展实证研究，重点分析征收环境税对政府财政、污染者和受益者的影响，分析环境税对相关行业的国际贸易影响并提出减缓措施，分析环境税对环境公共财政的影响，分析环境税对国民经济的影响。

参考文献

[1] Quirk and Saposnik. Introduction to General Equilibrium Theory and Welfare Economics. New York：McGraw-Hill Inc.，1968.

[2] Ian Goldin and L. Alan Winters. The Economics of Sustainable Development. Cambridge：Cambridge University Press，1995.

[3] Gunnar. S. Eskdard. Externalities and production efficiency. Working Paper 2319，1999.

[4] Shigeru Matsumoto. Input tax as a remedy for externality. Presented at Annual Meeting of Japanese Economic Association，2001.

[5] Margaret Walls，Karen Palmer. Upstream pollution，down-stream waste disposal，and the design of comprehensive environmental policies. Journal of Environmental Economics，2001，41（2）：94-108.

[6] Hua Wang，Ming Chen. How the Chinese system of charges and subsidies affects pollution control efforts by China’s top industrial polluters. Working Paper 2198，1999.

[7] 波特内. 环境保护的公共政策. 北京：三联书店，1993.

[8] [英]皮尔斯，沃福德. 世界无末日——经济学、环境与可持续发展. 张世秋，等，译. 北京：中国财政经济出版社，1996：36-43.

[9] 吉利斯（Malcom Gillis），等. 发展经济学. 彭刚，等，译. 北京：中国人民大学出版社，1998.

[10] 世界银行. 1992 年世界发展报告. 北京：中国财政经济出版社，1992.

[11] [美]曼昆. 经济学原理. 北京：北京大学出版社，1999：514-523.

[12] [美]K・E・凯斯、R.C.. 经济学原理. 北京：北京大学出版社，1999：514-523.

[13] 平狄克，鲁宾费尔德. 微观经济学. 北京：中国人民大学出版社，1997.

[14] 诺德豪斯. 经济学. 萧琛，等，译. 北京：华夏出版社，1999.

[15] 欧洲环境局. 环境税的实施和效果. 刘亚明，译. 北京：中国环境科学出版社，2000.

[16] 厉以宁，章铮. 环境经济学. 北京：中国计划出版社，1995.

[17] 财政部科研所“环境保护财税政策研究”课题组. 环境保护的公共财税政策研究.

[18] 文伯屏. 西方国家环境法. 北京：法律出版社，1988.

[19] 高鸿业. 西方经济学. 北京：中国人民大学出版社，2004.

[20] 王金南. 环境经济学理论、方法、政策. 北京：清华大学出版社，1994.

[21] 马中. 环境与资源经济学概论. 北京：高等教育出版社，1999：22-23.

[22] 伍世安，王万山. 收费补偿原理与优化机制[J]. 财政研究，2002，28（11）.

[23] 王金南，等. 排污收费理论学. 北京：中国环境科学出版社，1997.

[24] 安体富，等主编. 税收负担研究. 北京：中国财政经济出版社，1995.

[25] 朱宇方. 浅谈德国的生态税收改革[J]. 德国研究，2000（3）.

[26] 张友国. 一般均衡模型中排污收费对行业产出的不确定性影响——基于中国排污收费改革分析[J]. 数量经济技术经济研究，2004，5：156-161.

[27] 张友国，郑玉歆. 中国排污收费征收标准改革的一般均衡分析[J]. 数量经济技术经济研究，2005，5：3-16.

[28] 李慧明. OECD 的绿色税制改革评析[J]. 经济与管理研究，2000（5）.

[29] 国家环境保护局. 排污收费制度（试用）. 北京：中国环境科学出版社，1994.

[30] 计金标. 生态税收论. 北京：中国税务出版社，2000.

[31] 梁本凡. 绿色税费与中国. 北京：中国财政经济出版社，2002.

[32] 中国环境规划院课题组. 北京市环境税税收政策制定研究. 2000.

[33] Gilbert E. Metcalf，王金南，马国强. 国外环境税考察报告. 1999.

[34] 贾康，王桂娟. 改进完善我国环境税制的探讨[J]. 税务研究. 2000（9）.

[35] 刘植才. 完善我国环境税收制度的思考[J]. 税务研究. 1999（4）.

[36] 温来成，梁春满. 我国环境保护税的立法精神及制度设计[J]. 税务研究，2000（7）.

[37] 安体富，龚辉文. 可持续发展与税收政策[J]. 中国可持续发展，2001（5）.

[38] 曹虎啸. 环境税的倍加红利分析[J]. 税务与经济，2003（2）.

[39] 付伯颖. 论环境税“双赢”效应与中国环境税制建设的政策取向[J]. 现代财经——天津财经学院学报，2004（2）.

[40] 高萍. 征收环境保护税是实现可持续发展的需要[J]. 税务研究，2004（5）.

[41] 郭庆旺，等. 当代西方税收学. 大连：东北财经大学出版社，1994.

[42] 黄英娜. 应用 CGE 模型量化分析中国实施能源环境税政策的可行性[J]. 城市环境与城市生态，2005（2）.

[43] 李洪心. 对环境税的一般均衡分析与应用模式探讨[J]. 中国人口·资源与环境，2004（3）.

[44] 史学文. 环境税的简单经济学分析[J]. 税务研究，2003（11）.

[45] 吴燕. 国外的环境税及其借鉴——兼论我国环境保护税的构建[J]. 涉外税务，2005（6）.

[46] 武亚军，宣晓伟. 环境税经济理论及对中国的应用分析. 北京：经济科学出版社，2002.

[47] 张凯. 循环经济对环境库兹涅茨曲线影响分析[J]. 中国发展，2005（1）.

[48] 易远宏. 环境税的设立及其经济影响. 华南师范大学硕士学位论文，2004（5）.

[49] 童凯. 中国环境 Kuznets 曲线研究. 中国环境规划院硕士研究生论文，2005.

[50] 顾春林. 体制转型期的我国经济增长与环境污染水平关系研究——环境库兹涅茨理论假说及其对我国的应用分析. 复旦大学博士论文，2003（5）.

[51] 凌亢，王浣尘，刘涛. 城市经济发展与环境污染关系的统计研究[J]. 统计研究，2001（10）：46-52.

[52] 燕中凯，易斌，等. 我国环境保护产业2004年发展述评[J]. 中国环境保护产业，2005（6）.

[53] 胡聃，等. 经济发展对环境质量的影响——环境库兹涅茨曲线国内外研究进展[J]. 生态学报，2004，24（6）：1259-1266.

[54] 吴玉萍，等. 北京市经济增长与环境污染水平计量模型研究[J]. 地理研究，2002，21（2）：239-246.

[55] 陈华文，刘康兵. 经济增长与环境质量：关于环境库兹涅茨曲线的经验分析[J]. 复旦学报：社会科学版，2004（2）：87-94.

[56] 高培勇，等. 中国：启动新一轮税制改革：理念转变、政策分析和相关安排. 北京：中国财政经济出版社，2003.

[57] 国家统计局. 中国统计年鉴2004. 北京：中国统计出版社，2005.

[58] 国家环保总局，教育部. 全国公众环境意识调查报告[J]. 环境教育，1999（7）：21-23.

[59] 李周. 城市环境状况和居民环境意识调查[J]. 生态经济，1998（3）：2-4.

[60] 王良穆，董俊英. 全球经济一体化与税收国际化趋势的探究[J]. 中央财经大学学报，2005（2）：5-8.

[61] 王金南，等. 中国城市大气质量与经济发展的Kuznets曲线研究. 中国环境政策，2005，6（12）.

第 5 章

生态补偿机制与政策框架研究

生态补偿机制是实现人与自然和谐相处、区域环境与经济协调发展、建设环境友好的和谐社会的重要政策保障机制。自 20 世纪 80 年代以来，中国已在生态保护与建设工作中开展了许多针对生态补偿的探索性尝试，但与系统的生态补偿机制还有非常大的差距。本章将系统地探讨生态补偿的概念和理论，总结国内外生态补偿政策的经验，同时根据有关案例研究分析，系统地提出在我国实施生态补偿机制和政策建议框架。

5.1 生态补偿概念与研究进展

5.1.1 生态补偿概念及其内涵

在不同时期和环境下，生态补偿具有不同的含义。生态补偿最初源于自然生态补偿，含义为“生物有机体、种群、群落或生态系统受到干扰时，所表现出来的缓和干扰、调节自身状态使生存得以维持的能力，或者可以看作生态负荷的还原能力”，“自然生态补偿”还被定义为自然生态系统对由于社会、经济活动造成的生态环境破坏所起的缓冲和补偿作用。强调的是自然生态系统对外界压力的缓冲和适应能力。

在生态环境管理领域，生态补偿最初的含义是指人们通过采取措施确保生态环境质量或功能的行为，特别是对生态用地的占用补偿，即确保一定区域内生态用地保持在稳定的水平，如湿地补偿、城市绿地补偿。

目前，生态补偿更多的是理解为一种资源环境保护的经济手段。首先是生态环境外部成本内部化的手段，通常的做法是针对破坏生态环境的资源开发和经济建设活动征收生态补偿费，作为对自然资源的生态环境价值所进行的补偿。其次是一种促进生态环境保护经济手段，如建立有利于生态环境保护的财政激励制度，对重要的生态区域或生态环境保护成效显著的区域进行补偿。最后是一种区域协调发展制度，生态环境的外部性和区域性特征决定了生态环境保护必然涉及区域生态补偿，通过建立有效的区域生态补偿机制，促进区域的协调发展，从而提高生态环境保护的有效性和效益。

在中国生态环境保护与管理中，生态补偿具有 4 个层面上的含义：①对生态环境本身的补偿，如在《关于在西部大开发中加强建设项目环境保护管理的若干意见》（环发[2001]4 号）规定对重要生态用地要求“占一补一”；②生态环境补偿费的概念——利用经济手段对破坏生态环境的行为予以控制，将经济活动的外部成本内部化；③对个人或区域保护生态环境或放弃发展机会的行为予以补偿，相当于绩效奖励或赔偿；④对具有重大生态价值的区域或对象进行保护性投入等，包括重要类型（如森林）和重要区域（如西部）的生态补偿等。

通过上述分析可以知道，生态补偿机制就是这样一种制度：通过一定的政策手段实行生态保护外部性的内部化，让生态保护成果的“受益者”支付相应的费用；通过制度设计解决好生态产品这一特殊公共产品消费中的“搭便车”现象，激励公共产品的足额提供；通过制度创新解决好生态投资者的合理回报，激励人们从事生态保护投资并使生态资本增值。

5.1.2 实践与研究进展

5.1.2.1 国际经验及其借鉴意义

生态补偿是促进生态环境保护与恢复的有效制度，在许多国家和国际组织都有成功的生态补偿经验与案例。

（1）澳大利亚基于市场机制的流域补偿机制。如澳大利亚的一项重要的流域之间生态补偿项目可以称为“灌溉者支付流域上游造林”。这项治理措施的参与者是新南威尔士的林业部门（SF）和马奎瑞河食品和纤维协会（MRFF）——一个由马奎瑞河周边集水区的600名灌溉农民组成的协会。MRFF 为其获得的流域生态环境功能性服务价值付费，而这一流域生态环境功能性服务价值是由 SF 和上游的私有土地所有者因参与保护生态而产生的，这些上游土地所有者作为这项协议的第三方参与者。1999 年，SF 和 MRFF 一起参加了一个引水控盐贸易协定，据此 MRFF 向 SF 支付一定的费用以供其在下游集水区域更新造林。

（2）英国的"北约克摩尔斯农业方案"。英国北约克摩尔斯农业方案（North York Moors Farm Scheme）将通过国家与农户之间的协议，充分明确国家在生态补偿中的主体责任，并划定区域内补偿标准和区域之间分界线上土地的补偿标准，是过去 20 年欧洲生态保护补偿政策的成功经验之一，它是英国 1985 年环境法案要求在农场经营中优先考虑生态保护的实施案例。农场主和国家公园主管机关按照自愿参与原则达成协议，目的是对在促进并增强自然景观和野生动植物价值的农场主提供补偿。

（3）瑞士的"生态补偿区域计划"。其是把农业发展与农业生态环境保护有效地结合起来，提出了有效的农业——环境政策。瑞士农业—环境政策的核心是将生态保护的动机与增强农业生产能力联系起来，通过对农业区域的生态保护，增强农业生态环境的健康状态以保持提供持续农业产出的能力。1992 年修订的瑞士联邦农业法依据农业的可持续性对 3 种层次的农业发展提供财政和补偿支持：第一层次是支持特定的生物类型，如广阔的草地和牧场、高杆果树和树篱；第二层次是支持满足比保护性农业更高的生态标准的、减少产量的完整的成果；第三层次是支持有机农业。实现上述农业环境政策主要依靠生态补偿区域计划（Ecological Compensation Areas，ECA）和生态税计划。生态补偿区域计划内容包括 3 个部分。第一部分，是自 1999 年起农民必须证明他们达到了生态环境标准才有资格获得相关领域的生产补助。第二部分，是直接付费，它是自 1993 年 ECA 计划最初被引进时开始提供给专门的、自愿遵守的环境保护措施。第三部分，是自 2002 年实施的额外奖金，如果生态质量的最低标准被实现，或者农民因参与保护生物群落计划时而获得的额外奖金。

（4）法国的"毕雷矿泉水为保持水质付费"机制。法国典型的生态补偿案例是毕雷矿泉水为保持水质付费方案。作为天然矿物质水的最大制造商毕雷威泰尔矿泉水公司，它向居住于 Rhin-Meuse 流域腹地的奶牛场提供补偿。农民则减少以牧养为基础的奶牛农场业和改进对牲畜粪便的处理方法以及放弃种植谷物和使用农用化学品。

（5）美国的"土地保护储备计划"。这是一项建立在充分法律和政策保障下的生态补偿机制，旨在解决水土保持中的生态补偿问题。该计划明确国家、州以及土地所有者的责任和义务，其中州和土地所有者在生态补偿的具体实施中扮演重要角色，即通过扩大土地休耕计划的成本效益来实现所设定的土地休耕目标，调整土地保护费用使其与市场价格紧紧匹配，找准正确的土地保护标的，为土地退耕设置合适的期限，并且处理"耕地反弹"问题。

（6）世界银行开展的流域补偿机制探索。世界银行等国际组织在中美洲、东南亚、中国云南等地区结合扶贫开发和小流域环境治理，探讨通过市场途径的流域生态补偿机制，也取得很好的效果。典型的研究与实践包括中美洲的开发环境服务付款项目、山区的贫困农户生态服务补偿项目（RUPES）、基于印度尼西亚 RUPES 项目制度研究探讨环境服务市场化的制度约束和机会等，提出流域上下有实施 RUPES 的项目的制度问题即制度改革方案等。

（7）国际经验的借鉴意义。这些国家和国际组织关于生态补偿政策设计及其实施情况给我们建立和完善中国生态补偿机制提供了许多宝贵的借鉴。归纳一下至少体现在以下方面：①生态补偿机制是一种更有利于提高各利益相关者生态环境福利的制度而不是施舍，补偿方与被补偿方通过建立这样一种制度共同促进大家的环境福利得到提高；②利益相关者的权益和责任应尽可能的明确，只有这样，才能尽量减少生态环境这一公共物品对生态补偿的不利影响；③法律法规应该明确支持保护生态环境和减少生态环境破坏的行为可以得到补偿，而且尽可能的明确责任方；④尽管生态环境作为公共物品，其保护与恢复很大程度上有赖于政府投入，但市场机制也可以有效地为生态保护与恢复筹措资金，建立长效的保护补偿机制，而且某种程度上，我们应该更加重视建立生态补偿的市场机制；⑤生态补偿应该与资源开发有机地结合起来，这样才能依托社会资本的力量促进生态保护等。

5.1.2.2 国内实践与研究

（1）法律基础。中国建立了完备的资源法和环境保护法体系，许多法规和政策文件中都明确规定了对生态保护与建设的扶持、补偿的要求及操作办法，是实施生态补偿的法规依据。法律条文中，中国生态补偿包括以下几部分内容：①补偿范围。包括重要生态建设项目如防沙治沙、水土保持和自然保护区建设；有利于减轻生态环境压力的项目，如农村新能源开发，节水农业，禁牧、轮牧和人工牧场；对国家生态环境有重要意义的项目，如天然林保护、退耕还林等。②补偿的主体。主要是政府，包括国家政府和地方国家，作为公共事权的责任者许多法规要求政府应该制定系统的保护和开发规划，提供资金、政策和技术援助等；其次是企业和个人，主要指利益相关者中的受益者，如土地开发、矿产资源开发、水资源利用和森林资源利用等中的受益区域、部门、企业或个人。③补偿对象。一是项目区政府和人民，如因实施天然林保护工程和退耕还林而造成了财政减收和粮食损失由国家财政转移支付补偿；二是实施项目者，如建设沼气池的农户享受国债资金的补贴；发展沙产业的投资主体享受优惠贷款、用地条件和退耕还林的补贴政策等；管理资源的部门，如水利部门将水资源费纳入水资源保护和管理开支预算，林业部门将生态公益林补偿基金的一部分纳入管理费项目等。④补偿方式。重大建设项目和重点补助地区的补偿要求政府利用财政转移支付和专项基金进行补偿，矿山复垦要求建立押金制度；向退耕还林还草和草场保护区的农牧民提供粮食、树种、草种等物质支持；向在荒漠化地区发展沙产业业主提供优惠的税费政策和融资手段。⑤补偿标准。对建设用地的土地征用，生态公益林补偿，退耕还林补贴等制定了比较明确的补偿标准。

尽管我国已经建立起了初步的生态补偿法律体系，但当前的法律法规体系还很不完善，主要问题包括：①对各利益相关者权利义务责任界定、对补偿内容、方式和标准规定不明确；②立法落后于生态保护和建设的发展，对新的生态问题和生态保护方式缺乏有效的法律支持；③一些重要法规对生态保护和补偿的规范不到位；④法规的刚性规定需要一些因地制宜的柔性政策进行补充等。

（2）财政政策。在中国当前的财政体制中，财政转移支付制度和专项基金对建立生态补偿机制具有重要作用。中国自 1994 年实施分税制以来，财政转移支付成为中央平衡地方发展和补偿的重要途径，如 2001 年中央财政收入和支出分别占全国财政收入和支出的 52.4%和 30.5%。巨额的财政转移支付资金为生态补偿提供了很好的资金基础，生态环境状况作为公共服务之一，当前各地保护状况差异非常显著，但生态补偿并没有成为财政转移支付的重点，不属于当前中国财政转移支付的十个最重要的因素之列。以 1995—2000 年为例，得到中央财政补助最多的省份为广东、上海、江苏、辽宁等东部发达省份。

尽管如此，财政转移支付还是当前中国的最主要的生态补偿途径。制度上，中国财政部制定的《2003 年政府预算收支科目》中，与生态环境保护相关的支出项目约 30 项，其中具有显著生态补偿特色的支出项目如退耕还林、沙漠化防治、治沙贷款贴息占支出项目的 1/3 强。就支持力度而言，到 2002 年年底，中央财政对退耕还林、天然林保护、三北等重要防护林建设、京津风沙源治理、退耕还草等重点工程完成中央投资 409.95 亿元。

地方政府也在尝试采取灵活的财政转移支付政策，激励生态环境保护和建设。2005 年浙江省人民政府制定了《关于进一步完善生态补偿机制的若干意见》，把财力补贴政策，环境整治与保护补助政策，生态公益林补助政策和生态省建设目标责任考核奖励政策等作为主要激励手段。该《意见》把生态建设作为财政补偿和激励的重点，把重要生态功能区作为补助的重点地区，明确了各项生态建设项目和工程的补偿支持力度，并与生态建设责任目标考核相结合，把生态补偿、政府绩效和生态建设联系起来。

专项资金。国土、林业、水利、农业、环保等部门制定和实施了一系列项目，建立专项资金对有利于生态保护和建设的行为进行资金补贴和技术扶助。农业部制定了《农村沼气建设国债项目管理办法（试行）》，规定对农村沼气建设项目进行补贴，西北、东北地区每户补助 1 200 元，西南地区每户补助 1 000 元，其他地区每户补助 800 元。林业部门建立森林生态效益补偿基金，当前资金来源于各级财政预算，广东省和浙江省对国家级重点生态公益林补贴标准为每年 120 元/hm^2 和 105 元/hm^2。水利部门将“小型农田水利和水土保持补助费”的专项资金纳入国家预算，用于补贴扶持农村发展小型农田水利、防治水土流失、建设小水电站和抗旱等，补贴范围不仅包括项目工程本身，也包括对项目工程贷款的利息进行部分补贴等。

（3）重点工程。政府通过直接实施重大生态建设工程，不仅直接改变项目区的生态环境状况，而且通过对项目区的政府和民众提供资金、物资和技术的补偿。当前中国政府主导实施的重大生态建设工程包括退耕还林，天然林保护，三北防护林建设，退耕还草，京津风沙源治理等。这些项目主要投资来源是中央财政资金和国债资金，项目区域范围广，投资规模大，建设期限长，是当前中国国家生态保护和建设的重要举措。

这些重大生态建设工程经过多年的持续投入与实施，取得了一定的成效，主要体现在：①水土流失面积有所下降。中国第二次水土流失调查显示，10 年间中国水土流失面积由 367 万 km^2 下降到 356 万 km^2。②森林覆盖率有所增长，最新的森林普查结果显示 2003 年中国森林覆盖率达到了 16.55%。③部分荒漠化地区出现了人进沙退的良好局面。例如，根据第二次全国荒漠化、沙漠化的监测报告，陕西省榆林地区从 1994—1999 年，通过人工造林等措施治理流沙，使流沙面积减少了 1.037 万 hm^2。毛乌素、科尔沁两大沙地部分地区结束了沙进人退的历史。但中国的生态环境形势仍在进一步恶化，荒漠化仍在以每年 1 万 km^2 的速度扩张，其中沙漠化扩展速度为 3 436 km^2/a，石漠化发展速度为 2 500 km^2/a，水土流失面积在总量下降的同时，每年新增面积也达到 1 万 km^2，许多重要生态功能区生态功能损害乃至丧失，中国生态环境形势开始从结构破坏到功能紊乱转变。

（4）生态补偿费。中国最早的生态环境补偿费实践始于 1983 年，在云南省对磷矿开采征收覆土植被及其他生态环境破坏恢复费用。1990 年中期进入高峰，全国广西、福建等 14 个省 145 个县市开始试点，1993 年征收范围包括矿产开发、土地开发、旅游开发、自然资源、药用植物和电力开发六大类。征收方式主要有按项目投资总额、产品销售总额、产品单位产量、按生态破坏的占地面积征收，综合性收费和押金制度 6 种。征收标准有固定收费和浮动（按比例）收费两种。生态补偿费的征收实践直接效果就是为生态恢复和环境建设开拓了比较稳定的投资来源，其长远意义则是将资源开发和项目建设的外部成本纳入其本身会计成本，从而体现了生态环境的价值，也反映了政府对发展思路的引导，这对完善市场机制，实现布朗所推崇的“生态经济”具有重要意义。作为一种新的生态环境管理手段，生态补偿费在出现的初期存在许多问题，主要有：①缺乏严格的法律依据；②征收标准和范围不统一；③征收方式不合理，基本上采取“搭车收费”的方式；④管理不严格，资金的收取和使用都存在很大漏洞，并没有完全用于生态恢复和补偿等。尽管如此，生态补偿费实践的经验与反映的科学问题对完善生态环境管理产生了很好的促进作用，为生态税的设置进行了铺垫。

（5）市场交易：水资源交易模式。尽管生态补偿本身就是为解决生态环境保护的外部性而采取的调控措施，并不妨碍在生态补偿中引入市场机制。在法规、政策和税收等外部条件的制约下，市场机制不仅可以提高资源和资金的利用效率，实现生态环境的价值，而且可以增加生态建设的融资渠道，促进生态建设的产业化发展。

经过多年努力，中国已经在一些流域实行了水量分配制度，全面实行取水许可制度，基本构建了水权交易制度框架，并在水资源的管理、开发、利用中发挥了一定的作用。基于不同的水量分配方式，中国的水权交易有跨流域交易、跨行业交易和流域上下游交易等不同形式。

跨流域水权交易　典型案例是浙江省义乌—东阳水权交易和慈溪—绍兴水权交易两宗城市间水资源交易。这两宗水权交易的成功都产生了极其显著的社会效益和经济效益。义乌与东阳两市签订的是永久性的使用权协议，折合成水库建设费为 4 元/m^3，原水费为 0.1 元/m^3。慈溪与绍兴间交易是两个企业法人签订的有限期使用权，折合成水库建设费为 2.1 元/m^3，原水费为 0.4 元/m^3。通过交易，义务和慈溪都降低了获取水资源的成本，而东阳和绍兴都取得了比节水成本更高的效益，在这个意义上双方通过水权交易获取“双赢”。

跨行业水权交易　2003 年，黄河水利委员会、内蒙古自治区和宁夏回族自治区水行政主管部门开展的黄河干流水权转换试点。对宁夏青铜峡河东灌区和河西灌区进行节水改造，把节约的水量有偿转让给大坝电厂（三期）和马莲台电厂。内蒙古通过对磴口扬水灌区（后更换为杭锦灌域）的节水改造，把节约的水量有偿转让给达电四期工程用水。2004 年，水利部成立了内蒙古黄河流域水权制度建设试点指导小组，直接领导水权转换工作。黄河水利委员会于近期出台了《黄河水权转换管理实施办法（试行）》，对水权转换审批权限和程序、技术文件的编制、水权转换期限与费用、组织实施与监督管

理等都做出明确规定。宁蒙两区应用水权理论，通过投资节水，转让水权的方式，将农业用水权转让给火电厂，开创了水权理论在中国跨行业、大规模配置水资源的先例。

流域上下游的水权交易　主要有以下几种情形：①基于流域水量分配，上游地区将节余的水资源有偿提供给下游地区，主要意义在于资源优化配置；②下游地区通过管道等从上游地区引用优质水，下游地区给上游地区一定的补偿，实现保护优质水资源的价值；③上游地区通过努力保护水质，给下游地区提供了优质水资源，下游避免了使用劣质水资源的损失，这部分受益可以以某种方式补偿给上游地区，实现流域上下游“双赢”。

5.2 生态补偿理论方法与标准

5.2.1 生态补偿的法理分析

5.2.1.1 生态补偿法理判断

发展到现在，关于生态补偿的基本法律政策问题没有取得“一揽子”的可以整体解决的模式，主要表现在 3 个方面的困难：即谁补偿谁——补偿支付者和接受者的问题；补偿多少——补偿强度、方式和标准；以及如何补偿——补偿渠道的问题。实践表明，不存在一种对所有地区都奏效的、具体解决性的补偿策略；真正起作用的补偿机制应该是因地制宜、因事而立的，且往往要发挥多种补偿方式联合作用的协调优势。

（1）生态补偿类型。从我国的法律政策制定和实践的情况看，生态补偿（按照补偿实施主体的不同）分为国家补偿、资源型利益相关者补偿、自力补偿和社会补偿四种。

国家补偿　是指国家（中央政府或国家机构）对生态建设给予的财政拨款和补贴、政策优惠、技术输入、劳动力职业培训、提供教育和就业等多种方式的补偿。中央政府给予的财政拨款和补贴是最为直接和典型的生态补偿方式，为生态保护和建设提供稳定的资金来源。国家补偿要求中央政府将国民收入的一定比例预算为生态建设拨款和补贴，一般按年度拨付。

资源利益相关者生态补偿　是具有利益关联的生态保护的付出主体（贡献者）与生态保护利益获得者（受益者）之间通过某种给付关系建立起来的物质性补偿关系，主要有两种形态。资源型利益相关者补偿的第一种形态是自然资源的开发利用者对资源生态恢复和保护者的补偿；资源输入地区对资源输出地区的补偿也属于此类补偿。资源型利益相关者补偿的第二种形态是下游地区对上游地区的利益相关者生态补偿，上游地区不仅对生态保护进行了资金投入，而且限制了自身若干产业的发展，从中受益的下游地区应对上游地区进行生态补偿。

自力补偿　是负有生态保护义务的地方政府、资源利用者对当地直接从事生态建设的个人和组织对生态保护义务者的，并通过生态保护义务者的生态保护义务履行而实现的物质性补偿关系。

社会补偿　是指对生态保护有觉悟的非利益相关者通过某种形式的捐助和资金募集，包括国际、国内各种组织和个人通过物质性的捐赠和捐助，与生态保护义务群体之间建立的惠益关系。

前述国家补偿、资源型利益相关者补偿、自力补偿都属于利益相关者补偿，具有纳入强制补偿的理性依据；而社会补偿属于非利益关联者补偿，属于道德倡议范围，是自愿补偿，国家可以通过经济杠杆、道德文化等多种形式进行颂扬和拓展。

如果站在生态系统和人类系统互相补偿的物流链接来定义生态补偿，人类对生态系统的物质偿还义务（存在于人与自然的“自然法”契约关系之中）总是通过生态保护义务者的义务履行而实现，在这个意义上，上述任何一种生态补偿的核心组成都必然是、且主要是自力补偿。而自力补偿具有地域限制。就我国生态保护需求和供给的区域分布特点来看，生态保护义务重的区域（生态功能服务价值重大的地区）目前的经济普遍较为落后，大部分地区比较贫困，依靠自身进行生态保护和建设的能力十分薄弱和有限。必须通过外力，增强这些区域自力补偿的能力。在我国生态功能服务价值重大的地区，外力补偿和自力补偿就是外因和内因的关系，缺一不可；在劳动力密集的生态服务功能服务价值重大的地区，生态补偿的外力因素显得尤为紧迫和必要。有学者呼吁，对这些区域较为切实可行的生态补偿机制应当以国家和社会补偿为主导。

补偿主体（补偿者）呈现多元化，随着补偿活动广泛深入开展，会有更多的补偿主体类型。一般情况下，一个群体或地区可以架设多元生态补偿方式，从而形成复合的生态补偿网络机制。这些补偿途径直接地或间接地发生联系，形成补偿途径体系。这些补偿途径既可能是群体（地区）内部，也可能是群体（地区）外部的；因而一个地区（群体）的补偿体系由内部补偿途径和外部补偿途径构成。从国家层次而言，一个国家的补偿途径体系——补偿网络是由国内补偿网络和国外补偿网络构成。国外补偿网络是由外国政府、金融机构、民间组织、环保社团及国际组织构成的。全球环境基金、联合国环境署、世界银行、亚洲开发银行等官方国际组织和世界野生动物保护基金会等民间国际组织，直接对我国受补偿地区或群体进行补偿，也可通过我国官方补偿机构或民间补偿组织，进行间接补偿。随着全球环境日益恶化、全球环境日益严重，国际社会加强我国的生态建设和环境保护的补偿，国际补偿网络规模将越来越大，补偿途径越来越多。

（2）生态补偿的主客体关系。生态补偿的客体（标的）有两大类：①作为资产状态的自然资源客体；②作为有机状态背景而存在的生态、环境系统——统称为自然生态客体。

在人类—自然的本原关系（也即社会法的主客体关系）中，人类与自然生态通过自然法缔结“自然契约”，自然生态本体的利益在社会法中通过公共利益（全体人民的利益）被让渡给“国家”代理（“国家”为自然法让渡的“代理人”）。

也因此，在生态补偿的社会主体关系中不能忽视这样一个特殊社会主体的转化，即“生态补偿的受益主体”中必然存在的“全体人民”，指的是“通过资源生态服务价值提高而受益的社会不特定主体”。

（3）生态补偿的主体关系。生态补偿的法律关系主体是指有民事责任能力的自然人和法人，分为“生态补偿的实施主体”和“生态补偿的受益主体”。“生态补偿的实施主体”又有“给付主体”和“接受主体”之分。开发活动中利用资源，造成资源耗损过程，治理环境污染过程的直接受害者是补偿的接受主体；生态建设过程中，直接创造社会效益和生态效益者也是生态补偿的接受主体。

在“国家补偿”中，作为“补偿实施主体（给付或接受主体，在财政补贴的补偿中国家是给付主体，在收缴资源保护费的补偿中国家是接受主体）”的“国家”，从法律关系理论分析具有双重角色即“作为资源经济价值的所有人主体”和作为“资源生态服务功能的行政管理主体”；在实践中，“国家”作为“资源经济价值的所有人主体”往往通过有偿出让或转让自然资源使用权而被“特定资源使用人”替代。

“补偿受益主体”主要有 3 种类型的主体：①“补偿实施主体”中的“生态补偿接受主体”，主要是“非国家”主体的特定的资源所有或使用者、承担具体补偿任务的单位和个人、生态补偿的监督管理主体（一般是政府）；②“国家”，作为“生态补偿受益主体”，其代表“资源经济价值的所有者主体”；③“全体人民”，指的是“通过资源生态服务价值提高而受益的社会不特定主体”。“全体人民”这一主体是构成生态补偿的充分必要条件的主体判断依据之一（在“补偿实施主体”中“全体人民”被转化为“公益代理人”的“政府”）。

5.2.1.2 补偿方式与约束机制

（1）生态补偿的实现形式。目前，主要有 4 种生态补偿的实现形式。

政策补偿 其是中央政府对省级政府、省级政府对市级政府的权力和机会补偿。受补偿者在授权的权限内，利用制定政策的优先权和优惠待遇，制订一系列创新性的政策，促进发展并筹集资金。利用制度资源和政策资源进行补偿是十分重要的，尤其是在资金十分贫乏，经济十分薄弱情形中更为重要，“给政策，就是一种补偿”。

资金补偿 这是最常见的补偿实践也是最迫切的补偿需求。资金补偿常见的形式有：①补偿金；②赠款；③减免税收；④退税；⑤信用担保的贷款；⑥补贴；⑦财政转移支付；⑧贴息；⑨加速折旧等。

实物补偿 是指补偿者运用物质、劳力和土地等进行补偿，解决受补偿者部分的生产要素和生活要素，改善受补偿者的生活状况，增强生产能力。

智力补偿 是指对补偿者开展智力服务，提供无偿技术咨询和指导，培养（训）受补偿地区或群体的技术人才和管理人才，输送各类专业人才，提高受补偿者生产技能，技术含量和管理组织水平。

（2）生态补偿的约束机制。从国内外的实践来看，生态补偿的遵守有以下几种约束机制。

生态补偿费与生态补偿税 从一般意义上说，税和费都是政府取得财政收入的形式。税收是政府为了实现其职能的需要，凭借政治权力，按照一定的标准强制无偿地取得财政收入的一种形式，具有强制性、无偿性、固定性特征。对于某些公共产品、公共服务成本的补偿，有时不适合采用征税方式，政府便采用较为便利和灵活有效的收费方式，作为调节经济活动的必要补充。它包括使用费和税费两种。

生态补偿保证金制度 1977 年美国国会通过的《露天矿矿区土地管理及复垦条例》（SMCRA）。根据 SMCRA，任何一个企业进行露天矿的开采，都必须得到有关机构颁发的许可证；矿区开采实行复垦抵押金制度，未能完成复垦计划的其押金将被用于资助第三方进行复垦；采矿企业每采掘一吨煤，要缴纳一定数量的废弃老矿区的土地复垦基金，用于 SMCRA 实施前老矿区土地的恢复和复垦。英国 1995 年出台的环境保护法，德国的联邦矿产法等也都作了类似的规定。

财政补贴 政府财政预算外资金来源主要包括排污费、资源使用费等。对于保护生态环境的行动进行补偿时，“积极补贴”的资金最好是尽可能地来自对进行非可持续性活动的税收。根据国际的经验，这种形式的补贴经常应用在能源部门。其做法是对使用

矿物燃料的企业征收较高税收，用这部分收入来补贴不使用矿物燃料的企业。对于有利于资源保护的经济行为减免税费，如对农民减免农业税、特产税、教育附加费等，同样可以起到鼓励正确的行为方式的作用。

优惠信贷 小额贷款是以低息贷款的形式向有利生态环境的行为和活动提供一定的启动资金，鼓励当地人从事该行为和活动。同时，贷款又可以刺激借贷人有效地使用贷款，提高行为的生态效率。

交易体系 排污许可证交易市场、资源配额交易市场以及责任保险市场等是科斯定理在实践中的主要应用。

生态补偿基金 建立生态补偿基金是由政府、非政府、机构或个人拿出资金支持生态保护行为或项目，它要求的只是一个有效的地方财政管理体系。由于受国家的财政体系影响较小，因此其操作比较容易。捐款是国际环境非政府机构经常使用的补偿手段。一般是一个人或机构通过非政府机构用捐款的形式购买生物多样性或湿地环境，是不需要偿还的。由于这种形式的资金是有限的，因此更适宜用于贫困地区。总之，不同的生态补偿途径和机制有其不同的适用范围。但生态补偿规模越大，其开发和实施的难度和复杂性就越高，主要是因为所涉及的利益相关方越多，协调他们共同行动的成本也就越高。

5.2.2 生态补偿的标准制定

5.2.2.1 生态补偿标准体系制定依据

当前对生态补偿量的确定依据大致有以下两种：

（1）生态价值评估的角度。根据“庇古税”理论，补偿额应为私人成本与社会成本的差额。从环境经济学的角度来说，当边际外部成本与边际外部效益一致时将实现环境效益的最大化。因此，有人认为最佳补偿额应以生态系统所提供的生态服务的价值为补偿标准。

（2）机会成本的角度。补偿是相对于损失而言的。对于一些大型的生态建设项目和开发建设行为，项目区居民的生产和生活方式会受到很大的影响，必然会造成机会成本的损失。如退耕还林（草）工程中，直接造成农民粮食收成的减少、部分生产工具的闲置、劳动力的剩余等，根据当地自然和社会人文条件，结合实地调查，不难计算现有耕地停止耕种将使农民粮食和现金收入减少的损失，以及在退耕土地上进行植被建设所需要的经济补偿量。

以上是从两个角度来考虑生态补偿标准确定的方法，也是当前计量生态补偿标准普遍使用的两种方法。应当指出的是，依据机会成本计算出的生态补偿标准，明显低于通过生态价值评估得到的数值。随着生态价值评估理论和方法研究的逐渐深入，更多的人为了突出和强调生态与环境的巨大价值，倡议通过生态价值评估来确定生态补偿标准。但实际上，通过机会成本来确定生态补偿标准才是正确的选择。

要保护并维持生态与环境正外部性的持续发挥，生态补偿的标准应该基于成本因素，即只要把生态保护和建设的直接经营成本，连同部分或全部机会成本补偿给经营者，经营者就可以获得足够的动力参与生态保护和建设，从而使全社会享受到生态系统所提供的服务。然而，如果生态与自然环境遭到人为破坏，生态系统的服务功能必然受损。为抑制造成生态与自然环境负外部性的人类行为的发生，加大对这类行为的处罚力度，生态补偿费用的征收标准因而应由生态破坏所造成的生态价值的损失（远高于基于成本因素计算的补偿标准）来确定。

5.2.2.2 生态补偿标准的确定方法

生态保护和建设行为虽然不是以盈利为目标，但要维持生态产品生产的稳定性，必须使生态保护和建设行为也能获取社会平均利润，从而持续激发生产者的积极性。因此，生态补偿标准由各种投入成本及平均利润构成，其实质是对基于成本途径的生态产品价值增值进行补偿。因此生态补偿标准的求算可表示为：

$$C_j = \sum_{i=1}^{j} \frac{c_i(1+r_i)^{j-i+1}(1+p_i)}{(1-t_i)(1-d_i)} (j > i) \tag{5.1}$$

式中：C_j——建设和保护某种生态要素补偿期限内（j 年）单位面积的总补偿标准，元/hm^2；

c_i——第 i 年生态保护和建设单位面积的成本投入，元/hm^2；

r_i——第 i 年利率，%；

p_i——第 i 年社会平均利润率，%；

t_i——第 i 年的税率，%；

d_i——第 i 年的灾害损失率，%。

因此，对第 j 年内的生态补偿标准为：

$$\Delta C_j = C_j - C_{j-1} = \frac{C_j(1+r_j)(1+p_j)}{(1-t_j)(1-d_j)} \tag{5.2}$$

对生态破坏行为征收生态补偿费的标准可以表示为：

$$C' = P_1 + P_2 \tag{5.3}$$

式中：C'——生态破坏行为应支付的生态补偿费；

P_1——生态功能破坏造成的价值损失；

P_2——生态与环境损失的实物价值。

5.2.3 生态补偿方式与途径

生态补偿的方式和途径很多，分类方式也各不一样。按照补偿方式分可以分为资金补偿、实物补偿、政策补偿和智力补偿等；按照补偿条块可以分为纵向补偿和横向补偿。而补偿实施主体和运作机制是生态补偿方式和核心内容，照实施主体和运作机制的差异，大致可以分为政府补偿和市场补偿两大类型，当然许多补偿方式都兼有二者的特征。

5.2.3.1 政府补偿机制

政府补偿机制是以国家或上级政府为实施和补偿主体，以区域、下级政府或农牧民为补偿对象，以国家生态安全、社会稳定、区域协调发展等为目标，以财政补贴、政策倾斜、项目实施、税费改革和人才技术投入等为手段的补偿方式。

政府补偿机制中最重要的手段是财政转移支付。财政转移支付包括财力转移支付和专项转移支付。财政转移支付不仅直接为地方进行生态保护建设提供了必要的资金支持，同时也可为地方因生态保护而导致的财政收入减少进行补偿。

政策倾斜也是政府实施生态补偿的重要手段，政府通过制定优惠政策，鼓励有利于生态环境保护的生产生活方式或直接吸纳社会资本投入到生态保护与建设。从目前看，实施分区指导政策，减轻生态脆弱区或重要生态功能区的政府的经济考核压力，可以有效地引导区域适度发展。

项目实施包括两类：①直接的生态保护与建设项目，如我国近年来实施的六大生态建设工程，可以直接促进项目区的生态保护与恢复；②开发性项目，通过政府或政府引导社会资本投资于西部地区、重要生态功能区，提高当地的经济发展水平，从而减轻人口和农牧业生产对生态环境的压力。这也是政府实施生态补偿的重要方式。

税费改革主要指通过征收生态税费，一方面为生态保护与建设筹措必要的资金，另一方面通过调整税费，改变市场信息，使企业和消费者选择有利于生态环境保护的生产和消费方式，从而促进生态环境保护，这也是布朗提出的生态经济的基本框架。

5.2.3.2 市场补偿机制

政府补偿机制尽管是目前生态补偿的主要形式，但政府补偿机制有其难以克服的局限性，包括体制不灵活，标准难以确定，管理和运作成本高，政府财政压力大等。在生态环境保护的许多领域，也会遇到政府失灵的情况，市场导向的补偿机制的优越性就显现出来。

市场补偿机制依托市场法则，规范市场行为，将生态服务功能或环境保护效益打包推入市场，通过市场交易的方式，降低生态保护的成本，实现生态保护的价值。和政府补偿机制相比，市场补偿机制具有补偿方式灵活、管理和运行成本较低、适用范围广泛等特点。

典型的市场补偿机制包括政府支付、一对一交易、市场贸易和生态标记等。交易的对象可以是生态环境要素的权属，也可以是生态环境服务功能，或者是环境污染治理的绩效或配额。

政府支付主要是指政府对重要生态功能区或生态保护目标，采取租赁或赎买的方式，买断业主的开发权或生态功能，如西方国家对自然保护区土地的赎买。

一对一的交易典型情况是流域上下游之间，按照双方协议，由下游地区支付上游地区保护和改善环境的投入，或者是买断上游地区的发展权。如美国纽约市与上游 Catskills 流域（位于特拉华州）之间的清洁供水交易，国内典型的案例是浙江东阳—义乌之间的水权交易。一对一交易这种支付方式的特点是，交易的双方基本上是确定的，只有一个或少数潜在的买家（某城市市政供水企业、某水力发电站、某特殊用水企业（如矿泉水企业、酿酒企业）、某灌区等，同时只有一个或少数潜在的卖家（某一个中小流域）。交易的双方直接谈判，或者通过一个中介来帮助确定交易的条件与金额。该中介可能是一个政府部门、非政府组织或者是一个咨询公司。

市场贸易主要指配额交易，典型的情况是《京都议定书》确定的碳库交易模式。有政府或国际公约确定一定区域生态保护的配额责任，通过市场交易，实现区域生态保护的价值。生态保护的配额也不仅限于森林，理论上自然保护区、生态公益林等都可以作为生态保护的配额进行交易，从而筹措生态保护的资金。

生态标记主要指对生态环境友好型的产品进行标记，如生态食品、有机食品、绿色食品的认证与销售。通过生态标记，体现该产品保护生态的附加值，从而促进生态环境的保护。

建立比较完善和优先的生态补偿体系，必须将政府补偿与市场补偿相结合，根据各个尺度特征、外部性问题差异和补偿对象的不同，因地制宜的选取补偿方式，才能实现生态补偿的最终目的——促进生态环境质量的改善和生态服务功能的提高。

5.3 生态补偿国家框架与优先领域

5.3.1 生态补偿的关键问题

我国生态环境类型复杂、地域差异显著、区域发展水平不一、生态环境保护和管理体制不完善，外部性问题突出，急需建立有效的生态补偿机制。而目前我国生态保护问题复杂、头绪繁多，生态补偿方式多样，需要首先建立系统的国家框架，将主要的生态保护对象和生态补偿类型纳入这个总体框架，并按照事情缓急和可行程度，确立推动生态补偿的优先领域，作为近期重点突破对象。以点带面，促进生态补偿的实施和发展。

总体而言，建立生态补偿的国家框架需要重点考虑以下问题：

（1）尺度问题。在国家范围内，不同的尺度区域关注的生态保护对象不一样，受益方位也各不相同，需要采取不同的措施，让受益者承担生态保护的责任。而且不同尺度上，能采取的生态补偿方式也不一样，如大尺度区域应以政府补偿为主，而小尺度区域则可探讨更灵活的市场补偿机制。

（2）补偿方式的问题。每种补偿方式都有自己的适用范围，同一种情境下可能多种补偿方式都适用，需要建立合理的框架方案，提出系统的补偿方法体系。

（3）科学性与可行性的问题。生态补偿是生态环境管理的有机组成部分，受目前管理体制和人们环境意识的限制，生态环境的价值得到充分认识需要一个比较漫长的过程，建立生态补偿机制应该将科学性与可行性结合起来考虑，不能奢望通过一个制度或模式的实施实现生态保护的全部价值，应该先易后难、循序渐进的推进。

5.3.2 生态补偿政策体系框架

中国生态补偿尽管已经取得很多经验，并形成了一些很好的模式和机制，在生态环境保护补偿中发挥了重要作用，但不可否认中国的生态补偿体系仍很不完善，相关责任关系模糊，实施体制混乱，需要从国家角度出发，依据“谁污染、谁治理，谁破坏、谁恢复，谁受益、谁补偿”的责任原则，政府主导、市场推进的组织原则，从点到面、先易后难的操作原则，广泛参与、因地制宜的实施原则，建立一个系统的体系，针对各个尺度上的问题综合利用法律、政府和市场手段，建立多层次的补偿系统。

中国生态补偿机制的框架是针对不同尺度上的问题，分析主要受益者范围，并针对各补偿相关主体的特点和目前或近几年可以实践的模式，筛选和设计了生态补偿的技术方案（图 5-1）。需要说明的是在实施过程中各个尺度上的政策和措施并非决然分离，许多情况下是交织在一起，而且许多政策和措施在多个管理尺度上都具有适用性。另外需要强调的是生态补偿问题复杂、涉及对象繁多，目前的研究和管理基础都不完善，需要政府积极推动和扶持，在法律法规、组织管理、财税制度、政策制定和科学研究等方面进行大力支持。

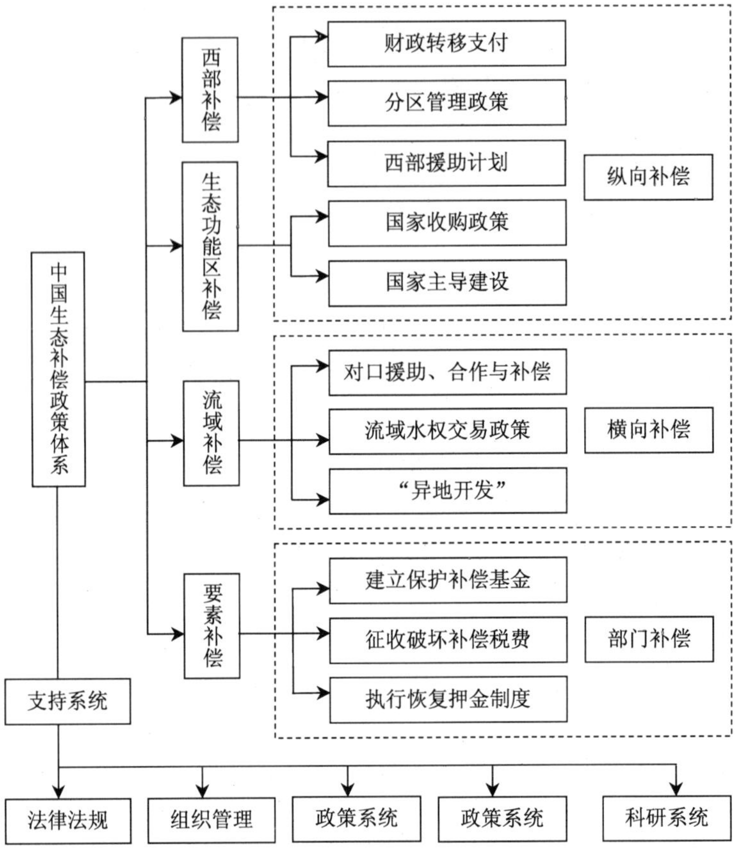

图 5-1　中国生态补偿政策体系框架

（1）西部生态补偿机制。实施西部生态补偿的主要方式是增加对西部地区的财政转移支付力度；制定有利于西部发展和生态环境保护的政策与财税制度；借鉴国际 ODA 经验，制定中国的西部援助计划，确定东部发达省份一定 GDP 比例作为援助额度，扶持西部发展；对西部输出的资源能源征收一定的补偿费，建立西部生态补偿专项资金等。

（2）重点生态功能区补偿机制。这里的生态功能区主要指国家级重要生态功能区和国家级自然保护区。这两类区域生态服务功能的受益区域是全国乃至全世界，因此补偿的主体应该以国家为主。对于国家级自然保护区目前的补偿方式主要是增加保护区建设的投入，在近期应该将对保护区内原住民的生产生活损失纳入补偿范围，从长远考虑，应该逐步将国家级自然保护区的土地使用权收归国有。国家级生态功能区对维护国家生态安全具有重要意义，应该统一规划，由国家主导建设。

（3）流域生态补偿机制。流域补偿主要解决流域上下游水质保护与受益分离的问题，上下游对口支援、协作与补偿是比较通行的补偿方式。随着水资源的紧缺局面加剧，水权交易必将成为流域水资源保护补偿的重要途径。近年来“异地开发”作为水源地保护的新模式取得很好的成效，典型的例子是浙江省的“金磐开发区”。广东省将“异地开发”模式做了进一步发展，提出“工业飞地”的模式。从长远看，流域生态补偿的一种基本模式应该是“水质水量协议”，即通过流域利益各方协商，建立水质水量保证的协议，明确双方的权益和责任。

（4）要素补偿机制。要素主要指生态环境的各个要素，要素补偿结合部门管理开展。重点在于 3 个方面，①对保护生态环境要素的效益进行补偿，如设立生态公益林补偿基金；②对破坏生态环境的资源开发行为征收生态补偿费；③对可能破坏生态环境的资源开发执行严格的押金制度。

以上框架仅考虑了当代的补偿和国内的补偿，没有考虑代际的补偿和国际补偿。理论上，代际的补偿需要就当代的资源开发行为征收相应的补偿费作为储备资金，用于以后的生态恢复与治理，类似于香港回归前的土地储备金行动。

5.3.3 生态补偿优先领域

从管理和实践的角度出发，近期可以将下列方案作为完善中国生态补偿机制的重点突破领域。

（1）将西部地区生态补偿政策作为正在制定《西部地区生态环境监督管理条例》的主要内容之一，从法律上确定西部生态补偿的合法性。要求逐步加大西部开发生态建设和环境保护的资金投入，国家建立生态环境保护补偿机制，鼓励各类投资主体投入生态建设和环境保护。

（2）在财政转移支付项目中增加生态补偿科目，增加对重要生态功能区和自然保护区的补偿，建立有利于生态保护和建设的财政转移支付制度。在国家财政转移支付项目中，增加生态补偿项目，用于国家级自然保护区的国家收购、国家级生态功能区的建设补偿、对西部生态退化严重区域恢复补偿等。制定分区指导政策，增加对西部地区、国家重要生态功能区的补贴力度。建立激励环境保护与生态建设的财政补贴制度，增加对生态保护良好区域或生态环境保护成绩显著区域的补助，具体如：①自然保护区面积比例超过全国平均水平的省市；②生态公益林面积比例在全国平均水平以上的省市；③涵盖重要水源地、水源涵养区、重要自然保护区、防护林区等重要生态功能区的省市；④生态环境保护工作力度大、成效显著的区域等，加大对生态省、生态市、生态县、生态示范区、生态工业园区、重大生态工程的建设补偿等。

（3）重新启动生态补偿费。近期以水资源费为突破口，在提高水资源费的征收标准，在水资源费的使用项目中增加对上游地区、水源涵养区的补助开支。选择几个典型流域，核算上游保护水资源的价值，作为流域补偿的参考标准。

（4）以生态功能区为平台，系统规划，整合中国重点生态建设项目。生态建设的初衷就是保护生态系统的服务功能，应该依据《全国生态环境建设纲要》确定的框架，将目前国家重点生态建设工程进行系统整合，优先建设对国家生态环境安全具有关键作用的重要生态功能区。

（5）制定鼓励生态建设的产业化经营政策，选择试点地区，探讨生态建设的配额交易制度。首先可以开展生态公益林配额和自然保护区配额交易。按照一定原则确定各区域应该达到的生态公益林和自然保护区面积作为配额，短缺的地区需要向富余地区购买。

（6）选择广东与浙江作为试点地区，开展系统的生态补偿机制与政策实践。①健全公共财政体制，在财政转移支付、调整支出结构进一步体现生态补偿的要求。②逐步增加生态环境保护各类专项资金的额度，提高主要生态公益林、基本农田等要素的补贴标准。③制定分区指导政策，不同的区域执行不同的产业准入标准和环保设施建设运行补贴标准；④加强各种资源费的征收使用和管理工作，将生态补偿纳入资源费的开支项目。⑤继续探索排污权交易、资源交易、生态建设配额交易等市场化的生态补偿模式。⑥把生态补偿与扶持欠发达地区发展有机结合起来。⑦继续支持鼓励异地开发、工业飞地、下山脱贫和生态脱贫等区域生态补偿方式。⑧创造条件，多方筹集资金，适时采取 ODA 的方式建立省级生态补偿基金。⑨加快生态补偿工作的法制化进程，尽快出台关于建立省域生态补偿机制的政策。

5.4 西部生态补偿机制与政策建议

5.4.1 西部生态补偿主要问题

当前，随着西部大开发战略的实施，对西部地区的生态补偿也已实质性展开，并形成了以不断完善的政策法规体系为支撑、以一系列重大战略规划和计划为导向、以中央财政转移支付为主要投资渠道、以重大生态保护和建设工程及其配套措施为主要形式、以各级地方政府为实施主体的生态补偿总体框架（图 5-2）。

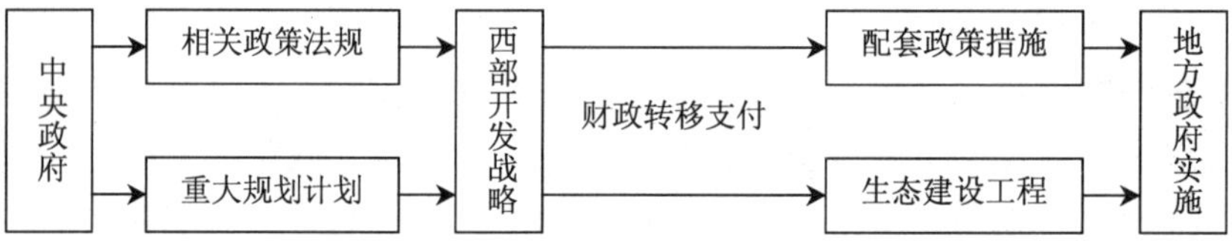

图 5-2　西部生态补偿的总体框架

其中，中央政府通过制定相关的政策法规和重大规划计划为西部生态补偿提供宏观指导和保障。在此基础上，设计并提出一系列的生态保护和建设工程及配套政策措施，与西部大开发其他战略行动相结合，作为西部大开发战略实施方案的有机组成部分，最后以各级地方政府为实施主体加以落实。

在我国当前的政府体制和财政体制下，中央及各级地方政府作为制订和实施生态补偿政策措施的主体角色短期内尚不会改变。基于此，如何完善相关的政策法规、合理制定相关规划计划及各项配套措施、有效落实各项生态保护与建设项目将是进一步完善西部地区生态补偿机制和政策的关键环节。

（1）投融资渠道单一，难以保障生态保护与补偿的持续进行。目前西部地区投融资机制还较为单一，投资增长主要依靠基建投资和国有经济投资来拉动，尤其是在基础设施和生态环境建设领域。资金来源主要是依赖政府财政资金和银行贷款。西部生态建设需要长期持续投入，国家积极财政政策显然难以长期持续实施，在地方巨大的生存和发展压力下，生态保护和建设进程不进则退，以国家投入为主体的融资机制显然不能满足长期西部生态补偿的需要，多层次、多渠道、全方位筹措西部生态建设资金将是西部生态补偿机制的重要任务。

（2）补偿方式简单，难以解决生态破坏的底层问题。当前实施的生态建设与补偿措施具有“三多三少”的特点，即部门补偿多，农牧民补偿少；直接物资、资金补偿多，产业扶持、生产方式改善少；生态建设多，相应的经济发展、扶贫、农村能源结构调整少。众所周知生态环境破坏是人类利用不合理的结果，西部地区人们对生态环境的不合理利用很大程度上是生产和生活的压力所致，如果不致力通过调整西部地区特别是西部农村产业结构、改善人民的生产和生活方式、减轻生态环境压力，所有的生态环境建设工程都难以真正奏效，这也是长期以来我国依靠行政命令实施了许多重大生态建设工程而生态环境“局部好转、总体恶化的趋势”难以逆转的原因之一。退耕还林、天然林保护、退牧还草等重大工程已经转变了思路，将对农牧民和森工企业的补偿作为减轻生态环境压力的重要举措，但目前还是一种被动的方式，在工程区农民没有获得新的生活来源、就业机会和农村能源之前，返耕复垦和重新砍伐的危险就一直存在。

（3）补偿责任存在争议。尽管目前“谁受益、谁补偿，谁污染、谁治理”的生态补偿原则获得各界一致公认，但涉及具体补偿行为时，补偿的主体和受体关系并不明确，特别是在国家层面上实施东西部大尺度区域之间的生态补偿时，这个问题更加突出。西部地区认为自己为保护中国西部生态屏障和江河源头区域的生态环境，并且为这种保护和建设付出了巨大成本，损失了许多发展机会，而直接受益地区则是东部或者江河下游发达地区，国家或东部地区应该按照“谁受益、谁补偿”的原则，对西部地区的这种付出进行鼓励和补偿。而东部地区可能会认为自己上缴国家财政的税收和财政收入比例远远大于西部地区，国家通过财政转移支付等手段已经部分实现了对西部地区的补偿，而且中国生态脆弱且破坏严重的地区大多在西部，东部地区生态环境相对良好，这种差异不仅是地区自然环境分异的结果，也与东西部之间在各自区域内生态保护和建设中的投入强度大小直接相关，因此西部地区存在自己破坏，却要求东部地区通过补偿进行恢复的原则问题，应该按照“谁破坏、谁恢复”的原则进行处理。

（4）实施主体的问题：管理和执行中的条块分割。区域生态环境是一个复杂的整体，其保护与建设应该从系统的角度出发，抓住主要矛盾，追求整体最优，而对生态系统按要素管理往往导致一叶障目、不见泰山。目前由部门主导生态建设的局限性主要体现在 3 个方面：违背生态环境综合性的特点、难以贯彻因地制宜的原则、给地方留下重复申请投资的空间。

在我国西部地区，由于自然条件限制，许多地方不适宜森林生长，长期的自然演替过程中，形成草原、草甸、荒漠、绿洲等丰富多样的自然生态系统。自然生态系统是长期以来区域自然环境与生态系统协调发展的结果，代表了区域生态体系的最优结构和组织形式，生态环境质量的好坏取决于区域自然生态系统保存的完好程度和比例，而不能简单的采用森林覆盖率来衡量。

而另一方面生态系统具有多重生态服务功能，在同一地区各部门从维护单一生态功能的角度出发，（如林业部门提高森林覆盖率、水利部门减少水土流失）分头申请项目，而实施主要内容都是植树造林，结果往往重复立项和投资，造成有限资金的浪费。因此西部地区生态保护和建设不能由依赖于一个或几个部门行动，应该建立统一的协调组织结构，明确实施主体，通盘考虑西部生态保护的需要，将所有需要保护的重要生态功能区和敏感区域纳入规划，因地制宜地开展保护和建设。

5.4.2 建立西部生态补偿机制的政策建议

5.4.2.1 完善生态环境管理体制

加强部门协作，建立适宜于西部整体生态环境保护的管理体制。目前我国生态环境管理分别涉及林业、农业、水利、国土、环保等部门，部门分头管理的格局短期内难以有根本性的变化。重要生态功能区不仅是全国生态环境保护纲要实施的平台，也是西部地区重要生态功能体现的平台，是开展生态补偿的初衷和理论依据，从保护区域重要生态服务功能的角度出发，目前应该建立以各级政府为领导，各部门协同合作的生态功能保护区管理体系，整合生态保护与建设资金，促进部门协作。

5.4.2.2 明确生态补偿责任关系

明确各地区在生态补偿体系中的责任是实施生态补偿的首要条件，建议可以通过以下方案，明确各地区的保护的责任与补偿的义务：

基于全国生态功能区划，界定各生态功能区的生态功能定位，从而明确各生态功能区的保护的责任和补偿的义务。

基于生态资产与生态占用核算，确定各地区对全国生态环境的贡献和占用，从而确定各地区应该承担的责任。

本着生态保护人人有责的原则，制定全国统一的人均森林覆盖率、自然保护区面积的责任标准，以此判断各地区是否完成了国家要求的生态保护责任，从而确定各地区保护和补偿的身份等。

5.4.2.3 健全生态保护投融资机制

建立和完善以政府投入为主，全社会支持生态环境建设的投资融资机制。考虑到生态环境建设的长期性、全局性和公益性等特点，本着“谁受益、谁投资”的原则，西部地区的生态环境建设应以政府投资为主。其中，中央政府是西部地区生态环境建设的投资主体，东部和中部地区政府自然免除不了投资的义务。最核心的问题是解决资金的来源渠道，这主要可以从以下几个方面入手：

- 提高以木材、矿产等资源型初级产品为原料的加工品的税收，以集中资金，反哺西部地区的生态经济系统。
- 发行政府环保公债，重点用于西部地区的生态环境建设。
- 建立政府的、民间的环保基金，主要由政府的财政投入、污染户的罚款和排污费等构成。为了体现社会办环保的原则，应立法规定每个公民都有支持环保的义务，建议对每个有固定收入的居民征收少量的环保费，以充实环保基金。
- 组建环境银行，筹集和管理生态环境建设资金。其总部应设在西部地区环境位置最重要或生态环境建设最迫切的省市。
- 争取国际组织提供的国外资金。环境的影响是大范围的，甚至是全球性的，发展中国家的环境恶化也对发达国家的环境造成危害，因此，发达国家和国际上官方的、民间的环保组织十分重视发展中国家的环保问题，西部地区应抓住机遇，争取国际合作。

5.4.2.4 完善生态补偿方式

建立生态补偿转移支付专项基金，加大国家在西部地区，特别是少数民族地区的投资力度。专项基金可以通过几种途径取得，①从国民经济中，按现行生态环境损失提取所需比例（据有关统计，我国经济增长的生态环境成本约占 GDP 的 5%～10%）；②征收生态补偿税，可以在加强排污收费力度的同时，逐步实行费改税；③发行生态补偿基金彩票，其意义不止在于筹集资金，更在于推广生态意识。另外，还可以在“西电东送”、“西气东输”等凡属涉及西部环境损失的大型项目中提取一定比例的生态补偿费。

强化中央财政转移支付制度。财政转移支付是实行分税制的国家普遍采用的缩小地区差距、调节地区人均收入水平差距的重要手段。我国目前的东西部地区差距比美国、日本经济高速增长期的地区差距还大，通过中央财政转移支付解决地区差距的任务十分艰巨。国家应实施更加有利于西部地区的中央财政转移支付制度，根据西部地区各省区的各自发展状况，确定国家向西部各省区的财政转移递增比例并确保财政转移份额。

建立地区间财政转移支付制度，如东部沿海省份可以向对口支援的西部省份予以各种形式的实物转移支付（如技术、设备、资产转移等）和价值转移支付等。此外，东部地区对西部地区的利益补偿也可以通过从东部地区开征生态环境税以设立“国家西部生态补偿与生态建设基金”的途径来实现，从而大幅度增加对西部地区的生态保护与生态建设的资金补偿。

实行税收倾斜政策。对西部地区采取税收优惠政策，对东部地区实行累进税收政策，形成对东部地区和西部地区的税收政策差别，从而对西部地区以更多的税收让利，这也是国家对西部地区的积极财政补偿措施。

5.4.3 西部生态补偿重点突破领域

西部生态补偿涉及范围大，问题多，相关利益主体和关系复杂，很难提出一个涵盖所有问题和所有利益相关者的生态补偿体系，就算针对相对单一问题提出补偿对策也会牵扯方方面面的利益，很难一开始就拿出令各方面都能接受的方案。但西部生态保护形势严峻，生态保护与受益脱节的问题日益明显，西部地区仅依靠自身能力已经难以承担保护生态环境的重任，急需国家立即采取行动，在一些领域重点突破，以点带面，推动生态补偿发展。报告基于目前形势提出以下建议方案。

5.4.3.1 从法律上明确西部生态补偿的要求

将西部地区生态补偿政策作为正在制定《西部地区生态环境监督管理条例》的主要内容之一，从法律上确定西部生态补偿的合法性以及相关操作原则。

建议在总则之中要求逐步加大西部开发生态建设和环境保护的资金投入，国家建立生态环境保护补偿机制，鼓励各类投资主体投入生态建设和环境保护。明确“谁受益、谁补偿”的原则。

建议在《条例》中规定生态环境保护与建设应该在生态功能区的基本框架下开展，国家组织各相关部门组成联合管理机构，各司其职，共同推动西部生态环境保护。生态建设项目和生态补偿资金应该在生态功能区的管理框架下实施和使用。

建议在《条例》中规定生态环境保护补偿应该纳入政策制定考虑范围，各级政府应该通过法律和经济两方面手段，提高各地保护生态环境的责任感和积极性。

建议在《条例》中明确规定重大资源开发和项目建设活动必须对项目区生态环境占用与破坏的补偿，补偿范围包括对重要与敏感生态区土地“占一补一”，对项目区土石工作面进行生态恢复以及对当地人民因项目实施而受损的利益进行补偿等。

建议在《条例》中规定生态补偿的费用应该纳入项目建设成本等。

5.4.3.2 借鉴ODA模式，建立政府援助基金

我国改革开放以来实施的不均衡发展战略，通过制定优惠政策，让东部地区先发展起来，然后通过发展起来的区域带动全国，走向共同富裕。东部地区经过20多年的长足发展，在社会经济方面已经拥有远远超过西部的实力，有义务也有能力反哺和扶持西部发展。设立政府援助基金，是国际上获得广泛赞誉的做法，对推动落后地区公共事业发展发挥了巨大作用，就当前我国发展阶段而言，也正是贯彻和落实科学发展观，建立和谐社会的有力措施，值得探讨和尝试。

根据2004年初步统计，东、中、西部地区GDP总量分别占全国比例为58.2%、24.8%和17%。如果按照0.7%的政府开发援助标准，可以为西部地区筹措660亿元发展援助资金，超过西部地区2000—2002年生态环境建设的投资总额。

5.4.3.3 在西部输出的资源、能源增加生态补偿费项目

能源开发是西部大开发的重点项目，西气东输、西电东送都是开发西部优势资源，为东部乃至全国提供发展动力。随着国际市场能源形势日益紧张和我国能源消耗的持续增长，这些西部大型能源建设工程对保障我国经济发展与能源安全发挥了重要作用。随着煤、石油、天然气的开发和坑口电厂、水电站的建设，西部地区大量的土地被占用和破坏，大量的大气污染物、污水和废渣被排放到当地环境中，宝贵的水资源被消耗，自然状况的河流生态环境被彻底改变，这些都是西部能源基地建设所付出的生态环境代价，应该在输出的资源和能源价格中有所体现。

西气东输工程设计能力为120亿 m^3/a，目前核定气价为1.27元/m^3。作为西部大开发的标志性工程，西气东输除了拉动经济发展之外，还有一个非常重要的意义就是改善了东部的生态环境。目前，东部脆弱的生态环境已不堪煤炭污染物的排放。据估算煤炭和天然气在相同能耗下排放污染物量，灰粉的比例为148∶1，排放SO_2比例为700∶1，排放NO_x化合物比例为29∶1。据有关部门的统计，上海和江苏地区酸雨的发生率，上海大概是11%，江苏大概为12%。按照西气东输工程投入使用后每年沿线下载天然气20亿 m^3，供长江三角洲地区100亿 m^3的规划，这120 m^3的天然气，意味着可替代900万t标煤，每年减少烟尘排放27万t，减少SO_2排放量约18万t。

西电东送是国家实施西部大开发战略做出的重大决策和标志性工程，也是西部大开发的骨干工程。西电东送指开发贵州、云南、广西、四川、内蒙古、山西、陕西等西部省区的电力资源，将其输送到电力紧缺的广东、上海、江苏、浙江和京、津、唐地区。为东部地区提供清洁、优质、可靠、廉价的电力，促进东部地区经济发展。截至2004年年底，中国西电东送工程已形成输电能力2 060万kW，完成“十五”期间总体目标的90%。

如果在西部输出的每立方米天然气中增加3%的生态补偿费，每度电增加0.5分生态补偿费，则每年可为西部地区筹措约13.5亿元生态补偿资金。上海、江苏、浙江、广东等省市都规划在未来15年期间投入数千亿元资金用于削减污染和改善环境，13.5亿元相

对西部输出能源对东部地区经济的贡献以及削减东部地区环境污染而言是微不足道的，却相当于 2000—2002 年西部地区每年生态环境建设投资的 10%。

5.4.3.4 在转移支付项目中增加生态补偿科目

财政转移支付也称财政转移支出，本意是财政资金转移或转让。财政转移支付指以各级政府之间所存在的财政能力差异为基础，以实现各地公共服务的均等化为主旨而实行的一种财政资金或财政平衡制度。中国自 1994 年实施分税制以来，财政转移支付成为中央平衡地方发展和补偿的重要途径，如 2001 年中央财政收入和支出分别占全国财政收入和支出的 52.4%和 30.5%。巨额的财政转移支付资金为生态补偿提供了很好的资金基础，生态环境状况作为公共服务之一，当前各地保护状况差异非常显著，但生态补偿并没有成为财政转移支付的重点，不属于当前中国财政转移支付的 10 个最重要的因素之列。以 1995—2000 年为例，得到中央财政补助最多的省市为广东、上海、江苏、辽宁等东部发达地区。因此需要在目前的财政转移支付科目中，增加对西部生态补偿的支付规模。

建议中央财政性资金应加大对西部地区的支持力度。中央财政预算内建设资金（包括铁路、交通等专项建设基金）应加大对西部地区的投入力度，至少 1/3 的比例用于西部地区。在国家发行长期建设国债时，保证 1/3 以上用于西部地区；在不发行长期建设国债时，可发行西部开发专项国债，近期每年的发行规模可在 500 亿元左右。

建议中央财政建立起规范、有力的转移支付力度。要调整现行体制上解数和财政分成办法，减少税收返还，将体制补助和结算补助纳入一般性转移支付体系，改变目前中央财政一般性转移支付主要解决地方财政运转困难的最低目的，变为促进地区公共服务均等化，切实履行好中央财政的公共财政职能，使西部地区生态环境保护、教育、卫生、文化等公共服务水平接近全国平均水平。

建议在前两项的基础上，建立西部生态和保护专项资金。初步设想西部生态环境保护专项资金由国家彩票收入、社会各界捐助等渠道构成，主要用于西部重要和敏感生态区域的保护和补偿，起到政府示范、公共参与、社会推动的作用。

5.4.3.5 开展国家级自然保护区配额交易

基于生态保护责任平等的原则，确定全国各省市应该承担的自然保护区比例，2004 年全国共建立自然保护区 2 194 个，占国土面积的 14.81%，其中国家级自然保护区 226 个，占国土面积的 8.26%。国家级自然保护区保护对象为具有全局意义的重要物种、生态系统类型及其生境，受益范围为全国乃至全世界。因此，全国各省市都有义务参加国家级自然保护区建设，承担平等的责任。

参照发展中国家自然保护区投资平均水平 157 美元/km^2，则每年可为西部自然保护区建设筹集 3.5 亿元资金。按照每公顷 30 元的最低管护标准，通过配额交易也可为西部自然保护区建设筹集补偿资金约 8 亿元，超过目前全国自然保护区建设投资总额。如果按照人均国家级自然保护区面积确定配额水平（表 5-1），则西部可用于交易的国家级自然保护区范围会更广。

表 5-1　全国自然保护区建设情况配额交易估算

<table>
<tr><th colspan="2">项　目</th><th>东部</th><th>中部</th><th>西部</th><th>全国</th></tr>
<tr><td rowspan="2">自然保护区</td><td>面积/万 hm²</td><td>1 226.55</td><td>1 171.14</td><td>12 424.90</td><td>14 822.59</td></tr>
<tr><td>占国土面积比例/%</td><td>5.36</td><td>7.09</td><td>18.27</td><td>14.81</td></tr>
<tr><td rowspan="2">国家级自然保护区</td><td>面积/万 hm²</td><td>249.90</td><td>339.20</td><td>8 282.20</td><td>8 871.30</td></tr>
<tr><td>占国土面积比例/%</td><td>1.09</td><td>2.05</td><td>12.18</td><td>8.86</td></tr>
<tr><td colspan="2">以国家级自然保护区比例 8.26%为配额标准/万 hm²</td><td>−1 639.40</td><td>−1 025.73</td><td>2 665.38</td><td>0</td></tr>
<tr><td rowspan="2">交易额度估算/万元</td><td>157 美元/km²</td><td>−21 363</td><td>−13 366</td><td>34 729</td><td>0</td></tr>
<tr><td>30 元/hm²</td><td>−49 182</td><td>−30 772</td><td>79 954</td><td>0</td></tr>
</table>

注：此处东、中、西部按省份统计，西部地区没有包括湖南省湘西土家族苗族自治州、湖北省恩施土家族苗族自治州和吉林省延边朝鲜族自治州。

5.4.3.6 建立西部生态建设财政激励机制

目前对西部财政补贴很大一部分是解决当地人员的吃饭问题，应该在目前财政政策的基础上，增加对重要生态功能区、生态屏障区、生态保护良好的省市、完成国家生态环境保护目标和生态保护工作进展迅速地区的补助和奖励，形成激励机制。具体对象包括：①自然保护区面积比例超过全国平均水平的省市；②涵盖重要水源地、水源涵养区、重要自然保护区、防护林区等重要生态功能区的地区；③生态环境保护工作力度大、成效显著的区域等。加大对生态省、生态市、生态县、生态示范区、生态工业园区、环境优美城镇、重大生态工程、生态农业、绿色食品、有机食品基地的建设补偿等。

5.5 生态补偿机制典型案例研究

5. 5. 1 广东省生态补偿机制案例分析

广东省建立生态补偿机制的迫切需求来自省内显著的区域差异和流域问题，四大板块（珠三角、东翼、西翼、山区）形成了广东省的 3 个世界，珠江流域贯穿全省，区域上保护与受益脱节的现象显著。广东省面临的情况是我国的缩影，开展广东省生态补偿机制探讨对建立我国的生态补偿具有重大示范意义。

5.5.1.1 广东省生态补偿基本思路

按照“谁污染、谁治理，谁破坏、谁恢复，谁受益、谁补偿”的责任原则，政府主导、市场推进的操作原则和从点到面、先易后难的实施原则，针对广东省生态环境的特点和主要问题提出建立区域补偿（纵向）、流域补偿（横向）和要素补偿（部门）的补偿体系，并针对各补偿相关主体的特点和目前或近几年可以实践的模式，筛选和设计了广东省生态补偿的技术方案。

5.5.1.2 实施分区指导政策，建立生态转移支付制度

（1）分区指导政策。基于四大板块，实施分区指导政策。发展方针上，珠三角地区环境优先，以治理为主，东西两翼在发展中保护，山区保护与发展并重。环境基础设施建设与运营上，政府投资应向山区和东西两翼倾斜，增加对这些地区的补贴与扶持，珠

三角地区则应利用市场机制进行融资和运行。

（2）建立激励生态建设的财政转移支付制度。在目前财政转移支付项目中增设生态补偿科目。支持广东省生态保护补助；生态保护能力建设；自然保护区建设；公益林补助；生态移民安置等。同时，各级政府将生态环境保护作为经常性预算科目，建立稳定的资金来源、顺畅的支付渠道和完善的监督管理体系。通过财政转移支付的生态补偿科目，申请中央财政转移支付份额，如国债项目、排污费资金支持，同时实现省财政转移支付，实施纵向补偿。

利用国家基本建设预算对生态保护与建设进行补偿。利用国家基本建设预算实施一些生态保护与建设项目进行补偿。在财政 1999 年颁布的《财政基本建设支出预算管理办法》（财基字[1999]30 号）规定下，广东省利用国家基本建设预算时，一方面应该增加生态建设的投资额度，另一方面应尽量将国家基础建设资金投到山区和东西翼地区，加强这些地区的基础设施和文化教育等建设的，从而增强这些地区的生态环境保护能力。

增加对生态建设的财政激励力度。在《关于促进县域经济发展财政性措施的意见》的基础上，增加对生态屏障区、生态保护良好县市、完成省生态环境保护目标和生态保护工作进展迅速地区的补助和奖励。具体对象包括：①自然保护区面积比例超过全省平均水平的县市；②生态公益林面积比例在全省平均水平以上的县市；③涵盖重要水源地、水源涵养区、重要自然保护区、防护林区等重要生态功能区的县市；④生态环境保护工作力度大、成效显著的区域等。同时加大对生态市、生态县、生态示范区、生态工业园区、重大生态工程的建设补助和支持等。

制定优惠政策，鼓励横向补偿。省政府在税收、投资、就业、社会保障、人口迁徙、人才流动等方面制定激励措施，鼓励富裕地区的财政资金转移到较贫困地区，鼓励发达地区帮助落后地区，开展以市场导向的区域经济合作与交流，鼓励发达地区与欠发达地区以投资、资源开发、转让技术、人才引进等为纽带的多种形式经济合作。

5.5.1.3 建立流域生态补偿机制

广东省近年来流域跨界污染问题日益突出，流域上下游保护与受益脱节的现象也日益凸显，仅依靠水环境功能区划，难以体现流域水资源保护的公平，需要采取必要的补偿机制。

（1）建立流域水权交易政策。广东省各城市水资源拥有量和水资源使用量存在不对称性的关系。2002 年广东省 21 个城市都需要引水，引水量占总用水量的 29%，其中广州市用水量（85.5 亿 m^3）超过当地水资源量（75 亿 m^3）。通过界定水资源的使用权，就可以引入水权交易政策来调节水的使用，使水资源富裕的地区由于向其他地方输送符合一定标准的水而得到经济补偿，从而能为水资源的保护筹集资金。

建立水权交易政策的主要内容包括：①明晰水权。明晰的水权界定是进行交易的先决条件，必须通过法律法规首先明确。②水权分配。水权交易市场建立后，水权的初始分配实际上是一种财富的分配，不但涉及使用者之间、地区之间的公平问题，而且关系到生态环境发展的平衡问题，因此需要多方协商，全面考虑。③水权交易管理。水权交易应当在政府的监管之下进行，政府可以通过制定、颁布和实施各类水权交易法律、法规和条例，规范水权交易市场行为，调节水权交易市场的运行。成立水权交易管理机构，跟踪水权变更、转移等交易情况，掌握并监督水资源的具体使用情况。

（2）探索“流域环境协议”模式。“流域环境协议”的原理。“流域环境协议”是水量分配与水质控制的补充，除了水环境功能区划的规定外，通过“流域环境协议”的方式，确定流域上下游应该承担的责、权、利。主要内容包括：①协议的基础是流域上下游地区都具有平等利用水资源和水环境的权利，也有同等的保护水环境和水生态的义务；②主要手段为行政手段和经济手段并重，水环境功能区划是通过行政管理手段提出并监督实施流域水环境保护的目标，而经济手段则是实现这一目标的必要手段；③奖励与惩罚相关的支持机制应该至少包括两方面，对流域内各区域而言达到水质控制目标的鼓励措施和实施补偿后达不到保护目标的惩罚机制；④补偿依据是通常的流域水环境功能区划保障了下游地区饮用水安全，规定上游地区水质保护目标在Ⅱ～Ⅲ类之间，而下游地区则要求低得多，为了实现水体公平利用的原则，下游地区需要对上游地区为保护水质付出的努力和损失（A 区域）进行补贴，补贴来源于下游地区因承担较小的水环境保护责任而多获取的利益（B 区域）。

利益转移估算。下游地区对上游地区输送优于公平水质水的补偿估算的参考方法：①以上游地区为水质达标而付出的努力为依据，主要包括上游地区涵养水源、环境污染综合整治、农业非点源污染治理、城镇污水处理设施建设、修建水利设施等项目的投资等；②以下游地区如果没有得到上游达标水质而造成的损失计算，直接的如自来水处理成本的提高和工农业生产的损失等；③今后上游地区为进一步改善水环境质量和数量而新建生态保护和环境建设项目、环境污染综合整治项目、新建的水利设施项目等，由下游地区补偿上游地区一定的资金等。上游地区得到了协议要求的补偿后没有实现水质保护目标的经济惩罚计算参考：主要包括下游地区自来水处理成本的提高和工农业生产的损失等。

（3）开展流域“异地开发”实践。流域“异地开发”主要针对上游水源地保护区域不能布置污染项目，需要下游地区提供一定的发展空间。“异地开发”模式在国内和广东省都取得了很好的经验，是解决流域水源地保护和补偿问题的有效方式。

可以借鉴的两种“异地开发”模式。浙江省金磐开发区是区域之间异地开发成功模式的典型案例。主要方式为下游地区的金华市在金华市开发区内为上游地区的磐安县提供一个工业开发区，接纳磐安县的招商引资项目，由磐安县自主开发。龙门县金龙开发区则是区域内部异地开发的典型模式，和金磐开发区稍有不同的是金龙开发区由龙门县统一规划设立，接纳上游各镇的招商引资项目，避免上游村村点火、户户冒烟，也有利于建立完善的环境保护设施并提高其使用效率，从而减少开发对环境造成的污染和破坏。

建立和完善广东省水源地保护的“异地开发”模式。建立 3 个阶段的异地发展模式，第一阶段是在上游地区发展初期，采用内部异地开发的模式，集中设立开发区，形成产业聚集，建立完善的环境保护基础设施并实施严格的管理。第二阶段是上游地区发展到一定规模时，下游地区或受益地区必须采取具体措施为上游地区提供发展空间，承接上游地区产业转移和吸纳其招商引资项目，促进上游地区经济发展和产业提升。第三阶段是当进一步发展到一定阶段时（完成了原始积累），区域之间的异地发展模式不利于管理、不利于上游地区城乡一体化发展等弊端会更加突出，这时应当在产业提升的基础上，在上游地区集中发展替代产业，重新利用区域内异地开发的方式形成新兴产业的聚集和发展。

5.5.1.4 资源与环境补偿政策探讨

（1）完善生态公益林补偿制度。目前生态公益林补偿制度存在的主要问题在于：①补偿标准偏低。相关研究表明生态公益林有形产品经济价值和生态效益价值之比为 1∶9.3，而目前广东省生态公益林补贴标准为 120 元/hm²，在全省大部分地区远低于林地所产生的经济效益，有关专家估测广东省经济林每年平均产出为 540 元/hm²，在北部山区许多地方，山林是山民全部的生活来源，一年几十元的补助受益显然难以满足他们的生活需要。②实施过程中管理成本过高。③只有数量补偿，没有质量补偿。目前主要按照面积补偿，而对林相、森林覆盖度、森林结构等重要生态指标没有考虑，导致林农对生态公益林的维护没有积极性，对目前生态公益林中天然林比例低，树种单一，结构简单等严重影响到生态公益林质量的问题缺乏有力的改造激励机制等。

在以下方面进行完善生态公益林补偿制度：①提高补偿标准，初步调查表明，林农的期望标准在 300～600 元/hm²；②分级分类补偿，制定生态公益林的质量等级评估办法和重要性分析办法，对不同等级不同重要程度的生态公益林制定不同的补贴标准；③简化管理程序，降低管理成本，可以在生态公益林的总预算方案中留出一定的管理费比例，严格控制补偿经费截留的行为，将补偿费用按照合同直接付给合同责任人，并进行严格的监督；④筹措资金，逐步将重要生态公益林林区收归国有等。

（2）改进水资源有偿使用制度。提高水资源费征收标准。目前广东省水资源费征收标准为 0.1～4 分/m³，征收标准过低，造成一方面水资源保护所需资金存在巨大缺口，同时另一方面水资源在被大量破坏和低效率利用。因此，提高水资源费征收标准是促进水资源高效利用和促进水资源保护的根本途径。广东省属于经济发达地区，由于季节雨量的不平衡和污染的加重，水资源供应紧缺。上海市在 1993 年水资源费征收标准即为 1.0 元/m³。如果广东省工业与生活用水按 1.0 元/m³ 的标准征收，每年的水资源费征收额将达到 196.7 亿元（2002 年数据）。

改变水资源费统一征收标准，实行优质优价。目前水表资源费征收标准只对不同的水资源利用方式制定了不同的标准，没有就不同级别水质制定不同的收费标准，造成的直接后果就是优质水资源被大量低效率消耗，也不能体现水资源、水环境保护部门的绩效。按照不同水资源用途和不同水质，制定不同的水资源费征收标准一方面可以促进社会根据自己需要提取不同质量的水资源，另一方面也有利于提高水资源费的征收效率，反映相关区域和部门水资源保护工作的绩效。

扩大水资源费使用范围，增加水源涵养区和源头区的补偿投入。按照水资源费使用规定，目前水资源费主要用于水质监测、勘测、水利设施维护和管理等，而与水资源保护具有直接关系的水源涵养区和源头区保护则没有纳入水资源费使用范畴，显然也是一种权益和责任脱节的现象，因此需要扩大（或转变）水资源费使用范围，将水源涵养区和源头区的保护与建设纳入水资源费的使用项目范畴。

（3）增加耕地资源保护和补贴力度。耕地具有多种生态功能，目前占用补偿标准过低。耕地除了生物供养之外，还承担着调蓄地表径流、削减面源污染、促进水体净化、美化景观和给蛙、蛇等小型动物提供栖息避难所等多种重要生态功能，保护耕地不仅仅是保护粮食安全，也是维护区域生态系统稳定的重要举措，应该得到支持和补偿。目前对耕地生产和生态服务功能破坏最严重的行为就是耕地的非农占用，开发区、工业项目、房地产和旅游开发以及基础设施建设都大量占用耕地。目前耕地占用的补偿行为限于耕地占用开垦费，按照《广东省非农业建设补充耕地管理办法》（2002）规定耕地开垦费按如下标准缴纳（按每平方米计）：①地级以上市辖区内 20 元；②县级市辖区内 15 元；③县辖区内 10 元。占用基本农田保护区内的耕地每平方米加收 15 元。从目前广东省各地实践操作情况来看，这个标准仅仅能初步满足补充耕地的开垦费用，不能满足抚育培肥的需求更遑论生态服务功能的补偿。

实施耕地保护补偿必须提高耕地占用补偿费征收标准。耕地占用补偿费标准的制定至少要考虑 4 个方面的内容：①耕地开垦费，按目前的标准基本可以满足；②新垦耕地的熟化培肥费，大约需要 5～10 年时间，每年经营和投入费用；③生态服务功能的破坏补偿费用；④耕地占用补偿费的征收出发点首要出发点在于耕地保护，在项目开发不得已的情况下才采取的异地开发补充耕地的权宜之策，其实际效果已经证明并不理想。从目前许多地区大量土地闲置和低效率利用的现状来看，耕地占用补偿费的征收和异地开发补偿平衡的政策显然某种程度上失败了，因此大幅度提高耕地占用补偿费标准是促进耕地保护和土地高效利用的有效途径。

增加耕地保护补偿力度。长期以来耕地作为重要的生物供养和生态服务系统其价值受到忽视，直到 2004 年国家粮食安全受到一定威胁时国家和地方才出台了一系列政策，对粮食生产进行补贴和鼓励，但幅度依然很小。在韩国粮食生产长期受到国家巨额财政补贴，补贴的原因是他们认识到水稻田重要的生态功能——调蓄洪水。从广东省粮食安全和生态安全维护的角度出发，将目前的粮食补贴政策长期化、补贴范围和幅度扩大从而促进耕地的保护的政策显得十分必要，操作上也顺理成章。

（4）探讨自然保护区建设补偿。当前广东省自然保护区建设的主要问题：①保护区建设经费紧张，仅能最低限度地满足保护区工作的日常运行，对保护区而言非常重要的监测与研究则由于经费限制无法开展；②保护区的设立是依靠行政手段将相当面积的经营性土地纳入严格保护范围，对区域内原居民缺乏必要的补偿与安置，给当地人们生活带来很大的影响，而当地人们的生产生活也影响到保护区的保护效果；③保护区空间分布不平衡，在山区许多县市保护区占国土面积比例都超过了 10%，这部分国土资源经济产出很少甚至没有任何经济产出，而在珠三角许多县市自然保护区面积比例都在 2%以下，有的县市甚至没有保护区，没有体现公平承担生物多样性保护责任原则等。

自然保护区配额交易模式。按照广东省环境保护目标，2010 年自然保护区面积占辖区面积的 6.78%以上，以此作为各地市自然保护区建设的配额标准。交易的方式可以是：①在广东省内以地市为单位，对于面积不够的地市，通过对其他富余地市进行购买或直接建设的方式，实施配额交易，签订长期的购买合同。交易的基本定价依据为自然保护区建设的直接投入以及因建设自然保护区受影响的地方政府、企业、个人的损失补贴等。②由省政府牵头成立统一的管理委员会，协调各地方政府和林业、国土、税利、环保等部门，将各地市富余且愿意出售的保护区配额集中起来进行拍卖，将拍卖所得返还保护区所在地市。

完善自然保护区建设补偿机制的其他办法。①将自然保护区的监测和科研工作纳入保护区工作经费预算，从财政资金中予以保障，提高自然保护区的管护能力。②对保护区内原居民进行补偿。筹集经费对原居民的集体林场、山野、园地、农田等进行租赁或收购，用经济手段改变保护区内原住民的生产生活方式，使之适应保护区工作的需要。③鼓励保护区和旅游部门或公司合作，将旅游收入的一部分用于自然保护区的建设补偿等。

5.5.2 东江源生态补偿政策案例分析

东江发源于江西省赣州市寻乌县的桠髻钵山，源区包括赣州市的寻乌、安远、定南三县，流经广东省的河源、惠州、东莞三市汇入珠江。东江源被《全国重要生态功能区建设规划》列为 50 个重要生态功能区之列，东江是深圳、广州，特别是香港特别行政区的重要水源，关乎下游 3 000 万人口的饮用水安全、珠江三角洲地区经济发展命脉和香港繁荣稳定，意义重大。

5.5.2.1 东江源区生态补偿的依据和原则

（1）建立生态补偿机制的依据。原则上，建立东江源生态补偿机制和确定补偿标准应考虑 3 个因素：①东江源区为下游提供的水质和水量，及其对下游社会经济发展的贡献；②为提供稳定的优质水源，源区在生态环境保护方面的额外投入和经济社会发展方面的损失；③源区经济发展水平与周边地区、下游地区的差距。

（2）建立生态补偿机制的原则。

- 循序渐进，协商共识原则：建立生态补偿机制是对现有利益格局的调整，会有很大阻力。另外，确定补偿标准的上述某些依据难以量化，也不可能一步到位。所以，建立东江源生态补偿机制必须循序渐进，先易后难，先少后多，具体机制和标准要通过相关责任方的协商来设计，以共识为基础，确保机制落实。
- 明确界定主体责任原则：根据东江源生态补偿问题的性质看，涉及国家、江西省、广东和源区三县四方责任主体。东江水源问题是一个跨省界的问题，特别是涉及香港特别行政区人民正常生活和稳定繁荣大局，中央政府应负有两方面的责任：①在政策和资金上给予支持；②为江西和广东协商建立生态补偿机制搭建平台，给予指导和协调。除了对东江源区给予资金和政策扶持外，江西省政府还应履行制定东江源生态环境保护政策规划和监督落实的职能。作为东江水源的受益方，广东省有责任向东江源区提供多渠道多方式的补偿和援助。建立生态补偿机制的前提就是东江源区为中下游地区提供了稳定的优质水源，所以，源区三县政府保护生态环境，保证优质水源是其应尽的责任，并且要通过建立补偿机制和标准的调整制度来保障这一责任的切实落实。
- 上下游公平、“共赢”和多渠道多方式原则：在对东江源实施生态补偿问题上，广东和东江源区政府和人民首先要树立“共赢”的观念。东江源获得生态补偿实质上是其生态环境保护成果，或者说是其所生产的优质生态环境这一产品的经济价值体现，走了一条新型的和可持续的发展道路。广东对东江源进行补偿是为了保障自己正常生活和经济社会发展的需要，是对占有源区优质生态环境产品所付的费用。只要机制设计合理，宣传到位，生态补偿机制既可以激励源区进一步加强生态环境保护，又可以激励下游地区珍惜和节约水资源。所以建立东江源生态补偿机制对源区和下游是公平的和“共赢”的。

5.5.2.2 建立东江源区生态补偿机制的建议

（1）国家责任与对策。目前，国家尚未制定生态补偿的专门法律法规。只是林业部根据新修改的《森林法》，对森林生态效益补偿进行了试点。基于东江源区重要的生态功能，以及建立跨省协调机制的复杂性，国家应加大对东江源区的财政转移支付力度，逐步建立国家级生态环境补偿专项资金和补偿办法；同时，负责协调跨省级行政区域的补偿事项。具体提出以下建议：

- 通过制定有关法律法规，明确生态补偿的受益和责任主体，按照“谁受益、谁补偿，谁破坏、谁付费”的基本原则，建立较稳定的生态补偿融资渠道。对矿山、森林、耕地等自然资源开发造成的局部生态环境的破坏，由开发商进行补偿；对利用自然资源进行生产的企业，如人造板企业和香菇生产业，应支付生态补偿金，用于资源的恢复和可持续利用。另外，由于源区水土保持使水库、水电站和水运等行业受益，良好的生态环境使旅游行业受益，这些行业应对生态环境保护做出补偿。
- 尽快研究审批江西省政府提交的《东江源生态功能区保护区建设规划》，将东江源区确定为国家重点生态功能保护区建设示范区，准确定位其经济社会发展和生态环境保护方向，并按《规划》要求给予政策和资金支持。
- 加大国家相关部委的对口援助力度，包括天然林保护工程、生态公益林工程、退耕还林工程、生态农业试点项目、水土保持工程、环境基础设施建设、生态环境监测能力建设等方面。
- 长期以来，珠江流域规划和保护工作没有很好地体现出东江源区的应有位置。因此，建议协调珠江水利委员会，将东江源区的生态环境建设和保护纳入珠江流域相关规划之中，并给予重点支持。
- 协调广东、江西尽快建立两省政府东江源生态补偿联席会议制度，启动关于广东实施生态补偿的具体措施和标准、东江源区确保提供稳定优质水源的责任等问题的协商进程。
- 引导广泛的社会资金投入生态效益补偿。国家可设立环境资源税，从中列出生态补偿资金专项，使生态补偿资金来源稳定，有保障；国家发行生态环境彩票，所筹集资金专门用于生态环境保护；建立生态补偿募捐基金机构，接受国内外基金、团体和社会的捐助。

（2）广东省的责任及对策。

- 建立东江源生态补偿基金，支付给东江源区三县政府用于生态环境保护和建设。基金建立可以考虑四方面资金来源：①广东省政府的财政收入。东江下游受益的发达地区已向广东省财政作出了巨大贡献，政府有责任替这些地区支付一部分补偿费。②从香港每年给予广东水资源补偿费中，按东江源提供的水质水量，拿出部分向东江源补偿。③在下游受益地区的水费中，或在提高水价的增量中，抽取一定比例，作为补偿基金的一个资金源。有关资料显示，2004 年全国 36 个大中城市民用水价平均每吨 1.4 元，除深圳高出该平均水平外（1.95 元），东江下游的惠州（0.88 元）、广州（0.9 元）等地水价均低于该平均水平，甚至赶不上东江源区三县居民用水水价（1.2 元），与其发达的经济发展水平不对称。所以，广东东江下游地区水价上调的空间较大，完全可以提取部分增量用于东江源的生态补偿。④参照目前给河源市的补偿比例，提取枫树坝水库部分发电收益，纳入补偿基金。从地理位置看，枫树坝水库是距东江源区最近的一座广东境内的水库。一定程度上，该水库是东江源稳定优质水源的第一个受益断面。所以，水库经营者有义务按照对当地的补偿办法对东江源区实施同样的补偿。

- 开展技术和发展援助。原则上，生态补偿既要补偿源区因生态环境保护而付出的额外贡献，又要补偿其因此而造成的经济发展损失，二者是相辅相成的，只有在发展中才能切实保护好生态环境和巩固保护成果。广东东江下游是我国最发达的地区，可以在东江源经济发展援助中发挥较大作用，并以市场机制为基础取得“双赢”。技术和发展援助形式是灵活多样的，选择惠州、东莞、深圳等市与东江源区三县结成“对子”是一种较好的形式。技术和发展援助可以包括矿产资源开发技术研发、环境友好型和劳动密集型产业转移和项目合作建设、劳动力培训和提供就业机会等多方面内容。
- 建立生态补偿的监督机构。由于广东省是实施东江源区生态保护的主要受益方（也是源区生态破坏的主要受损方）和生态补偿的主要出资方，建议由广东省牵头，联合江西省，成立一个监督机构，成员由生态补偿的出资方和受益区责任方共同组成，定期对生态补偿实施情况进行动态监测和监督检查，并对资金使用情况进行审计，以保障生态补偿工作得以顺利而有效地进行。

（3）江西省的责任及对策。

- 建立生态补偿的实施机构。目前，江西省政府成立了“江西东江源国家级生态功能保护区建设试点领导小组”，作为源区生态保护工作决策、审计和权威性协调机构。组长由省政府副省长担任，成员包括财政、发改委和环保等部门的领导。建议在该领导小组下设一个管理局，具体负责对相关法律法规和制度的落实与实施。源区的生态补偿工作可以由这个管理局负责具体的实施。
- 明确东江源区特殊生态功能区定位，对源区政府及领导实行新的绿色政绩考核标准，不能仅以 GDP 论“英雄”。
- 将东江源区生态环境保护和经济社会发展纳入江西省相关规划中，在项目、资金、能力和政策上给予重点扶持。
- 借鉴广东经验，不断完善东江源生态环境保护法规和规划体系。
- 强化自我监督机制，严格督察东江源区三县政府生态环境保护工作的实施情况，及时提供技术和政策指导，并建立责任追究制度。
- 大力加强对源区群众的教育，使他们认识到资源的永续利用与保障他们的身体健康和保护家园之间的关系及重要性，从而积极主动地在发展的同时做好环境保护工作，这也是当地政府义不容辞的责任。

5.5.3 山西省煤炭生态补偿案例分析

以山西省为例，开展煤炭资源开发的生态补偿政策研究。通过系统估算煤炭资源开发造成的生态环境破坏损失及其治理和恢复成本，提出煤炭资源开发补偿的标准。提出通过征收生态环境补偿费，建立矿区生态恢复专项资金，实现煤炭资源开发的生态补偿。

5.5.3.1 煤炭开采的生态补偿政策建议

（1）实行环境成本内部化，开征生态环境补偿费。防止产生新的环境污染，所有新批准的煤炭开采矿区，在煤炭开采以前，必须根据环境影响评价和“三同时”的要求，编制环境污染治理规划和相应的项目，依法将环境污染治理投资应纳入煤炭开采预算，列入生产成本，实行环境污染治理成本内部化。

由于煤炭开采通常是造成对整个生态系统的影响和破坏，具有规模大、范围广的特点，因此，生态环境的保护与恢复，必须在大区域内即往往包括几个或多个矿区的范围。采取统一征收生态环境补偿费，按照环境影响评价和“三同时”的要求，统一进行规划和治理与恢复，以防止新的生态破坏。根据山西省有关部门煤炭开采生态恢复投资需求测算，防治新的生态破坏与恢复需要 40 元/t 标煤。为鼓励高效开采和利用煤炭资源，建议对山西省所有煤炭开采按照动用煤炭资源量 16 元/t 标煤（按回采率 40%折算实际产量征收为 40 元/t 标煤）的标准统一征收生态环境补偿费，从煤炭开采企业生产成本中列支。

（2）改革现行收费和实行收支“两条线”。对于现有法规规定的环保、林业、水利等部门对煤炭企业征收的各项收费项目，建议在颁布新的法规之前予以保留，但这些收费项目连同生态环境补偿费应集中委托当地政府一个部门（或联合办公）统一征收，由省财政部门设立煤炭开采环保专项资金账户加以管理，避免对煤炭企业多头收费；所收资金根据煤炭矿区环境综合整治规划统一安排，以提高资金的使用效率和效益；环境综合整治项目通过社会招标后实施。

（3）重点解决历史环境欠账中的热点问题。根据山西省有关部门测算，1978—2004 年的 26 年间遗留的煤炭开采环境污染和生态破坏欠账达 4 000 多亿元。建议在今后的 10 年内重点解决影响矿区以及周边城市老百姓健康与生活的环境污染和生态破坏的热点问题，从 2006 年起，中央和地方每年分别拿出 20 亿元，以设立煤炭开采环境综合治理专项资金或以环境专项财政支付的形式，重点解决历史环境欠账中迫切需要解决的问题，让矿区以及周边城市老百姓尽早从党中央国务院的政策中得到实惠。

5.5.3.2 煤炭生态补偿实施可行性及其效益

按照动用资源量 16 元/t 标煤的标准统一征收生态环境补偿费，是根据山西省有关部门的研究结果，并考虑煤炭开采所造成的各种环境损失初步测算和实现污染防治和生态环境保护与恢复的目标的投资费用估算，以及煤炭开采和市场价格承受能力等诸多因素确定的。分析认为，生态环境补偿费征收的力度是可以接受的，而且具有很好的社会和环境效益，是实现山西省煤炭产业环境可持续发展的重要保障。

（1）实施煤炭生态补偿的可行性。

- 考虑到 2005 年年底所有煤炭专项基金（37 元/t）将停止征收，因此，如果按照 40 元/t 标煤的标准征收生态环境补偿费，实际上煤炭开采企业吨煤生产成本只提高了 3 元。据调查，国营和地方煤炭企业 2003 年吨煤生产成本分别是 168 元和 128 元，征收生态环境补偿费后国营和地方煤炭企业的生产成本分别提高了 1.8%和 2.3%，而 2004 年全省国营煤炭销售吨煤平均价格 226 元，平均利润为 57 元，因此，征收生态环境补偿费对企业的利润水平影响不大，是可以接受的。
- 生态环境补偿费是以按照动用煤炭资源量计量征收的，有利于促进煤炭企业提高煤炭资源利用率和煤炭资源回采率，如果回采率提高到 60%，按照动用每吨煤炭资源量征收 16 元的标准，折算为按实际产量征收的标准将由原来的 40 元/t 下降到 26 元/t。这种情况下，煤炭开采生产成本降低了，利润上升了。

➢ 通过征收生态环境补偿费，有利于将煤炭部分成本向下游产业转移，使煤炭成本分配更为合理。例如，目前电煤主要执行国家指导价，电煤坑口含税价格约 160 元/t，经过运销集团管理性收费、运输环节运输收费、电力燃料集团内部加价后，到电力企业煤价涨到 500 元/t 左右，因此对电力企业而言，煤炭价格 70%由中间流通环节的各项收费构成，而实际增加 3 元/t 的生态成本，仅占中间环节各项费用的 0.42%，如果适度控制中间流通环节的利润空间，基本上不会导致电力企业成本上涨。

（2）实施煤炭生态补偿的效益。通过实施生态环境补偿政策，每年可以为山西省提供生态环境治理与恢复资金约 200 亿元，占 2004 年山西省 GDP 的 6.6%。据不完全测算，如果这些资金全部用于生态环境治理与恢复，可以每年安全处理矸石约 22 761 万 t，处理矿坑和煤厂排水 9.67 亿 t，综合治理水土流失面积 2 200 km^2，恢复森林 28.87 万 hm^2，恢复湿地 212 km^2，复垦破坏土地 0.73 万 hm^2，解决 10.4 万人的吃水问题等。这些措施的落实将基本上可以遏制住山西省煤炭生态环境破坏进一步恶化的趋势。

参考文献

[1] 叶文虎，魏斌，仝川. 城市生态补偿能力衡量和应用[J]. 中国环境科学，1998，18（4）：298-301.

[2] 庄国泰，等. 生态环境补偿费的理论与实践[A]//国家环境保护局自然保护司. 中国生态环境补偿费的理论与实践[C]. 北京：中国环境科学出版社，1995，88-98.

[3] 王钦敏. 建立补偿机制，保护生态环境[J]. 求是，2004，13：55-56.

[4] Maritta Koch-Weser and Walter Kahlenborn. Legal, economic and compensation mechanisms in support of sustainable mountain development, Draft background paper B1 for review by the Mountain Forum, Bishkek Global Mountain Summit 2002.

[5] Moors Jon Lovett. Direct payments for conservation in the UK: an example from the North York Centre for Ecology Law and Policy, Environment Department, University of Lincoln, Lincoln.

[6] F. Herzog a, S. Dreier a, G. Hofer a, C. Marfurt b, B. Schüpbach a, M. Spiess b, T. Effect of ecological compensation areas on floristic and breeding bird diversity in Swiss agricultural landscapes. Switzerland b Swiss Ornithological Institute, CH-6204 Sempach, Switzerland.

[7] 张惠远，万军，王金南. 西部生态补偿机制的现状评估及政策建议. 中国环境政策，2004，5（7）：5-8.

[8] 王洛林，魏后凯. 中国西部大开发政策[M]. 北京：经济管理出版社，2003：49-50.

[9] 广东省林业局，广东省生态公益林建设管理和效益补偿办法. 1999.

[10] 浙江省林业局，浙江省森林生态效益补助资金管理实施办法（暂行）. 2003.

[11] 财政部、水利部. 小型农田水利和水土保持补助费管理规定. 财农字（1998）402 号.

[12] 张力小，宋豫秦. 三北防护林工程政策有效性评析[J]. 北京大学学报：自然科学版，2003，39（4）：594-600.

[13] 庄国泰，高鹏，王学军. 中国生态环境补偿费的理论与实践[J]. 中国环境科学，1995，15（6）：413-418.

[14] 葛察忠，王金南. 利用市场机制削减污染：排污收费、环境税与排污交易[J]. 经济研究参考，2001，2：28-44.

[15] 毛显强，钟瑜，张胜. 生态补偿的理论探讨[J]. 中国人口. 资源与环境，2002，12（ 4）：38-41.

[16] 杜万平. 完善西部区域生态补偿机制的建议[J]. 中国人口. 资源与环境，2001，11（3）：119-120.

[17] 洪尚群，马丕京，郭慧光. 生态补偿制度的探索[J]. 环境科学与技术，2001， 5（97）：40-43.

[18] 洪尚群，吴晓青，段昌群，陈国谦，叶文虎. 补偿途径和方式多样化是生态补偿基础和保障[J]. 环境科学与技术，2001，12（24）（Sup）：40-42.

[19] 赵景逵，朱荫湄. 美国露天矿区的土地管理及复垦[J]. 中国土地科学，1991（1）：31-33.

[20] Henry Shipley FLI，MRTPI. The evolution of derelict land reclamation within the United Kingdom：a local government perspective[A]. Addressed to Mine Land Reclamation and Ecological Restoration for the 21 Century—Beijing International Symposium on Land Reclamation. 2000，7-10.

[21] Caraten Drebenstedt. Regulations，Methods and Experiences of land Reclamation in German Opencast Mines[A]. Addressed to Mine Land Reclamation and Ecological Restoration for the 21 Century—Beijing International Symposium on Land Reclamation. 2000：11-21.

[22] 毛显强，钟瑜，张胜. 生态补偿的理论探讨[J]. 中国人口. 资源与环境，2002，12（4）：38-41.

[23] 谢利玉. 浅谈公益林生态效益补偿问题. 世界林业研究，2000，13（3）：70-76.

[24] 周国逸，闫俊华. 生态公益林补偿理论与实践[M]. 北京：气象出版社，2000.

第 6 章

规划环境影响评价技术研究

规划环境影响评价能够弥补建设项目环境影响评价的局限，扩大环境影响评价范围，是我国实施可持续发展战略，落实科学发展观的重要工具。目前，对规划环评技术方法的研究不足是我国全面开展战略环评的过程中的一大障碍。本章简述了国内外战略环境评价的起源和发展现状，从规划环评的管理程序出发，重点分析了规划环评的技术程序、工作要点和内容，以及在技术程序中所使用的技术方法的适用性，并用六个案例验证了研究提出的工作程序和技术方法。

6.1 规划环境影响评价概述

6.1.1 战略环境评价与规划环境影响评价

战略环境评价（Strategic Environment Assessment，SEA）一般是指环境影响评价（Environment Impact Assessment，EIA）的原则与方法在战略层次的应用，是对政策、计划或规划及其替代方案的环境影响进行规范的、系统的、综合的评价过程，包括完成SEA研究报告，并将结果应用于决策。SEA的起源可以追溯到1969年的美国《国家环境政策法》，其第102条规定：任何对环境有重大影响的法案或行动须附有环境影响的报告。SEA的目的是消除或降低因战略缺陷对未来环境造成的不良影响，从源头上控制环境污染与生态破坏等环境问题的产生。

规划环境影响评价（以下简称规划环评，PEIA）是规划层次上的战略环境评价。就其功能、目标和程序而言，规划环评是一种结构化的、系统的和综合性的过程，用以评价规划及其替代方案的环境效应；通过评价将结果融入制定的规划，或提出单独的报告，并将成果体现在决策中，以保障可持续发展战略落实在规划中。

传统的区域环境评价（REA）是指对区域开发活动可能带来的主要环境影响进行分析、识别并筛选出主要影响源和受影响因子，预测与评价其环境影响并提出防治对策；同时从区域范围研究环境承载力；从污染物总量控制及区域生态的变化等方面，提出区域社会、经济发展的合理规模及其结构的建议（徐鹤，2000）。

严格来讲，PEIA和REA均属于SEA的范畴，但属于SEA中的较低层次。从介入时机、采用的评价方法、有效性等方面看，三者区别如表6-1所示。

表6-1　SEA、PEIA和REA的区别

EIA类型	SEA	PEIA	REA
决策主体	各级政府及其行政主管部门	各级政府及其行政主管部门	区域开发战略制定部门
评价对象	法律、政策、计划与规划	计划与规划	区域开发计划或规划（多个项目的集合）
评价时段	战略决策的全过程	计划与规划的全过程	开发建设期间与开发完成后
评价范围	行政区域及受影响区域	行政区域及受影响区域	评价区域

6.1.2 国际战略环评的开展情况

目前，国际上已有30多个国家以立法或行政命令的形式要求其决策部门对于可能造成重大环境影响的立法议案、部门性政策及规划方案开展战略环评。主要有：①以立法形式要求的战略环评，如美国、新西兰、欧盟、韩国等。②以行政命令形式要求的战略

环评，如加拿大、丹麦等。③以其他形式要求的战略环评，如英国、法国、德国等。关于战略环评的国际性文件，世界环境与发展委员会、世界环境与发展大会、经济合作与发展组织（OECD）、世界银行等均发布了战略环评相关的国际性文件。

从战略环评的理论产生到现在，世界各国都在为其全面开展而努力奋斗，在立法上、工作程序等环节上逐步得到完善，并且取得了一定的进展。尽管在体制、政治和行政、方法学和程序等诸多方面的开展存在障碍，但其独有的优点正在实践与研究中逐步展现在人们面前。

6.1.3 我国规划环评的开展状况

6.1.3.1 我国规划环评制度的发展

我国的战略环评制度是逐步建立的，目前正处在逐步完善的过程中。

1994 年《中国 21 世纪议程》，1995 年《中国环境保护 21 世纪议程》，1996 年《国务院关于环境保护若干问题的决定》，1996 年 9 月《环境保护“九五”计划和 2010 年远景目标》、1998 年《建设项目环境保护管理条例》中均对战略环境评价有所涉及。

2003 年 9 月 1 日生效的《中华人民共和国环境影响评价法》（以下简称《环评法》）中确立了在规划层次包括土地利用及区域、流域、海域综合性（简称“一地三域”）和“工业、农业、畜牧业、林业、能源、水利、交通、城市建设、旅游、自然资源开发”十类专门性规划及其指导性规划需要开展 EIA，即规划环评。《环评法》确立了规划环评的法律效力。

2005 年 12 月出台的《国务院关于落实科学发展观加强环境保护的决定》（国发[2005]39 号），强调“必须依照国家规定对各类开发建设规划进行环境影响评价。对环境有重大影响的决策，应当进行环境影响论证。”进一步强化了规划环境影响评价在政府决策中的重要地位和作用。

6.1.3.2 开展规划环评的目的和作用

在国际上，开展战略环评主要是为了通过它来影响决策。自 SEA 的概念引入我国以后，国内学者对开展规划环评的目的有各种不同的表述，国家环境保护总局潘岳副局长在“战略环境评价与可持续发展”研讨会对规划环评的具体作用也作了详细的分析，主要包括 7 个方面。尽管表述方式不同，但其核心内容基本相同。开展规划环评的目的可以归结为弥补建设项目环境影响评价（简称项目环评）的局限，扩大环境影响评价的范围落实可持续发展战略两方面：①规划环境影响评价弥补了项目环评的不足和缺陷；②规划环评是实施可持续发展战略的有力保证。

6.1.3.3 规划环评目前存在的问题

《环评法》颁布实施后，尽管处在规划环评实施的初期，成果一般。但 2004 年以来，在国家环保总局的大力推动下，在国务院各部委及有关地方政府的配合下，规划环评工作开局良好。目前，国家环保总局选择了内蒙古自治区、大连市、武汉市这“一区两市”作为试点，全面推进规划环评工作的开展。各部门各行业及地方政府也根据各自具体情况，有针对性地开展了规划环评工作。

虽然规划环评有了法律保障和国家的大力支持，但是由于目前还处于技术研究阶段，实践经验不多，未能得到广泛开展。规划环评面临的困难主要表现在以下几个方面：

①技术方法缺乏；②基础数据缺乏；③公众参与力度不够；④规划环评的管理体制不顺问题。

6.1.4 技术方法研究中的进展和问题

规划环评技术方法研究的进展

规划环评在我国的全面开展遇到不少问题，规划环评的技术方法障碍是在我国推广规划环评最亟待解决的问题之一。

目前国外 SEA 技术方法的发展趋势可归结如下：①技术方法研究注重实用性和可行性，以现实条件为基础，处理好科学性与针对性、前瞻性与实用性的关系；②尽可能选择简单而合适的方法，战略环境评价的目标是实现增益，不能成为发展的包袱，鼓励使用新知识、新手段来实现评价方法的改革和创新；③必须不断发展才能适应不断变化的社会、经济和环境的要求，既注重自身成果的总结和积累，也要从各种先进的决策思想中吸取养分。④国外先进 SEA 国家关于技术方法的研究已经突破了传统的项目环评方法学认识，更加注重技术方法在 SEA 中的适用性和使用效果，并通过实践不断发展完善。

通过研究发现，目前，国内关于规划环评技术方法应具备特点的认识已经达到国际先进水平，但是在规划环评技术方法的研究和应用中仍存在如下问题：①在规划环评的实践中，仍然沿用建设项目环评的方法存在局限性。但传统建设项目的评价方法在规划环评中不能完全适用，沿用项目或区域评价方法，其预测是在环境质量现状监测的基础上进行的，一部规划涉及一个区域或是一个省、甚至是全国，开展全面的环境现状监测几乎是不可能的，这很难适用于规划环评。②尽管《规划环境影响评价技术导则（试行）》已经公布，推荐了一些技术方法可以应用在规划环评中，但这些技术方法如何在规划环境影响评价的实践中操作研究较浅。③在规划环评技术方法的理论研究中，具有实践指导意义的规划环评技术方法的研究却远远滞后，不能满足规划环评实践的要求。我国目前关于规划环评技术方法的研究，往往脱离规划环评实际，仅提出原则性的要求，就方法论方法，缺乏关于各种技术方法如何应用于规划环评的探讨，无法对规划环评的实践形成指导。④规划环评涉及的范围广，要求收集的信息和资料较多，报告书的内容、预测模式、评价的深度等各不相同，规划环评技术方法十分多样，目前国内缺乏对规划环评技术方法间的比较和研究，对于规划环评技术方法的有效性，目前还没有统一的认识。

6.2 规划环境影响评价程序及内容

规划环评的工作程序是指准备阶段—编制阶段—反馈阶段—跟踪管理阶段的全过程，包括管理程序和技术程序两部分。管理程序是指规划编制部门开展规划的环境影响评价工作时需要经历的过程总和，包括确定介入时机、选取评价机构、配合评价工作、实行监督审查、公示等若干由规划编制部门负责其他机构参与其中的步骤；技术程序是指评价机构在接受委托后，开展规划的环境影响评价工作的步骤，包括规划分析、现状调查、筛选识别、预测评价、提出减缓措施，以及开展跟踪评价等几部分，这部分内容是由评价机构负责完成的，《规划的环境影响评价技术导则》（HJ/T 130—2004）中推荐的工作程序指的就是这方面的内容。在本研究中规划环评的工作程序指的是管理程序和技术程序的总和，与导则所指的工作程序有所不同。管理程序和技术程序既有区别又有联系，在实际工作中，管理程序和技术程序有时是同时展开又相互结合的，没有明确的范围界定。

6.2.1 国际战略环境评价工作程序分析

国际（主要是欧盟国家）战略环境评价主要工作程序基本相同，但由于各国国情及战略环境评价进展程度不同，其工作程序也有所不同。本研究课题中战略环境评价管理程序不是研究重点，但由于技术程序与某些管理程序联系紧密，甚至受其制约，故此处分析几点主要的管理程序。

6.2.1.1 管理程序

国外战略环评在管理程序中强调以下几个方面：

（1）介入时间。介入时间是影响到规划环评工作程序和评价要点的关键之一。目前国外都鼓励战略环评的早期和中期的介入，以保证实施效果。如荷兰固体废物处置战略环境评价一开始就介入战略，贯穿始终，相互约束、相互促进。

（2）灵活性。欧美国家的战略环境评价尽管工作程序相似，但灵活性各异。加拿大战略环境评价规定以“内阁指令”形式发布，其形式相对统一和固定；美国各州立法权相对独立，其各州、各部门编制的战略环境评价程序也不尽相同，有的甚至大相径庭；欧盟的战略环境评价程序灵活性较大，主要是其涉及的国家较多，涉及问题较广。

（3）管理部门和评价机构。为了保证环境评价的质量和有效性，评价机构的选择至关重要。美国和加拿大都是采用自我评价的方式，提出行动建议的部门就是评价机构。在美国，由于某项联邦行动的建议会牵涉多个机构，为了避免因各部门相互推诿导致评价工作的迟延，《国家环境政策法实施条例》专门提出主办机关和协办机关的分工办法。主办机关负责监督环境影响评价和报告书的编制。主办机关可以要求有关机关在评价过程中提供合作，被要求提供合作的任何其他联邦机关，都有义务担任合作机关，不得拒绝。

（4）环保部门的地位和作用。在美国，对其他联邦政府机构编制的环境影响报告书，法律赋予联邦环境保护局以独立的审查职能。荷兰的环境影响报告书在规划与计划层次上也是独立审查。在监督机制方面国际上主要由行政监督和司法监督两部分组成。其中，行政监督中，大多数国家环保部门起主导作用，如美国，新西兰；加拿大则是议会监督。

6.2.1.2 技术程序

国外战略环境评价技术程序非常相似，考虑的主要问题基本相同。欧美主要国家战略环境评价程序一般包括以下几个部分：①确定 SEA 目标；②通过筛选，确定 SEA 的必要性；③划定 SEA 范围及层次；④建立环境基础数据库；⑤环境分析；⑥综合评估；⑦提出建议；⑧监督与反馈；⑨公众参与贯穿始终。

6.2.2 我国内地规划环境评价工作程序

6.2.2.1 管理程序

规划环评是我国开展战略环评的切入点和落脚点。但目前，我国内地尚未形成一套成熟的规划环境影响评价工作程序。

6.2.2.2 技术程序

在《规划环境影响评价技术导则（试行）》中推荐了一套规划环境影响评价技术程序。我国目前的技术程序中尚未有“替代方案比选”部分，且各部分所阐述的方法较模糊，公众参与的操作性不强，这些原因在一定程度上制约了规划环境影响评价在我国的广泛开展。

6.2.3 国内外战略环评工作程序比较

6.2.3.1 管理程序比较

与国内的管理程序相比，国外战略环评的管理程序更加详细有效，总结起来以下几点经验值得借鉴：①鼓励战略环评在战略制定的早期介入；②鼓励管理部门实行自我评价；③环保部门的地位和作用必须确立。在以上三点经验中，早期介入和自我评价对规划环评的技术程序和方法影响很大。

6.2.3.2 技术程序比较

对比发现，《导则》推荐的规划环境影响评价技术程序和国外大同小异，总体构架和需说明的主要问题相似。现有的《导则》基本与国际的工作程序相同，体现了国际上战略环评的基本思想，《导则》推荐的规划环评技术程序是基本合理的。

尽管在《导则》的内容中提到了规划的替代方案，但在《导则》的技术程序中并没有替代方案的有关内容，是其一大缺陷。此外，尽管《导则》要求全面公众参与，但参与的时间和方式等有待进一步明确，下面逐一分析。

（1）替代方案。国外战略环境评价非常重视战略的替代方案，一些国家和部门有专门的确定、筛选替代方案的步骤、方式和方法。确定替代方案的结果是为了选出较优方案。

尽管《导则》中也有替代方案的内容，但实际上，由于规划与规划环评的脱离，规划编制时很少纳入环境影响评价，规划环评也就很少评价规划的替代方案。通常所说的替代方案仅是规划最终方案的分解与整合，仅对此方案进行评价，提出相关建议，而此方案未必是环境可行的最优方案。

（2）公众参与。公众参与的目的是为了体现大多数人的利益，优化和完善战略方案。国内外均很重视公众参与的作用。为了更好地发挥公众参与的作用，不少国家和部门建立了公众参与制度，制定了公众参与“导则”或“规划”，对公众参与的方式、时间、空间、程度、深度等都做了大量的研究。

美国、加拿大等国都有“公众参与”的法规及配套的程序和规则，环境影响评价中的公众参与，几乎渗透在每个阶段。

6.2.4 推荐规划环境影响评价技术程序和内容

由于规划环评的管理程序中介入时间、自我评价以及灵活性等特点对规划环评的技术程序和方法影响很大，而现有的《导则》又缺少有关的内容。因此，需要从我国规划环评的管理特点入手对规划环评的技术程序进行分析，提出规划环评的工作要点和技术程序。

6.2.4.1 介入时间

根据规划的实际编制过程，环境评价介入时间可分为早期介入、中期介入和后期介入三类。早期介入是指在规划构思阶段介入。中期介入是指在规划编制初期或规划草案初步完成时介入。后期介入指的是规划文本已经完成（或者更晚）时介入。

根据国外的研究经验，规划环评介入规划时期对规划环评能否提出替代方案和公众参与的模式均有很大影响。然而在国内规划环评开展现状中早期介入的案例很少的情况下，针对 3 种不同的介入时间，现推荐 3 个不同的规划环评技术程序，分析各自的工作流程、替代方案和公众参与特点。

早期介入 介入时间不同，规划环评的技术程序也不尽相同，在规划构思阶段介入，是规划环评最理想的介入时间。早期介入的规划环境影响评价通常属于规划编制单位的自我评价，评价方在战略/总体规划构思阶段已将环境评价思想纳入其中。此类规划环评能够真正意义上从决策源头减小环境负面影响。

（1）技术程序。早期介入规划环评技术程序见图 6-1。

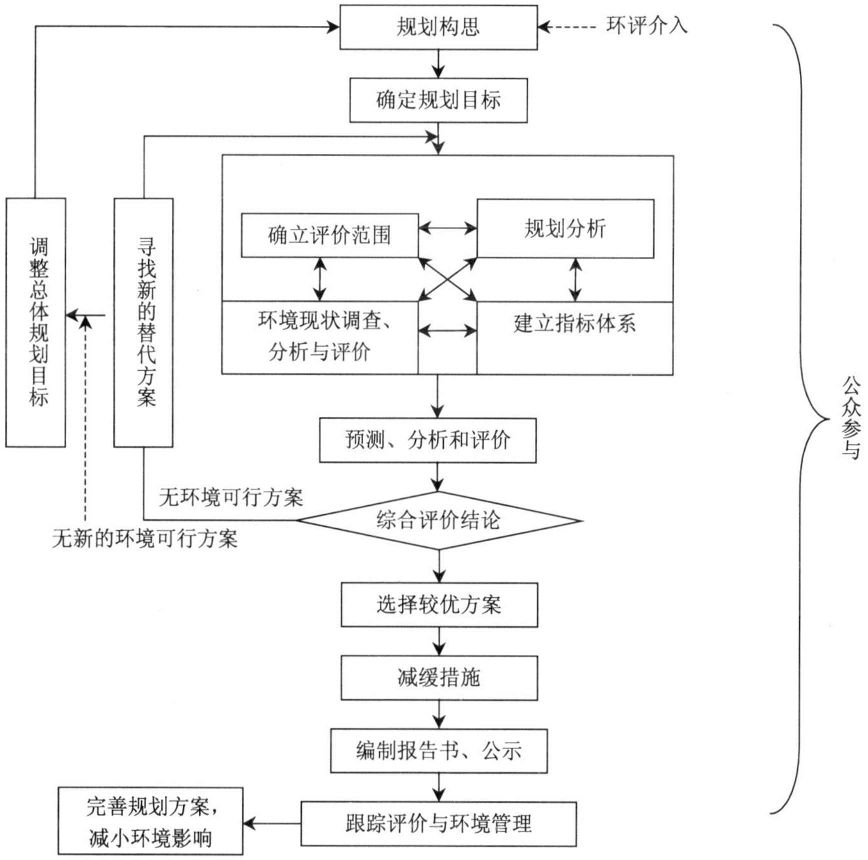

图 6-1 早期介入的规划环评技术程序

（2）程序说明。评价方在规划的构思阶段介入，根据总体规划的思路，与规划编制方沟通后，确定规划的发展目标，包括定性目标和定量目标、总目标和分目标，此时的规划目标中已经包含了规划将要实现的环境目标。然后根据目标、相关规划及环境基本信息等确定本规划的替代方案（一般多于一个）。有明显重大环境影响的，不选作替代方案。

根据各替代方案规划，确定其评价范围。在此阶段，确定目标、确定替代方案、收集相关信息、确定评价范围及环境现状评价等不是单线联系的，这些过程是在不断相互结合、融入中不断输入和输出有关信息的。

根据规划目标、相关规划目标及环境信息，确定评价的环境总目标和环境主题。根据环境主题和环境信息确定相应的环境分目标，然后根据各个分目标，建立相应的指标体系，所选指标需能反映其对应的环境分目标，且相互间具有独立性。在此过程中，需筛选和识别主要环境影响因子及其环境影响，环境影响因子包括现状影响因子和规划影响因子。

指标体系建立后，需对规划影响进行预测、分析与评价，然后结合指标体系，进行综合评价。评价有两种结果：①找出环境可行的较优方案，则进行下一步；②无环境可行的较优方案，则需寻找新的替代方案。在这种情况下，又存在两种结果：(a）有新的替代方案，则重新论证环境的可行性；(b）无新的替代方案，则需调整总体规划目标。若目标调整后原有替代方案环境可行，则确定较优方案；若仍无环境可行方案，则需要回到初始阶段，进行下一步工作。由于在规划目标的制定中，环境目标已经融入其中，因此这种情况将很少出现。

选择较优替代方案后，需提出减缓环境负面影响的具体措施，然后编制规划环境影响报告书。规划实施后，需对实施过程跟踪评价，加强环境管理，不断反馈实施过程中可能出现新的环境问题，以便完善规划方案，减小环境影响。

环境评价整个过程，公众参与贯穿始终。

（3）要点分析。①公众参与问题：公众参与贯穿规划环评始终。初级阶段即战略/总体规划形成过程中公众参与的面较窄，公众专业性强，一般限于规划部门内部及与其相关的上级部门或同级部门。战略/总体规划出台后，公众参与的范围、公众层次、参与方式都大大拓宽；从战略/总体规划出台到确定较优方案这一阶段，公众将发挥重要作用。公众可以对各替代方案提出自己的意见或建议。评价方需对这些意见逐一归纳、分析，提出采纳或不采纳的原因；选出环境可行的较优方案后，需提出优化较优方案的措施，减小环境负面影响。这些措施须公布于众，且对公众反馈的意见逐一回答；跟踪评价与环境管理阶段，应加强公众监督，听取公众意见。②替代方案问题：在这个阶段通常规划的替代方案是很多的。在确定替代方案后，进行同等深度的评价，经过评价一般可得出 3 种结论：选出较优方案（有环境可行的规划方案）、通过寻求新的替代方案得到规划方案、通过调整规划目标得到新的方案。在这种情况下经过调整后的规划方案是能够达到环境可行的要求的。

中期介入　中期介入是在战略/总体规划出台或征求意见阶段开展环境影响评价，在战略/总体规划草稿出台或征求意见阶段介入，以此影响规划的下一步编制过程，目前在一些国家和我国部分地区经常用到。这类规划环评在规划构思或起草后介入，以完善、

优化其内容。

（1）技术程序。中期介入的规划环评技术程序见图 6-2。

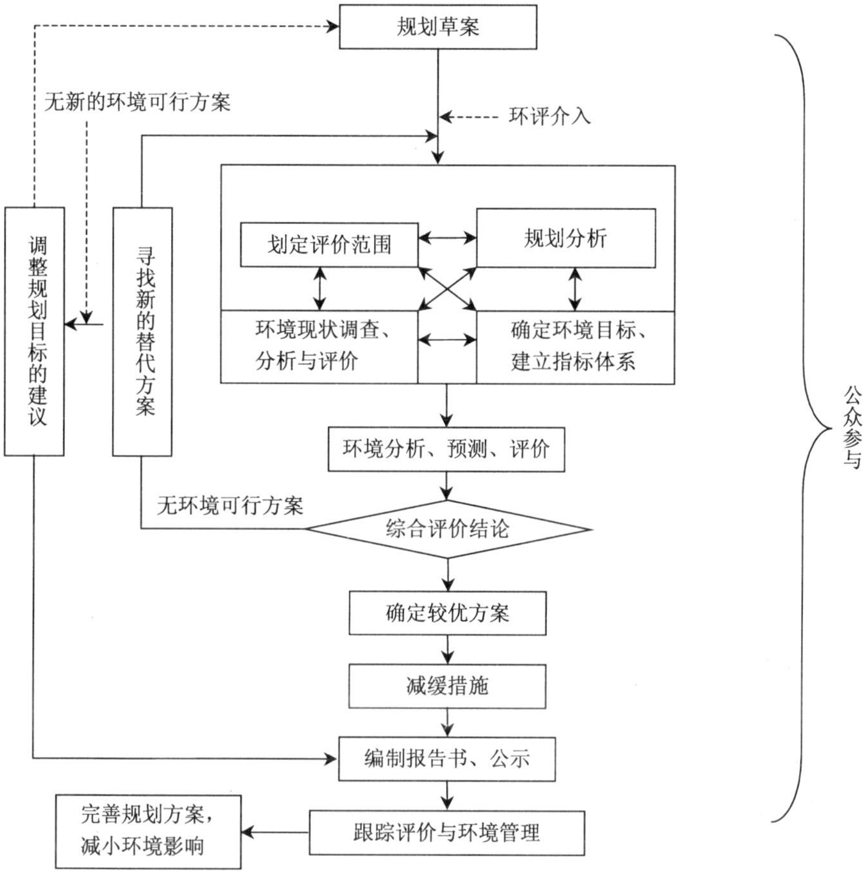

图 6-2　中期介入的规划环评技术程序

（2）程序说明。中期介入的时间在总体规划草案形成或出台后，评价方根据规划草案确定规划文本。目标确定——综合评价阶段内容与早期介入雷同，在此不再赘述。

综合评价完毕，出现两种结果：①有环境可行的较优方案，选择之，然后进行下一步工作；②无环境可行方案，则寻找新的替代方案。该结果有两个出口：（a）找出新的替代方案，重新进行较优方案确定工作；（b）无新的替代方案，而在通常情况下，需要调整规划目标。但此时调整规划目标的难度已经较大，通过规划环评提议提出调整规划目标建议，并编制以规划方案不可行为内容的环评报告书，上报规划的审批机关，由规划的审批机关做出执行规划草案或调整规划目标的决定。以后部分，与早期介入的环评程序雷同。

（3）要点分析。①公众参与问题：此类规划环评介入时间较“早期介入”晚，公众参与规划制定的时间也相对较晚。从确定规划目标到确定替代方案，公众开始参与其中，并发挥作用；确定替代方案——选择较优方案阶段，公众将发挥重要作用，评价方须认真考虑并回答公众提出的问题。较优方案实施后，应加强公众监督，重视公众舆论。②替代方案问题：由于此类规划环评介入时间较前一种晚，其考虑的问题不如前一种多、全面，且其综合评价后的出口仅有两种方案及时可行，故涉及的替代方案也相对较少。

后期介入 后期介入多在规划文本已经完成征求意见后，在规划即将出台之前，或者规划已经出台以后，进行规划的环境影响评价。其“修补性”的建议较多，一般对具体规划内容的提出调整建议，很少涉及战略/总体规划的目标和内容。由于介入时间较晚，很少涉及替代方案，通常所说的替代方案一般是评价方针对某一环节设定的。尽管如此，“后期介入”的规划环评仍然能够对下一层次的规划以及建设项目提出环境管理的要求，比项目环境影响评价的作用大得多。目前我国大多数地区或部门已做的规划多属于此类。

（1）技术程序。后期介入规划环评技术程序见图 6-3。

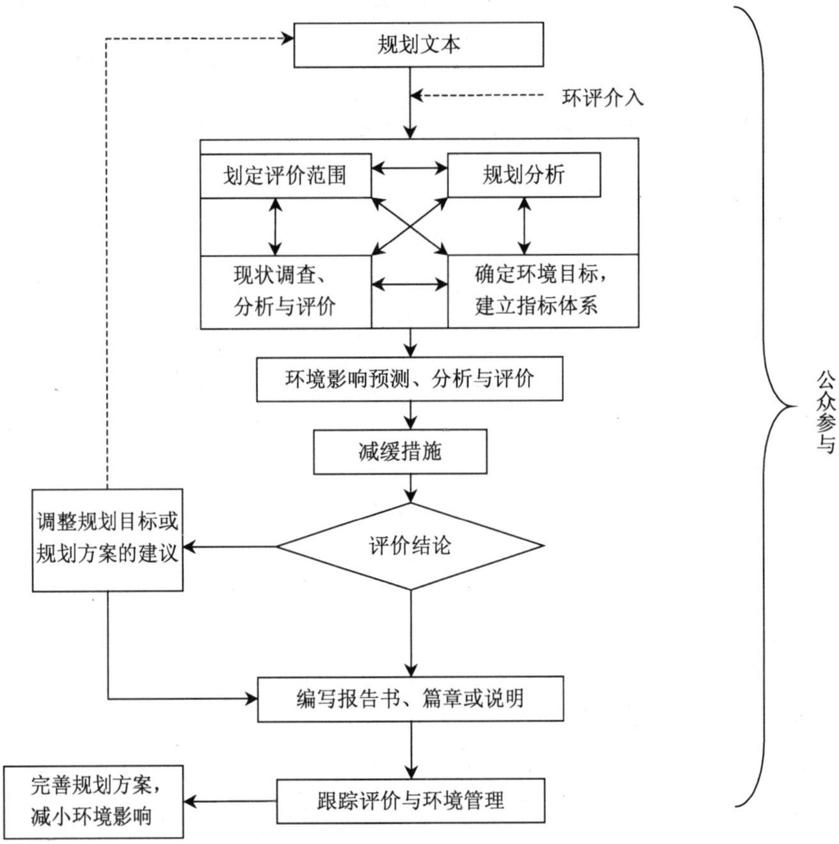

图 6-3 后期介入规划环评技术程序

（2）程序说明。后期介入的时间相对较晚，评价方根据规划单位提供的文本确定规划目标，然后根据相关环境信息和规划进行规划分析，包括规划的相容性分析、协调性分析（初步分析）与合理性分析（初步分析）。

根据规划目标与环境现状，此时来自规划编制方的规划方案已经很少了（一般是一个），评价方在规划总目标不变的情况下，多就规划中的某一个环节设定若干方案（如污水处理方案等），再进行预测、分析与评价，选择其中较优方案，并提出规划的环境影响减缓措施。此类规划环评的结论一般有两种：①规划环境可行，采纳之，进行下一步；②规划环境不可行，提出调整规划目标或规划方案的建议，报送规划编制机关。

以下部分，与前两种时间介入的规划环评基本相同。

（3）要点分析。①公众参与问题：尽管此类规划环评要求公众参与贯穿始终，且在确定替代方案——选择较优方案过程中发生重要作用，但由于介入时间较晚，公众的作用也不如前两种重要，同报告书一样，公众的意见也多是“修补性”的建议多，不过公众参与的形式、范围、程度及公众的层次都较项目环评有了很大的拓展。②替代方案问题：由于介入时间较晚，此类规划环评没有战略/总体规划下的替代方案，其中的替代方案仅是通过情景设定后确定的。故替代方案的内容、考虑的问题均不如前两种全面。

6.2.4.2 自我评价

在国外在战略环评中存在自我评价和第三方评价两种评价方式。自我评价是指由规划人员承担规划编制任务的同时，又承担评价任务；或者评价人员（专家）完全参与到规划的编制中去的一种评价方式。由于自我评价效率高、可以避免重复性的劳动，因此在国外备受推崇。第三方评价是指由专业的评价机构针对规划构想、草案或文本独立开展评价工作的方式。

的确，在编制规划人员具有战略环评思想和能力的情况下，自我评价的优势是十分明显的。自我评价的优势在于规划与评价的紧密结合。然而，这对规划人员要求较高，在规划环评在国内刚刚开展的情况下，开展自我评价较难实施，采取评价机构与规划编制机构相结合的方式是目前开展战略环评的推荐方式总结和借鉴自我评价的特点和优势。在规划环评技术程序上，必须始终保持与规划的紧密结合。

无论在“早期”、“中期”还是“晚期”介入的评价工作程序中，在规划环评开展的每个阶段，始终保持与规划编制的紧密联系是十分必要的。

6.2.4.3 灵活性和往复性

在目前规划环评的实践中发现，不论规划环评在哪个时期介入，规划编制部门对规划环评结果的要求是非常急切的。而且规划环评的介入时机越早，替代方案就越多，涉及的评价内容可能就越多，不确定因素也越多，规划的构思可能随时发生改变。在这种情况下，必须保持规划环评的灵活性和往复性。所谓灵活性是指在方法采纳上的多用性，评价机构必须采用最明确直接的方法得到相对准确地评价结果。往复性是指，通过规划环评调整规划方案后，由于规划方案的改变，重新开展规划环评的特性。从战略环评的起源和定义上看，规划环评是规划调整、完善的过程，因此规划环评的往复性是必然存在的。

尽管推荐的 3 种技术程序不尽相同，但其涉及的主要步骤和内容是一样的，都包括规划分析、现状调查、分析与评价、筛选与识别、预测、确定较优方案、提出减缓措施及跟踪评价与环境管理几个部分。

6.3 规划环境影响评价方法

6.3.1 方法分类

与传统的项目环评相比规划环评空间范围大、时间跨度长、涉及环境因子多，具有更大的不确定性和复杂性。这要求评价方法的多样化，遵循微观与宏观相结合、定量与定性相结合的评价思路，以满足规划环评的需要。

从已经开展的规划环评案例上看，不同的规划环评文本使用的技术方法种类繁多，由于方法的自身特点及适用范围不同，这些方法很难用统一的框架进行划分。这里根据方法的评价对象、适用的规划类型、评价内容、方法特点、方法来源及 SEA 程序等，对规划环评的方法进行分类，供规划环评工作者在方法选择时参考。

6.3.1.1 根据评价对象分类

规划环境影响评价是全面实施可持续发展战略的工具，比传统建设项目的环境影响评价研究对象范围要宽泛。这要求规划环评在内容上，除开展传统的环境要素（因子）的影响评价外，还包括资源、社会、经济影响评价的内容。相应的根据研究对象的领域，可将环境影响评价方法分为以下几类（尚金城等，2003）：①环境影响评价方法；②资源可持续利用评价；③社会影响评价；④经济影响分析。

6.3.1.2 根据规划类型分类

根据环评法，规划环境影响评价包括“一地三域十专项”，即土地规划；流域、海域、区域规划；工业规划、农业规划、畜牧业规划、林业规划、能源规划、水利规划、城市建设规划、交通规划、旅游规划、自然资源开发规划。实际工作中，还存在一些相关规划，如国家和地方产业政策；环境保护规划；区域环境综合整治方案；环境功能区划；生态保护规划；区域污染防治规划及生态省（市、县）建设规划等。每类规划由于对象不同，评价重点也不同，因此方法选择也会体现出差异。

6.3.1.3 根据评价内容分类

区别于项目环境影响评价规划环评内容应该包含规划相容性分析，可持续发展能力分析，环境容量和环境承载力分析，风险和不确定性分析，累积影响分析。从这个角度分类，规划环评方法又可以进行分类。

6.3.1.4 根据方法特点分类

根据规划的特点和数据的可获得程度，在规划环境影响评价的时候，有些能做到定量分析，有些只能进行定性分析，此外还有一些是半定性半定量分析。据此可将方法分为：定量分析方法、定性分析方法、定性定量分析方法。

6.3.1.5 根据方法来源分类

根据规划环评方法来源，规划环评可以分为：传统的项目环境影响评价方法、政策评价方法、区域环评方法等类型。

6.3.1.6 根据 SEA 程序分类

规划环评的程序和项目环评差别不大，通常包括环境影响识别，预测和评价 3 个阶段。与之相对应的就出现了环境影响筛选识别方法，预测方法和评价方法，具体可选择的方法见表6-2。

6.3.2 规划环评方法的选择

规划环评的研究对象是经济—社会—环境这一复合系统，涉及的因子众多而且复杂。因此，没有一套方法适合于所有的类型。这就要求我们，针对不同的情况、因子，选择不同的规划环评方法。

选择规划环评方法时，应注意规划环境评价只是规划决策的工具或手段，不等同于决策本身。规划环境评价只能是决策过程中的一环，主要目的是为决策提供信息，并从环境保护及可持续发展的角度去影响决策过程。因此，规划环评需要的并不是过程完美的技术性分析方法，而是尽可能选择简单而合适的方法，得到利于决策的信息。当然，如果规划对某一要素有显著的影响，或具有一定的不确定性，或是可能产生累积影响，则有必要使用较复杂的方法处理。

在选择规划环评方法时需要考虑的因素很多，如规划的特点，可利用的时间和费用、能获取的信息等。而这些因素往往又相互制约，这就使得在选择规划环评方法时无所适从。但是相对而言，规划环评方法的选择主要考虑以下几个方面的因素。

（1）规划的类型。规划的层次和性质，对于综合性、指导性、长期性规划，评价结果的精确度要求较低，定性方法通常更实用；而对控制性、详细型、短期性规划，评价结果的精确度要求较高，定量方法更适合；对于空间特征明显的规划如区域、流域、海域规划、城市规划等大尺度的、宏观的空间分析技术如 GIS 能很好应用，而空间特征不明显的规划如工业、农业规划模型或系数估算法则应用较多；综合性、全面性的规划如城市总体规划、区域规划则可更多地使用综合性评价方法如绿色 GDP 估算法，土地生态服务功能价值估算法，而专项规划能源规划则应更多地借助于专业的能源模型法。

（2）规划的背景。如果一个规划引起的关注和争议较大，那么更加适合选择能够避免偏见的、以数据为基础的技术性方法如公众调查法，同时还要注意选择过程透明的方法公众参与技术等。

（3）规划的关注者。规划的关注者如果是公众，更适合采用一些简单直观的方法，如叠图法、GIS 等；规划的关注者如果是专家，那么技术性较强的方法更加适合，如投入产出分析、数学模型法等。

（4）方法的特点。根据不同方法的特点，有些方法需要的信息量少，而有些方法则需要大量的信息，并在信息收集完成后才能开展工作。一般来说，越是依靠数学计算的、精细的定量规划环评方法，对于信息的要求越高。其结果对数据的依赖性也越大。在缺乏这些信息或获取这些信息困难的情况下，可以考虑采用对信息要求较低的定性规划环评方法。

（5）可利用的时间和费用。时间和费用都比较充足时，更适合选择以定量分析和大批专家的方法；反之，可以得到一个快速的结论，但是可能质量不高。同时，还要考虑评价结果精度不够对于规划可能引发的后果的影响程度。所以在时间和费用有限时，应选取对于预测结果影响大的因素进行重点评价，采取尽可能精细的预测方法；相反，如果对于预测结果的影响不是很大，则可以选取简单的定性方法。

（6）评价工作者的技术水平和相关条件。随着计算机技术的不断发展，尤其是以地理信息系统为核心的"3S"技术的迅猛发展，并广泛地运用于各领域，大大提高了研究结果的精度，还有效地提高了研究工作的效率。但是，这其中有些方法需要先进设备、新的资源和专业人员的介入，这些可能在规划环评的时间限制内难以完成。但是，这并不是理由，而应该是一个好的时机来识别未来规划环评的需求，及时补充相关资源。

因此，选择规划环评方法时，必须分析规划环评研究对象的特点，把握方法选择的关键：对于重点问题，首先选择成熟的、被经验证明有效的方法；同时，在实践中，结合研究对象的特点尝试新的规划环评方法，开拓创新，不断地丰富规划环评的方法学；最后在实施时还要注意多种方法的结合使用，以相互检验。

6.3.3 主要步骤应用方法

评价过程是由不同阶段构成的，一般来说，在规划环评的各个阶段中，首先从简便、快速的方法开始识别问题，随后随着信息的增加，用更全面的方法着重研究那些最重要的问题。

表 6-2 说明主要方法在规划环评中适用的环节，这些方法包括常用方法（如定义法、矩阵法等)，也包括一些综合性方法（如可持续发展能力评价法、承载力评价法)。

表 6-2 主要步骤应用方法快速查阅表

方法	规划环评				
	筛选识别	现状调查阶段	预测	评价阶段	减缓措施与环境管理
定义法	√	—	—	—	—
专业判断法	√	√	√	√	√
网络法	√	—	—	—	—
系统流图法	√	—	—	—	—
对比、类比分析	√	—	√	√	√
情景分析法	—	—	√	√	—
风险分析、评价方法	√	—	√	√	—
逼近理想状态排列法	—	—	—	√	√
收集资料法	—	√	—	—	—
现场调查和监测法	—	√	—	—	—
灰色系统分析法	√	—	√	√	—
层次分析法	√	—	—	√	—
加权比较法	√	—	—	√	—
博弈分析法	√	—	√	—	√
数学模型法	—	—	√	√	—
投入产出法	—	—	√	√	—
生命周期分析	√	—	—	—	√
叠图法+地理信息系统集成法	√	√	√	√	√
费用效益分析法	—	—	√	√	√
多目标分析	—	—	—	√	—
生活质量评价	—	—	—	√	—

方　法	规划环评				
	筛选识别	现状调查阶段	预测	评价阶段	减缓措施与环境管理
核查表法	√	—	√	√	—
矩阵法	√	—	√	√	—
系统动力学	—	—	√	—	—
趋势外推预测法	—	—	√	—	—
规划相容性分析法	√	—	—	√	—
可持续发展能力评价法	—	—	—	√	—
承载力分析法	—	—	—	√	—
会议讨论（听证会、论证会、专家咨询等）	√	√	—	—	√
调查表（实地采访和信函等）	√	√	—	—	√
传媒（报纸、广播、电视和网络等）	—	√	—	—	√

6.4 规划环境影响评价案例分析

前面分析了在开展规划环评工作的过程中，各类规划环评技术方法的基本原理、应用范围、应用步骤和特点等，得到了规划环评常用方法的速查表。下面将结合 6 个国内已经完成的或正在进行的一些规划（包括政策）环境影响评价的研究报告或实际案例对国内规划环评的工作程序以及技术方法的特点进行分析和评述。

6.4.1 规划环评案例的选取

在本研究中选取了 6 个案例进行研究，具体案例的名称和类型见表 6-3 所示。这 6 个案例分别属于国家发展战略和综合规划、流域综合规划、区域开发、能源规划、交通规划和城市建设规划等。

表 6-3　规划环境影响评价所选案例列表

序号	案例名称	案例类型
1	《振兴东北老工业基地战略环境评价研究》	国家战略和综合规划
2	《塔里木河流域近期综合治理规划环境影响评价》	流域综合规划
3	《沈阳市浑南新区战略环境评价研究》	区域开发（具有城市建设规划性质）
4	《2003—2020 年电源规划环境影响评价研究》	能源规划
5	《重庆市骨架公路网规划环境影响评价》（专题报告）	交通规划
6	《中国 2010 年上海市世博会规划区总体规划环境影响评价案例》（大纲）	城市建设（具有旅游规划性质）

选择上述案例进行研究主要是基于以下几点考虑：①这些案例分别属于不同的类型，

具有代表性。②开展时间较早。由于本专题的研究工作是在 2004 年中展开的，到 2005 年 8 月以前，国内开展规划环评的实际案例并不多，目前，许多规划环评的实际案例还处在编制中，但前期的研究工作却已开展，有些单位开展了规划环评的研究，为规划环评的全面实施做准备。这里仅选取了第 2、第 5 项实际的规划环评案例进行分析和研究，第 1、第 3、第 4 项案例属于研究性质的评价报告，第 6 项案例是目前正在开展实际案例，但目前仅开展到大纲阶段，尚未编制完成环境影响报告书。③研究中所使用的技术方法有一定的特色和创新性。由于目前我国规划环境影响评价尚未全面开展，规划环境影响评价涉及的领域有限，因而选取了目前开展工作较多的综合性和专项规划的环境影响评价案例进行分析。

6.4.2 案例技术程序和工作内容

6.4.2.1 案例技术程序分析

规划环评的主要技术要点为规划环评的介入时机、自我评价和循环性灵活性。由于案例都采用了第三方评价的方式，且未能完全体现循环性和灵活性的特点，因此这两方面的要点不再赘述。主要分析介入时机的不同对规划环评有效性的影响。表 6-4 所示为不同案例的介入时机与评价结果比较。该表中，评价结论与规划联系的紧密程度指的是通过规划环评能否提出对规划的调整意见和其他管理建议，这体现了规划环评的有效性。

表 6-4 不同规划环评案例工作要点比较

案例序号	工作性质	介入时机	评价结论与规划联系的紧密程度
1	研究性质	规划草案编制后（中期）	较强
2	实际工作	规划已开始实施（后期）	较弱
3	研究性质	规划已开始实施（后期）	强
4	研究性质	草案尚未编制（早期）	较强
5	实际工作	规划草案编制后（中期）	较弱
6	实际工作	规划草案编制后（中期）	未完成

通过对不同案例工作要点的分析可以看出，现有案例的介入时机与规划环评有效性的关系具有以下特点：①规划环评的介入时机可以分为“规划草案尚未编制”、“规划草案编制完成后”和“规划已开始实施”3 种情况，即规划的“早期”、“中期”和“后期”3 个介入时机。②在现阶段，很少一部分规划环评能够在规划的早期介入。③尽管介入时机各不同，但是评价结论的有效性与介入时机并没有表现出明显的相关关系，这可能是因为：首先，现阶段规划环评很难对规划本身提出足够多的修改意见，规划环评的主要作用在于对下一层次的规划和建设项目的环境保护提出要求。其次，规划的实施时间较长，在介入时机较晚的情况下，如果其他外部条件允许，通过规划环评仍可以提出具有较强指导意义的规划调整建议和环境管理要求（案例 1、3 和 4），反之如果外部条件不允许，即使评价介入时间早，规划的方案仍然难以被调整，环评的意义依然较小。④本研究的两个实际工作案例评价结论与规划的联系程度较弱，而 3 个研究性质的案例与规划联系程度更强。一方面是由于这两个实际案例的介入时机比较晚造成的。但也从一个侧面表明，目前，规划环评的开展除技术问题外，存在体制性的障碍。在实际工作中，规划环评对规划的影响

程度是十分有限的，规划环评提出的建议在实际工作中很难被采纳，仍需要不断努力以扩大其影响力。

6.4.2.2 案例工作内容分析

表 6-5 总结了不同案例工作内容的完成情况。

表 6-5 不同案例工作内容完成情况比较

<table>
<tr><td colspan="2">案例序号
工作内容</td><td>1</td><td>2</td><td>3</td><td>4</td><td>5</td><td>6</td></tr>
<tr><td colspan="2">规划分析</td><td>√</td><td>√</td><td>√</td><td>√</td><td>√</td><td>√</td></tr>
<tr><td colspan="2">现状调查</td><td>√√</td><td>√√</td><td>√</td><td>√</td><td>√</td><td>√√</td></tr>
<tr><td colspan="2">筛选和识别</td><td>√</td><td>√</td><td>√</td><td>√</td><td>√</td><td>√</td></tr>
<tr><td colspan="2">确定替代方案</td><td>3 个</td><td>1 个</td><td>多个</td><td>3 个</td><td>1 个</td><td>1 个</td></tr>
<tr><td colspan="2">预测和评价</td><td>√</td><td>√</td><td>√√</td><td>△</td><td>√√</td><td>√</td></tr>
<tr><td colspan="2">公众参与</td><td>△</td><td>△</td><td>△</td><td>△</td><td>△</td><td>√</td></tr>
<tr><td colspan="2">环境管理措施与跟踪评价</td><td>△</td><td>△</td><td>△</td><td>△</td><td>△</td><td>—</td></tr>
<tr><td rowspan="3">报告书结论</td><td>对本规划方案的可行性论证和调整建议</td><td>√</td><td>√</td><td>√</td><td>√</td><td>√</td><td>√</td></tr>
<tr><td>对上一层次规划和同一层次其他规划的建议</td><td>√</td><td>△</td><td>△</td><td>√</td><td>△</td><td>△</td></tr>
<tr><td>对下一层次规划和项目环境管理的建议</td><td>√</td><td>√</td><td>√√</td><td>△</td><td>√</td><td>√</td></tr>
</table>

注：√√——本案例较好地完成了该部分的内容，且工作比较细致，有一定的开创性。

√——本案例完成了该部分内容的基本要点，但仍可进一步完善。

△——本案例该部分内容缺失或过于笼统，应当补充内容。

根据统计结果可以看出，目前，大部分规划环评的工作程序是基本相同的，现有的案例基本均能涵盖。具体要点如下：

规划分析、现状调查、筛选识别和确定替代方案 规划分析、现状调查、筛选识别和确定替代方案这 4 个方面内容应当是交叉进行的，因此在这里集中讨论。

（1）规划分析。所有的案例能够完成编制背景、规划的目标、规划对象、规划内容、实施方案，及其与相关法律、法规等方面的内容，但在规划的协调性分析上存在较大的问题，很难找到本规划与其他规划的主要矛盾。对规划的分析应当统一到本规划对资源的需求和对环境可能产生的影响的问题上。在资源和环境的平台上分析，本规划与其他规划是否存在争夺自然资源或环境容量的情况。

（2）现状调查。现状调查是评价的基础，所有的案例中都用很大篇幅介绍了本规划所在区域的现状，但普遍存在的问题是针对性不强（如案例 1、2、4 等），现状介绍中的大部分内容与规划联系较少。现状调查中，必须注意有针对性的搜集对规划环评有用的各种资料，在调查中必须首先收集规划可能影响到的相关的环境要素资料和当前面临的突出资源或环境问题的资料，由于受时间、人力和物力限制，在评价中必须选择针对性强的资料。

（3）筛选和识别。虽然所有的案例都开展了筛选和识别的工作，但是大部分案例仍然停留在建设项目环评的层次上（如案例 1、2、4、5 等），仅对常规的环境因子进行了识别和分析，很难做到全面识别，更难以触及累积影响因子和间接影响因子的识别，很容易忽略潜在的环境因子。在这个阶段，必须严格按照导则的要求，密切结合规划分析和现状调查，辅以多种技术方法，在开展公众参与活动（以专家咨询和会议讨论的形式为主）后，得到全面的环境影响识别结果。同时，在识别阶段对于重点影响因子的识别也有待加强，以确保将有限的时间、人力和物力投入到更加有效的工作中，提高规划环评的质量。

（4）确定替代方案。实际案例中，确定规划的替代方案是规划环评的最大难点。从表 6-5 可以看出，凡是研究性的案例均有两个以上的替代方案可供选择，可见“替代方案”在规划中是存在的，但凡是以实际工作为基础的案例很少能够提出有效的替代方案，尽管介入方式不同，但是 3 个实际案例都仅有一个规划方案可供分析和评价，没能实现多方案比选，这说明规划环评对规划的影响力仍然十分有限。

预测和评价 预测和评价部分是环境影响评价的主要内容，目前案例中存在的主要问题是由于识别和筛选不全导致预测和评价的不全面（案例 4）；预测和评价的过程与规划结合不够紧密（案例 1）；许多被识别的环境因子未进行预测和评价（案例 2）。另外，也存在着评价技术方法使用不当的问题，但是技术方法方面的问题并没有前 3 个问题严重。本报告所选的案例（除案例 4 外）工作时间都比较充分，均取得了较好的效果。评价工作所采用的技术方法与评价的工作时间、人力、物力密切相关，通常在时间紧迫的情况下，可能会采用一些定性或半定量的预测和评价方法，这和国外的规划环评实践中遇到的问题是基本一致的，这种方法更加简单高效，它所产生的不确定因素可以通过确定其不确定性的范围从而在一定程度上克服。

公众参与 除尚未完成的案例 6 以外，所有案例的公众参与工作都不足，其中，案例 1、3、4、5 均未开展公众参与。主要原因有两个，①评价机构不重视公众参与，认为和建设项目环评一样，公众参与的作用十分有限，没有把公众参与当做规划环评重点工作。②对公众参与方式和方法的缺乏，导致公众参与形式过少、次数过少，样本数也过少。在案例 6 中，将在环评方案制订时、影响识别时和完成评价报告后开展三次不同形式的公众参与活动的，在公众参与的工作程序和方法上有一定的突破。

环境管理措施与跟踪评价 环境管理措施包括环境减缓措施以及其他管理措施，是报告书得出的主要结论性意见。跟踪评价是规划实施后环境管理的手段，目前的案例中的这部分内容存在的主要问题是针对性不强；报告书提出的环保措施和方案过于笼统，有的措施并非规划编制部门能够解决的，环境保护工作需要多部门的配合和环保部门监督。因此，在环境管理措施的编写时，必须明确问题的管理归口，以利于各政府部门各尽其责。

6.4.3 案例技术方法分析

6.4.3.1 筛选和识别阶段的技术方法

表 6-6 为筛选和识别阶段所使用的技术方法统计。用“√”来表示本案例中已经使用了此方法，“△”表示在本案例中推荐的还能够使用的方法（下同），未做标记的空格表示此方法在本案例的本步骤中不适用。

表 6-6　筛选和识别过程所使用的技术方法统计

技术方法＼案例序号	1	2	3	4	5	6	应用次数统计
定义法	—	√	√	√	√	√	5
核查表法	√	△	√	△	√	△	3
矩阵法	√	△	√	√	△	√	4
专业判断法	√	√	√	√	√	√	6
网络法	△	√	√	△	△	△	2
系统流图法	√	—	△	△	—	△	1
灰色系统分析法	—	—	△	—	△	△	0
层次分析法	—	√	√	△	△	—	2
加权比较法	△	△	△	△	△	△	0
博弈分析法	△	△	△	△	△	△	0
生命周期分析	—	△	—	△	△	△	0
规划相容性分析	√	√	√	△	△	√	4
叠图法＋地理信息系统集成法	△	√	△	△	△	△	1
风险分析与评价方法	√	√	△	△	√	△	3
会议讨论（听证会、论证会等）	√	√	√	△	△	√	4
调查表（实地采访和信函等）	△	△	√	△	△	√	2
对比、类比分析	△	△	√	△	△	△	1

由表 6-6 的统计可以看出，目前的案例中，在规划环评的规划分析、筛选和识别阶段，定义法、专业判断法得到广泛应用。定义法主要用于案例的筛选，判定该案例是否属于法律法规规定的规划环评的范围内，是否需要开展规划环评工作。在所选的 6 个案例中，除案例 1 在法律上不要求以外，其他 5 个案例都处于相关法律法规所要求的必须开展环境影响评价的规划范围内。

（1）矩阵法、核查表法也得到了较多的应用，这些方法对于迅速做出判断很有帮助，但是也暴露了一些问题，其中最主要的问题就是识别环境影响时，这两种方法如果使用不当，将无法很好的识别间接影响和累积影响。

（2）风险分析与评价方法也得到了较多的应用，因为规划不当可能引发的风险问题直接影响到区域内的居民安全问题，以后应该继续加强应用。

（3）网络法、系统流图法有利于识别规划中的累积影响，建议在以后的筛选和识别过程中尽量多的使用。博弈分析和生命周期分析是通过第 3 章的研究发现的用于识别规划的累积影响的好方法，建议在以后的筛选识别中尽量多的使用上述方法。

（4）灰色关联分析法（灰色系统分析的一种方法）、层次分析法、对比分析法和加权比较法在规划环评中都用来判定影响因子的重要程度，在本案例的筛选和识别中都没有使用。通常在实际工作中，一般只用专业判断法来识别影响因子的重要程度，然而在宏观的规划环评中，采用专业判断法来识别影响因子的重要程度，显然是不够的。规划环评的环境影响因子可能很多，采用以上四种方法结合专业判断法有利于筛选和识别更加客观有效。

（5）现有案例中，会议讨论、调查表等公众参与的方法也有应用，目前存在的问题是公众参与的范围过窄，建议在识别过程中以增加咨询会议的方式扩大公众参与的范围，邀请所有的相关人，以及关心的人都来参加咨询会议，会议中可使用调查表进行调查。

综上所述，尽管所有案例都开展了筛选和识别的工作，但是总体而言，规划环评的筛选和识别的总体水平不高，所使用的技术方法不全面，导致筛选和识别的结果存在范围过窄的问题，建议在以后的环境影响识别中尽量多的使用本报告提出的多种方法，提高筛选和识别的整体水平。

6.4.3.2 现状调查阶段的技术方法

表 6-7 为现状调查阶段所使用的技术方法统计。

由统计数据可以看出，在现状调查阶段，收集资料法得到了最多的应用，因为对于规划的大区域和长时间段而言，收集资料法仍然是最有效、最全面的方法。

表 6-7　现状调查中所使用的技术方法统计

技术方法＼案例序号	1	2	3	4	5	6	应用次数统计
收集资料法	√	√	√	√	√	√	6
现场调查和监测法	√	√	√	△	√	√	5
叠图法＋地理信息系统集成法	√	√	△	△	√	√	4
会议讨论（听证会、论证会等）	△	△	△	△	△	√	1
调查表（实地采访和信函等）	√	△	√	△	△	√	3
专业判断法	△	√	√	△	√	√	4

（1）现场调查和监测法也得到了较多的应用，通过现场调查和实地踏勘获得第一手资料是必要的，作为对于收集资料法的补充也很有裨益，但是相对于规划的大区域、长时间段而言，进行全面的监测显然是不现实的，而且意义不大，推荐将其作为辅助手段。

（2）叠图法＋地理信息系统集成法作为现代科技以其特有的处理海量数据和及时更新的能力在环境科学中得到了迅速的发展。但是由案例分析可见，在案例中它的使用频率不是很高。究其原因，主要是因为地理信息系统在我国还属于一门比较新的学科，掌握这门技术的人才比较少，在环境领域就更加少，由于受人才、技术的限制，所以目前还没有得到广泛应用。但地理信息系统与规划环评具有先天的结合优越性（如处理海量数据、大区域适用性等），因此在以后应该积极推动地理信息系统在规划环评中的应用。

另外，在现状调查中也应当重视公众参与的作用。

6.4.3.3 预测阶段的技术方法

表 6-8 为预测阶段所使用的技术方法统计。案例分析表明，在预测阶段，情景分析法、数学模型法、趋势外推法、专业判断法都得到了比较多的应用。而这其中数学模型法、趋势外推法、专业判断法都属于在项目环评中应用很多的成熟方法，这对于完成预测阶段的工作起了很大的作用。

表 6-8 影响预测中所使用的技术方法统计

案例序号 技术方法	1	2	3	4	5	6	应用次数统计
核查表法	△	△	△	△	△	△	0
矩阵法	△	△	△	△	△	△	0
专业判断法	√	√	√	√	√	√	6
灰色系统分析法	√	—	△	△	√	—	2
博弈分析法	△	△	△	△	△	△	0
对比、类比分析	—	√	—	—	—	√	2
叠图法+地理信息系统集成法	△	—	△	△	√	△	1
系统动力学	△	—	√	△	—	—	1
趋势外推预测法	√	√	√	√	—	√	5
情景分析法	√	—	√	√	√	√	5
数学模型法	√	—	√	√	√	√	5
投入产出法	△	—	√	—	—	—	1
风险分析与评价方法	√	√	△	△	√	△	3
费用效益分析法	△	—	√	△	√	—	2

（1）在本研究的案例中，核查表法、矩阵法、灰色关联、博弈分析等定性或半定量的分析方法在本案例中使用较少，这可能有以下几点原因：①这些案例的工作时间都很长，没有时间限制；②传统项目既定模式使评价人员认为定性的分析方法不能说明问题；③对方法不熟悉。然而，现有的国内外研究都表明，在规划环评中定性的和半定量的作用很大，有利于在时间、人力、物力有限的情况下尽快得到评价结论，因此我们在案例中，对这些方法都作了推荐。

（2）在案例中，叠图法＋地理信息系统集成法、风险分析、灰色预测和费用效益分析的方法在预测中均有使用，但目前应用的范围不足。上述 4 种方法在规划环评中是适用的，大部分情况下也是必需的，应当在今后的实践中逐步推广。

（3）系统动力学、投入产出分析等方法的适用范围有限，只适用于宏观的综合性评价如产业发展规划、国民经济和社会发展规划中，对于专项规划的实用性不强。这两种方法的共性是需要大量的实际资料和较强的专业知识作支持，才能保证预测结果的有效性，但在实际中很难有足够的时间、人力和物力开展这方面的工作，因此，在选用这两种方法进行预测时应当慎重。

6.4.3.4 评价阶段的技术方法

表 6-9 为评价阶段所使用的技术方法统计。与预测阶段的分析结果类似的，表 6-9 的统计表明，所谓评价可以理解为基于现状或预测的结果与既定的环境目标（标准）进行比较的过程。在项目评价中，大部分情况下使用了专业判断法、对比、类比分析等方法，与既定的环境目标（标准）进行比较。

表 6-9　评价阶段中所使用的技术方法统计

技术方法 \ 案例序号	1	2	3	4	5	6	实际应用次数统计
核查表法	△	△	△	△	△	△	0
矩阵法	△	△	△	△	△	△	0
专业判断法	√	√	√	√	√	√	6
灰色系统分析法	△	△	△	△	△	△	0
层次分析法	√	√	√	△	△	√	4
加权比较法	√	△	△	△	△	△	1
对比、类比分析	√	√	√	√	√	√	6
叠图法＋地理信息系统集成法	△	√	△	△	√	△	2
情景分析法	√	—	√	√	√	√	5
投入产出法	△	—	△	—	—	—	0
风险分析与评价方法	△	√	△	△	√	△	2
逼近理想状态排列法	△	—	△	—	√	—	1
费用效益分析法	—	√	√	△	√	△	3
多目标分析	△	—	√	—	—	△	1
规划相容性分析	√	√	√	△	△	√	4
可持续发展能力评价	√	√	√	—	—	△	3
承载力分析	△	√	△	△	—	√	2
生活质量评价	△	—	△	—	—	√	1

如前所述，核查表法、矩阵法、灰色系统分析法、加权比较法等方法更容易凸显环境评价的结果，使重点更加突出。相容性分析、承载力分析和可持续发展能力分析是规划环评所特有的分析方法，应当在规划环评中加强使用。投入产出法、多目标分析、生活质量评价适合于综合性的分析如国民经济和社会发展规划、区域开发规划以及城市总体规划的评价中。

6.4.3.5 减缓措施和跟踪评价阶段的技术方法

表 6-10 为减缓措施和跟踪评价阶段所使用的技术方法统计。由统计表不难看出，在规划环评的减缓措施和跟踪评价中，一般都使用专业判断法提出环境管理的减缓措施。有时采用公众参与的方法寻找最佳的减缓措施。但是相对于规划影响的大范围来说，会议讨论、调查表能够参与的公众范围较小。建议在以后的公众参与中更多地结合传媒法，使得更广泛的听众能够参与进来。另外，根据方法的特性，博弈分析和生命周期分析在减缓措施和环境管理中也可以应用。

表 6-10　减缓措施和跟踪评价中所使用的技术方法统计

技术方法＼案例序号	1	2	3	4	5	6	应用次数统计
专业判断法	√	√	√	√	√	—	5
博弈分析法	△	△	△	△	△	—	0
生命周期分析	—	△	—	△	△	—	0
会议讨论（听证会、论证会等）	△	√	△	△	△	√	2
调查表（实地采访和信函等）	△	√	△	△	△	√	2
传媒（报纸、广播、电视和网络等）	△	△	△	△	△	√	1

6.4.4 案例一：振兴东北老工业基地战略环境影响评价

本案例从东三省目前的现状及振兴战略入手，运用十几种方法，分析预测了 2010 年当地的社会经济与资源环境状况，并通过资源承载力分析、环境容量分析及综合评价和分析等方法分析预测了 3 种发展模式对当地资源环境的影响程度，然后根据这些分析，提出相应的对策建议及环境管理的红线指标对策，并提出跟踪监测和环境管理的要求，旨在为东北地区的环境变化起预警作用，同时为有关部门制定环境政策提供参考，以便尽可能减小东三省社会经济的发展对当地资源环境的影响，最终达到东三省经济、社会与环境的协调发展，本案例使用这些方法取得了较好的效果。

本战略环境评价筛选和识别选用的方法是矩阵法。环境评价现状调查与分析方法选用的是：①收集资料法；②现场调查和监测法；③叠图法＋地理信息系统集成法。环境评价预测分析方法选用的有：①情景分析法；②趋势外推法；③灰色系统分析法；④对比、类比分析；⑤趋势外推法之弹性系数法。公众参与采用的方法主要是调查表方法。本案例中的各个阶段所选用的技术方法列于表 6-11 中，用“ √”表示。

表 6-11　振兴东北老工业基地战略环境评价技术方法表

方法	规划环评阶段				
	筛选识别	现状调查阶段	预测	评价	减缓措施与环境管理
定义法	—	—	—	—	—
核查表法	√	—	△	△	—
矩阵法	√	—	△	△	—
专业判断法	√	—	√	√	√
网络法	△	—	—	—	—
系统流图法	√	—	—	—	—
灰色系统分析法	—	—	√	△	—
层次分析法	—	—	—	√	—
加权比较法	△	—	—	√	—
博弈分析法	△	—	△	—	△

方法	规划环评阶段				
	筛选识别	现状调查阶段	预测	评价	减缓措施与环境管理
对比、类比分析	△	—	—	√	—
生命周期分析	△	—	—	—	—
叠图法+地理信息系统集成法	△	√	△	△	—
收集资料法	—	√	—	—	—
现场调查和监测法	—	√	—	—	—
系统动力学	—	—	△	—	—
趋势外推预测法	—	—	√	—	—
情景分析法	—	—	√	√	—
数学模型法	—	—	√	—	—
投入产出法	—	—	△	△	—
风险分析与评价方法	√	—	—	—	—
逼近理想状态排列法	—	—	—	△	—
费用效益分析法	—	—	△	△	—
多目标分析	—	—	—	—	—
生活质量评价	—	—	—	△	—
规划相容性分析法	√	—	—	√	—
可持续发展能力评价法	—	—	—	√	—
承载力分析法	—	—	—	△	—
会议讨论（听证会、论证会等）	√	△	—	—	△
调查表（实地采访和信函等）	△	√	—	—	△
传媒（报纸、广播、电视和网络等）	—	△	—	—	—

另外，由于本案例涉及内容多、范围广，再加上时间、物力和财力以及其他条件的限制，一些适宜的方法，在本案例中未来得及采用，结合国内外类似战略和规划环评的相关经验，为了进一步完善本环评报告，在本表格中还列举了一些能够较适用于本战略案例的技术方法，用“△”表示，应用这些方法后，报告书可更加完善和提高。

6.4.5 案例二：塔里木河流域近期综合治理规划环境影响评价

本案例环评筛选和识别所选用的方法主要是网络法。本规划环评现状调查与分析方法主要是：①收集资料法；②现场调查和监测法；③地理信息系统（GIS）法。本规划环评预测分析方法主要是可持续发展能力分析法，自然系统生产力分析。本规划环境影响评价的分析方法主要有：①对比评价法；②成本效益分析——影子工程法；③类比分析法。本规划环评公众参与方法主要是会议讨论法和发放调查表方法。

本案例中的各个阶段所选用的技术方法列于表 6-12 中，用“√”表示。另外，由于时间、物力和财力以及其他条件的限制，一些适宜的方法，在本案例中未来得及采用，结合国内外类似规划环评的相关经验，为了进一步完善本环评报告，在本表格中还列举了一些能够较适用于本环评案例的技术方法，用“△”表示，应用这些方法后，报告书可更加完善和提高。

表 6-12 案例二所用的方法列表

方法	规划环评阶段				
	筛选识别	现状调查阶段	预测	评价	减缓措施与环境管理
定义法	√	—	—	—	—
专业判断法	√	√	√	√	√
网络法	√	—	—	—	—
系统流图法	—	—	—	—	—
对比、类比分析	△	—	√	√	—
情景分析法	—	—	—	—	—
风险分析与评价方法	√	—	√	√	—
逼近理想状态排列法	—	—	—	—	—
收集资料法	—	√	—	—	—
现场调查和监测法	—	√	—	—	—
灰色系统分析法	—	—	—	—	—
层次分析法	√	—	—	√	—
加权比较法	△	—	—	△	—
博弈分析法	△	—	△	—	△
数学模型法	—	—	—	—	—
投入产出法	—	—	—	—	—
生命周期分析	△	—	—	—	△
叠图法＋地理信息系统集成法	√	√	√	√	√
费用效益分析法	—	—	—	√	—
多目标分析	—	—	—	—	—
生活质量评价	—	—	—	—	—
核查表法	△	—	△	△	—
矩阵法	△	—	△	△	—
系统动力学	—	—	—	—	—
趋势外推预测法	—	—	√	—	—
规划相容性分析法	√	—	—	√	—
可持续发展能力评价法	—	—	—	√	—
承载力分析法	—	—	—	√	—
会议讨论（听证会、论证会等）	√	△	—	—	√
调查表（实地采访和信函等）	△	△	—	—	√
传媒（报纸、广播、电视和网络等）	—	△	—	—	△

6.4.6 案例三：沈阳浑南新区规划环境影响评价

本案例环评筛选和识别所选用的方法是专业判断法和系统流图法。环评现状调查与分析方法采用收集资料法。环评预测方法主要采用系统动力学、多目标分析和情景分析法。环评评价的方法主要采用数学模型法和费用效益分析法。公众参与中的方法采用调查表。

本案例重点评价了相关评价方法的选用原则和使用方法，通过案例分析，比较了不同方法的联系、异同点、适用范围和常规的使用方法，也对本案例中存在的一些问题，如公众参与、间接影响、累积影响和环境监测与检查制度执行问题，作出了讨论和点评，提出改进的方向。本案例中的各个阶段所选用的技术方法列于表 6-13 中，用“√”表示。另外，由于时间、物力和财力以及其他条件的限制，一些适宜的方法，在本案例中未及采用，结合国内外类似规划环评的相关经验，为了进一步完善本环评报告，在本表格中还列举了一些能够较适用于本环评案例的技术方法，用“△”表示。

表 6-13　沈阳浑南新区规划环境评价技术方法表

方法	规划环评阶段				
	筛选识别	现状调查阶段	预测	评价	减缓措施与环境管理
定义法	√	—	—	—	—
核查表法	√	—	△	△	—
矩阵法	√	—	△	△	—
专业判断法	√	—	√	√	√
网络法	√	—	—	—	—
系统流图法	△	—	—	—	—
灰色系统分析法	△	—	△	△	—
层次分析法	√	—	—	√	—
加权比较法	△	—	—	△	—
博弈分析法	△	—	△	—	△
对比、类比分析	√	—	—	√	—
生命周期分析	—	—	—	—	—
叠图法＋地理信息系统集成法	△	△	△	△	—
收集资料法	—	√	—	—	—
现场调查和监测法	—	√	—	—	—
系统动力学	—	—	√	—	—
趋势外推预测法	—	—	√	—	—
情景分析法	—	—	√	√	—
数学模型法	—	—	√	—	—
投入产出法	—	—	√	△	—
风险分析与评价方法	△	—	△	△	—
逼近理想状态排列法	—	—	—	△	△
费用效益分析法	—	—	√	√	—
多目标分析	—	—	—	√	—
生活质量评价	—	—	—	△	—
规划相容性分析法	√	—	—	√	—
可持续发展能力评价法	—	—	—	√	—
承载力分析法	—	—	—	△	—
会议讨论（听证会、论证会等）	√	√	—	—	△
调查表（实地采访和信函等）	√	√	—	—	△
传媒（报纸、广播、电视和网络等）	—	△	—	—	△

6.4.7 案例四：2003—2020 年电源建设规划环境影响评价

本案例从电源规划入手，运用若干种方法，分析预测了 2005 年、2010 年当地的社会经济与资源环境状况，并通过电源装机房案、污控措施预测了 3 种发展模式对资源环境的影响程度，然后根据这些分析，提出相应的对策建议，旨在为电源建设可能引发的环境变化起预警作用，同时为有关部门制定环境政策提供参考，以便尽可能减小电源发展对资源环境的影响，最终达到经济、社会与环境的协调发展，本案例使用这些方法取得了一定的效果。

本案例规划环境评价筛选和识别选用的方法主要是矩阵法和专业判断法。环评现状调查与分析方法采用收集资料法。环评预测分析方法采用情景分析法。环境影响评价的分析方法采用对比、类比分析法。本案例评价过程中涉及的方法见表 6-14 所示，案例中使用的方法用“√”表示。由于本案例工作程序和工作内容均不完善，使用技术方法也较少。为完善本案例欠缺的内容，还可应用若干技术方法，在表 6-14 中用“△”表示。

表 6-14　2003—2020 年电源建设规划环评案例技术方法表

方法	规划环评阶段				
	筛选识别	现状调查阶段	预测	评价	减缓措施与环境管理
定义法	√	—	—	—	—
核查表法	△	—	△	△	—
矩阵法	√	—	△	△	—
专业判断法	√	√	√	√	△
网络法	△	—	—	—	—
系统流图法	△	—	—	—	—
灰色系统分析法	—	—	△	—	—
层次分析法	△	—	—	△	—
加权比较法	△	—	—	△	—
博弈分析法	△	—	△	—	△
对比、类比分析	△	—	—	√	—
生命周期分析	△	—	—	—	△
叠图法＋地理信息系统集成法	△	△	△	△	—
收集资料法	—	√	—	—	—
现场调查和监测法	—	△	—	—	—
系统动力学	—	—	△	—	—
趋势外推预测法	—	—	√	—	—
情景分析法	—	—	√	√	—
数学模型法	—	—	√	—	—
投入产出法	—	—	—	—	—
风险分析与评价方法	△	—	△	△	—

方法	规划环评阶段				
	筛选识别	现状调查阶段	预测	评价	减缓措施与环境管理
逼近理想状态排列法	—	—	—	—	—
费用效益分析法	—	—	△	△	—
多目标分析	—	—	—	—	—
生活质量评价	—	—	—	—	—
规划相容性分析法	—	—	—	△	—
可持续发展能力评价法	—	—	—	—	—
承载力分析法	—	—	—	△	—
会议讨论（听证会、论证会等）	△	△	—	—	△
调查表（实地采访和信函等）	△	△	—	—	△
传媒（报纸、广播、电视和网络等）	—	△	—	—	△

6.4.8 案例五：重庆市骨架公路网规划环境影响评价

本案例环境评价筛选和识别选用的方法采用核查表法。环评现状调查与分析方法采用收集资料法和叠图法＋地理信息系统集成法。环评预测分析方法采用叠图法＋地理信息系统集成法、风险分析与评价方法、费用损益分析法、数学模型法、灰色系统分析法。环境影响评价的分析方法采用逼近理想状态排列法和对比评价法。

本案例中的各个阶段所选用的技术方法列于表 6-15 中，用“√”表示。另外，由于时间、物力和财力以及其他条件的限制，一些适宜的方法，在本案例中未及采用，结合国内外类似规划环评的相关经验，为了进一步完善本环评报告，在本表格中还列举了一些能够较适用于本环评案例的技术方法，用“△”表示，应用这些方法后，报告书可更加完善和提高。

表 6-15　重庆市骨架公路网规划环境影响评价技术方法表

方法	规划环评阶段				
	筛选识别	现状调查阶段	预测	评价	减缓措施与环境管理
定义法	√	—	—	—	—
核查表法	√	—	△	△	—
矩阵法	△	—	△	△	—
专业判断法	√	√	√	√	√
网络法	△	—	—	—	—
系统流图法	△	—	—	—	—

方法	规划环评阶段				
	筛选识别	现状调查阶段	预测	评价	减缓措施与环境管理
灰色系统分析法	△	—	√	—	—
层次分析法	△	—	—	△	—
加权比较法	△	—	—	△	—
博弈分析法	△	—	△	—	△
对比、类比分析	△	—	—	√	—
生命周期分析	△	—	—	—	△
叠图法＋地理信息系统集成法	△	√	√	√	—
收集资料法	—	√	—	—	—
现场调查和监测法	—	√	—	—	—
系统动力学	—	—	—	—	—
趋势外推预测法	—	—	—	—	—
情景分析法	—	—	√	√	—
数学模型法	—	—	√	—	—
投入产出法	—	—	—	—	—
风险分析与评价方法	√	—	√	√	—
逼近理想状态排列法	—	—	—	√	—
费用效益分析法	—	—	√	√	—
多目标分析	—	—	—	—	—
生活质量评价	—	—	—	—	—
规划相容性分析法	—	—	—	√	—
可持续发展能力评价法	—	—	—	—	—
承载力分析法	—	—	—	√	—
会议讨论（听证会、论证会等）	△	△	—	—	△
调查表（实地采访和信函等）	△	△	—	—	△
传媒（报纸、广播、电视和网络等）	—	△	—	—	△

6.4.9 案例六：上海世博会规划区总体规划环境影响评价

本规划环评筛选和识别所选用的方法采用矩阵法。环评现状调查与分析方法采用现场调查和监测法。环评预测分析方法采用数学模型法和系统动力学方法。环境影响评价的分析方法采用生活质量评价方法和承载力分析方法。公众参与方法采用传媒网上调查方法。

本案例中的各个阶段所选用的技术方法列于表 6-16 中，用“√”表示。另外，由于本案例尚处在大纲阶段，只是确定了一些重要的预测模型的选用。一些适宜的方法，在本案例中并未指出，结合国内外类似规划环评的相关经验，为了进一步完善本环评报告，在本表格中还列举了一些能够较适用于本环评案例的技术方法，用“△”表示，应用这些方法后，报告书可更加完善和提高。

表 6-16　本案例所用的技术方法列表

方法	规划环评阶段				
	筛选识别	现状调查阶段	预测	评价	减缓措施与环境管理
定义法	√	—	—	—	—
专业判断法	√	√	√	√	√
网络法	△	—	—	—	—
系统流图法	△	—	—	—	—
对比、类比分析	△	—	√	√	—
情景分析法	—	—	√	√	—
风险分析与评价方法	△	—	△	△	—
逼近理想状态排列法	—	—	—	—	—
收集资料法	—	√	—	—	—
现场调查和监测法	—	√	—	—	—
灰色系统分析法	△	—	—	—	—
层次分析法	—	—	—	—	—
加权比较法	△	—	—	△	—
博弈分析法	△	—	—	—	—
数学模型法	—	—	√	—	—
投入产出法	—	—	—	—	—
生命周期分析	△	—	△	—	△
叠图法＋地理信息系统集成法	△	√	△	△	√
费用效益分析法	—	—	—	△	—
多目标分析	—	—	—	—	—
生活质量评价	—	—	—	√	—
核查表法	△	—	△	△	—
矩阵法	√	—	△	△	—
系统动力学	—	—	—	—	—
趋势外推预测法	—	—	√	—	—
规划相容性分析法	√	—	—	√	—
可持续发展能力评价法	—	—	—	△	—
承载力分析法	—	—	—	√	—
会议讨论（听证会、论证会等）	√	√	—	—	√
调查表（实地采访和信函等）	√	√	—	—	√
传媒（报纸、广播、电视和网络等）	—	√	—	—	√

参考文献

[1] Aronoff，S. Geographic Information System：a Management Perspective. WDL Perspective. WDL Publications，Ottawa，Canada，1992.

[2] Biswal M. P. Fuzzy Programming Technique to Solve Multi-objective Geometric Programming Problems. Fuzzy Sets and Systems，1992，（51）：67-71.

[3] Bond A J，Brooks D J A. Strategic framework to determine the Best Practicable Environmental Option （BPEO）for proposed transport Schemes. Journal of Environmental Sciences，1997，8（2）：129-144.

[4] Carson James E. On the preparation of environmental impact states in the united states of America. Atmosphere Environment，1992，26A（15）：2 759-2 768.

[5] CEC. Directive 2001/42/EC of the European Parliament and of the Council on the assessment of the effects of certain plans and programmes on the environment. http：//europa. eu. int/comm. /environment/eia.

[6] Fisher Thomas B. Benefits arising from SEA application：a comparative review of North West England，Noord Holland，and Brandenburg-Berlin. Environmental Impact Assessment Review，1999，19（1）：143-173.

[7] Gonzalez. G. Decolorization of molasses effluents by coagulation flocculation process. Zuckerindustrie，1999，124（5）：406-410.

[8] Huang G. H，B. W. Baetz and G. G. Patry. A grey fuzzy linear programming（GFLP）approach for municipal solid waste management planning under uncertainty. Civil Engineering Systems，1993，10：123-146.

[9] Huang，G. H. ，B. Bass，and L. D. Mortsch，et. al. （1994），A Grey Dynamic Optimization Approach for Regional Environmental/Economic Planning：Application to the Niagara River Basin，Technical Report No. 94012，AES-Environment Canada.

[10] Kahen Geol. Engery technology transfer：a proposal for the strategic assessment impacts within developing countries. Energy and Environment，1997，8（2）：115-131.

[11] Li Zuoyong，Zhang Huijun，Deng Xinmin. A new assessment method of eutrophication of lake based on AHP-PCA[J]. China Environmental Science，1994，5（1）：37-42.

[12] Migo . Effect of pH and calcium ions on the destabilization of melanoidin. Journal of Fermentation and Bioengineering，1993，76（1）：29-32.

[13] Munsinghe M. Structural adjustment policies and the environment. Environment and Development Economics，1998，（4）：9-18.

[14] NAS（1983）：Risk Assessment in the Federal Government Managing the Process. Washington，DC. ：National Academy Press.

[15] Office of the Deputy Prime Minister. A Practical Guide to the Strategic Environmental Assessment Directive. London：Office of the Deputy Prime Minister，2005.

[16] Ortolano，R. 环境管理与影响评价. 郭怀诚，等，译. 北京：化学工业出版社，2004，1.

[17] Risk Assessment and Management Hand Book for Environmental Health and Safety Profession. Mc Graw-Hill Inc，1996.

[18] Saaty T L. The Analytic Hierarchy Process，Priority，Resource Allocation [M]. New York：McGraw-Hill，Inc.，1980，287-305.

[19] Schultink G. Environmental indices and public policy：a system perspective on impact assessment and development planning. Int J Environmental Studies. 1999，56：237-258.

[20] Sweeney M. Geographic Information System-Literature Review. Water Environment Research，1997，69（4）：419-422.

[21] Therivel，R. Strategic Environmental Assessment in Action. London：Earthscan Publication Ltd，2004：4-21.

[22] Therivel，R. Strategic Environmental Assessment in Action. London：Earthscan Publication Ltd，2004：4-21.

[23] Vincent T Covello et. al. Risk Assessment Methods Approaches for Assessing Health and Environmental Risk，New York and London：PlenumPress，1993：3.

[24] 包存宽，尚金城，陆雍森. 前后对比分析法在战略环境评价中应用初探. 环境科学学报，2001，21（6）：754-758.

[25] 包存宽，陆雍森，尚金城. 规划环境影响评价方法与实例. 北京：科学出版社，2004，3-8.

[26] 陈守煜. 多目标决策模糊集理论与模型. 系统工程理论与实践，1992，1：7-12.

[27] 国家环境保护总局环境工程评估中心. 中加战略环境影响评价研讨会论文集. 北京：中国环境科学学会，2001，11.

[28] 韩润平，魏爱卿，陆雍森. 环境影响评价的工具——生命周期评价. 郑州大学学报，2003，35（2）.

[29] 郝明家，袁笛. 战略环境评价的理论与方法的初步探讨. 环境保护科学，2002，5：50-52.

[30] 洪继华，宋依兰. 层次分析法在水环境规划中的应用. 环境科学与技术，2000，1：32-35.

[31] 黄春林，张建强，沈淞涛. 生命周期评价综论. 环境技术，2004 ，1.

[32] 季求知，等. 情景分析法对西部公路建设规模测算分析. 公路，2005，1.

[33] 鞠美庭，朱坦，徐鹤，宋铁栋. 战略环境评价的发展以及适合中国的管理程序和技术路线探讨. 环境保护，2005，5：25-29.

[34] 李菁，马蔚纯，余琦. 战略环境评价的方法体系探讨. 上海环境科学，2003，增刊：114-118.

[35] 李明光，游江峰，郑武. 战略环境评价在中国的发展及方法学探讨. 中国人口、资源与环境，2003，2：23-27.

[36] 李清龙，等. 环境影响评价中公众参与现状、问题及对策. 河北科技大学学报，2004，25（1）.

[37] 李顺兴，郑凤英，邓南圣. 面向产品系统的环境管理工具. 生命周期评价，2004，17（3）.

[38] 里基·泰里夫. 战略环境评价实践. 鞠美庭，李海生，李洪远，译. 北京：化学工业出版社，2005.

[39] 刘首文，冯尚友. 对环境质量的模糊综合评价模型中算子的研究. 环境科学与技术，1996，2：4-7.

[40] 柳军. 模糊综合评价在水环境质量评价中的应用研究（硕士学位论文）. 重庆：重庆大学，2003.

[41] 卢宗华. 层次分析法中判断矩阵构造方法的改进[J]. 系统工程，1990，8（1）：43-44.

[42] 陆书玉，栾胜基，朱坦. 环境影响评价. 北京：高等教育出版社，2001，6-10.

[43] 吕跃进，张维. 指数标度在 AHP 标度系统中的重要作用[J]. 系统工程学报，2003，18（5）：452-456.

[44] 罗杰·W·芬德利，丹尼尔·A·法伯. 环境法概要. 杨广俊，刘予华，刘国明，译. 北京：中国社会科学出版社，1997.

[45] 骆正清，等. 层次分析法中逆序问题与其决策环境的研究. 系统工程与电子技术，1997，2：17-22.

[46] 彭应登，王华东. 战略环境评价与项目环境影响评价. 中国环境科学，1995，15（6）：452-455.

[47] 宋晓秋. 模糊数学原理与方法. 徐州：中国矿业大学出版社，1999：201-209.

[48] 宋彦勤，李俊峰，张正敏. 生命周期的概念及其应用. 中国能源，2000，11.
[49] 宋远方. 混合因素群体 AHP 方法及其通用软件[J]. 系统工程，1989，7（1）：66-71.
[50] 孙才志，廖资生. 水质模糊评价中污染因子赋权方法的改进及应用. 勘察科学技术，1998，6：3-6.
[51] 孙启宏，万年青，范与华. 国外生命周期评价（LCA）研究综述. 环境管理，2000，12.
[52] 汤民淮. 利用层次分析计算污染治理设施评价指标权重[J]. 环境科学与技术，1997，20（2）：27-30，34.
[53] 唐剑武，等. 环境承载力本质及其定量化初步研究. 中国环境科学，1998，18（3）：227-230.
[54] 唐剑武，等. 环境承载力及其在环境规划中的初步应用. 中国环境科学，1997，17（1）.
[55] 田良. 公众参与环境影响评价的意义与作用. 西安交通大学学报，2005，25（1）.
[56] 汪培庄. 模糊数学简介（Ⅰ）、（Ⅱ）[J]. 数学的实践与认识，1980，（2）：45，（3）：52-63.
[57] 王飞儿，陈英旭. 生命周期评价研究进展. 环境污染与防治，2001，23（5）.
[58] 王少平，程声通，贾海峰，欧志丹，谭斌. GIS 和情景分析辅助的流域水污染控制规划. 环境科学，2004，25（4）.
[59] 徐鹤，朱坦，贾纯荣. 战略环境影响评价（SEA）在中国的开展——区域环境评价（REA）. 城市环境与城市生态，2000，1（3）：4-6.
[60] 薛联青，崔广柏. GIS 与 GPS 在流域水电梯级开发环境影响评估中的应用[J]. 水利水电技术，2001 ，19（3）：78-83.
[61] 阳洁，等. 环境承载力评价及预测模型研究. 技术经济与管理研究，2000，1.
[62] 杨多贵，等. 可持续发展宏观判据的理论探讨. 科学管理和研究，2002，20（2）：19-22.
[63] 杨凯，王云，王勇. 层次分析法在石化企业安全风险评价中的应用. 上海环境科学，1994，36-38.
[64] 张红珍. 规划环境影响评价探讨. 环境污染与防治，2004，26（4）.
[65] 张辉. 可持续发展观与中国环境影响评价的发展方向研究. 北京大学博士学位论文，2003.
[66] 张崎，西村昂. 提高层次分析法评价精度的几种方法. 系统工程理论与实践，1997，29-36.
[67] 张永民，赵士洞. 科尔沁沙地及其周围地区土地利用变化的情景分析. 自然资源学报，2004，19（1）.
[68] 郑江宁. 沈阳市浑南新区规划环境影响评价程序与方法. 环境保护科学，2004，6.

第7章

综合环境统计指标体系研究

环境统计是社会经济统计的组成部分，是环境保护主管部门和其他相关部门进行环境管理的基础，也是国家制定、执行和评价环境保护政策和社会经济发展战略的重要依据。本研究的目标是设计满足社会需求的环境统计指标体系使指标体系具有层次性，数据具有代表性、可核查性，可以真实、准确、全面地反映环境状况，为环境管理和决策服务。本章主要介绍了研究提出的环境统计指标体系及其数据质量控制方法。

7.1 环境统计指标研究方法与内容

7.1.1 环境统计指标研究目标和方法

以我国现有的环境统计指标体系为基础，以满足国家当前和未来的战略需求为目标，针对目前环境统计指标体系、环境统计调查和管理制度，以及环境统计数据质量等方面存在的问题，从环境系统的整体性出发，对中国环境统计指标体系进行了系统设计。国家环境统计指标体系划分为 5 个子系统，即污染物排放统计、环境质量、生态系统、人群健康和社会经济、环境管理。补充现有指标体系中缺少的部分，如生态环境、人群健康等部分补充较多。有些系统指标体系的结构也进行了改革，例如固体废物排放指标体系。根据设计原则和总体思路设计中国环境统计指标体系的总体框架，并对系统的指标进行了分层设计。本研究将指标区分为 4 级，即类型指标、指标、直接参数和辅助参数。其中指标是核心，能够真实科学简洁地反映出实际污染状况和管理现状，各级指标之间具有紧密的联系；主要参数的设定是为了解释指标的内涵，是计算指标中的组成因子，并且可以在实际中得到数据；辅助参数和信息是用来估计和核定主要参数的准确性的间接的相关数据。这种指标体系框架设计可以使申报中最重要、最具有代表性的信息可以通过简洁、有限的指标进行加总统计；而关于构成及影响指标的信息可以通过主要参数、间接参数进行说明，对参数则不需要进行加和。指标使排污统计所获得的管理需求信息更有系统性、代表性和针对性，指标所蕴涵的参数信息更丰富，数据更具有核查性。为提高中国环境统计数据的质量，在指标体系设计的过程中，强调指标的可核查性，使指标设计满足数据质量进行全过程控制的要求，参考美国的做法，提出了中国的环境统计数据管理体系框架建议。

研究方法上主要继承前人已有的研究，如环境介质统计法与压力—状态响应统计法，对其中不足进行完善，并提出了自己的创新。具体而言，由于关于环境状态方面的研究已经体现在环境质量的监测中，所以这部分不是本文研究的重点，本文更多从影响环境状态的压力角度出发，研究污染物排放统计的状况和数据质量的控制方法，能够体现环境管理绩效思想的指标体系，以及可以反映生态环境和人群健康状况的指标体系。既是纵向的深入又是横向的扩展，提高了达到环境管理目标的确定性。

本研究的特点是强调信息的一致性和对应性，以保证信息的系统性。目标是为行政区环境管理服务。还可以为工商业和科研服务，为提高环境统计信息的价值奠定了基础。

7.1.2 环境统计主要研究内容

环境统计的研究具有以下几方面内容：

7.1.2.1 污染物排放控制指标体系设计

进行污染物排放统计的目的是通过对区域内污染源排放的污染物量的统计和核实，为环境管理服务，并可以间接反映环境质量和环境统计管理的状况。污染物排放统计指标体系包括污染物排放统计指标以及排放管理指标，统计的对象主要是规模以上污染源，统计的过程主要针对不同的统计层次和目标，统计的方法简便易行且可以对所获得的数据进行核查，以保证统计数据的可信性和代表性，排放统计的结果从总体上能够反映所在地区的污染源排放状况，确保统计数据具有可核查性。

7.1.2.2 环境质量状况指标体系设计

环境质量和生态环境状况是反映人类对环境影响的最终指标。环境质量的统计应当是人类污染和干扰行为的反映，环境质量方面的统计数据是排放结果的主要方面，是核定排放数据的依据之一。环境质量状态和生态环境状况指标体系的设计应当能够反映环境质量的主要方面，并应当能够反映人类的影响。统计指标基本上依据水、气、土壤、声环境质量监测指标。这些指标的监测主要是依据专门设计的实验进行的，由于这个特点，这些指标的测量结果一般来说比较确定、也比较客观。影响指标和数据的因素主要是认识、监测技术和监测成本等因素。环境质量统计数据的验证由暴露人口发病率等间接验证。本研究没有展开。

7.1.2.3 生态环境状况指标体系设计

现今的生态环境指标体系存在的问题很多，如指标选取缺乏宏观性、综合性、概括性和普适性；指标选取的层次、尺度不一，建立不起严密的、完整的指标体系；指标的信息不易量化，数据不易获取，可操作性差等问题。本文借鉴了美国的生态环境统计指标体系，将我国的生态环境分为 6 个生态系统来具体讨论，即森林、农田、草原和灌丛、城市和郊区、淡水及海岸和海洋生态系统，最后补充一个全国生态系统，以便监测和反映全国尺度上的生态环境变化情况。每个生态系统又分为 4 个层次：①属性层，通过系统分析的方法获得，反映生态环境总体水平和个亚类协调状态的指标；②报告类型层，通过一定方法或技术处理获得指标，这些指标不能直接从统计资料中获得；③类型指标层，使得报告种类层的含义和范围明确化和清晰化；④执行指标层，定义清晰，能从统计资料中直接获得或通过简单计算就能获得的指标。

7.1.2.4 环境管理指标体系设计

环境管理统计是为了说明政府管理的绩效。各环境管理机构的统计应尽可能地包括绩效指标。本文的环境管理指标体系设计着重关注对应污染物排放、环境质量方面的环境管理指标统计，以使得环境管理统计数据更有针对性，按照信息—规划—投入—实施—绩效评估的体系设计一个从广义的环境管理出发的统计指标体系。以信息的收集、处理、分析为基础，来进行各项研究，作出环境管理的各项规划方案，同时，要考虑各项投入是否到位，能否满足管理的需要，然后进行的是各项规划的实施，最后来进行管理的绩效评估。具体的统计指标体系有环境信息管理统计指标体系、环境规划管理统计指标体系、环保投资统计指标体系、环境管理行动和结果统计指标体系以及绩效评估的统计指标体系。

7.1.2.5 人群健康及相关社会经济指标体系设计

人群健康是环境保护的基本目标，也是间接验证环境质量改善的证据。我国现有的环境统计在人类健康方面几乎没有涉及，该部分统计指标参考美国环境统计和其他部门的统计指标，实际统计过程将依据环保局到有关政府部门调查获得。通过分析人类健康和环境暴露度之间的存在的联系，设计了人类健康方面的一些主要统计指标，包括暴露人口、对应污染的发病率和死亡率等指标，详细介绍了各指标的界定、数据来源或者统计方法等；同时，也介绍了环境暴露度的测度方法及指标，在传统方法的基础上，引入生态监测方法，并且分析了其优缺点；在此基础上，就如何来评估环境暴露度对人类健康的影响程度提出了意见和看法；最后，就目前我国的实际情况，分析和预测具体的实践活动中可能会遇到的问题和挑战。

7.2 环境统计指标体系设计研究

7.2.1 大气污染物排放统计指标体系设计

7.2.1.1 问题分析

现行大气污染物排放统计数据质量低、统计效率低、法律支持不足以及管理针对性不强的问题。

（1）指标体系不完善。现行指标体系中的指标缺乏明确的界定；缺乏对数据质量进行评价的统计数据；缺少大气环境管理指标。

（2）统计数据的质量无法保证，由于种种原因，我国现在的环境统计数据质量很不理想，统计人员在核实数据质量时，缺少规范的数据质量标准为依据，通常利用自身经验进行评估，必然影响统计数据的质量评价工作效果。

（3）统计工作缺乏法律支持，虽然现有法规规范了环境统计管理的概念、范畴、技术规范、环境统计机构和人员的设置、各级机构的职责以及奖励和处罚措施等，但是并没有针对数据质量评价设立法律支持条款，并且现有法律的力度不足以保证环境统计工作的顺利进行。

（4）缺乏管理针对性。目前我国空气污染的主要时段多数都集中在冬季，因而冬季采暖期的污染源信息详细统计对于污染控制具有决定性意义，而我国的现行统计指标体系中却并没有这方面的统计，或者只是部分城市统计，并不上报，更谈不上应用。

7.2.1.2 确定污染源统计规模，降低信息收集成本

污染物排放统计必须首先界定点源的统计规模，即多大排放规模以上的污染源才纳入统计系统内。在一定范围内确定统一的统计规模是十分必要的。

统计规模设定的依据是数据有效性和经济性。数据有效性是指数据表征和测度客观世界指标的能力，包括数据的相关性、覆盖范围（全面性）、及时性、精确性（最小抽样误差）等。统计数据的经济性，即获得数据的成本应该最小化，这就要求获得信息时必须限制信息的精度和广度，力求以尽量少的数据反映尽量多的事实。

通常，确定污染源统计规模可以参考以下步骤进行：

（1）搜集、整理污染源排放清单，并对数据异常、缺失、错误进行判断识别，进而进行修正、估算、核定等技术处理，得到可以进行数据处理的污染源清单。

（2）对清单中需要研究的某些污染物，根据其年排放量进行排序，然后对排序后的数据按照一定的原则进行分组。

（3）对数据进行分组汇总，包括对排放量进行分组汇总以及其对应的排放筒数量分组汇总，然后对分组后的数据进行计算，分别计算排放量的累积百分比和排放筒的累积百分比。

（4）计算、分析数据的统计效率，分析合理的统计规模，以及该规模对统计成本的

节约程度。

7.2.1.3 保证统计数据质量，增加数据审查、核算机制

数据质量是统计数据的生命。提供申报数据的质量证明是保证数据质量的必要途径，而且依靠数据质量证明进行质量评估的方法是可行的，因为数据质量证明是可获取的。例如物料衡算计算的时候，公式中应用的主要参数是：燃煤量、硫分、脱硫效率、灰分、除尘器效率，均没有提供统计数据证明。但在实际工作中，这些统计数据证明是存在的。

排污单位在进行购入任何一批煤燃料都会对煤质进行化验，表现为燃煤化验单。化验单中包括了燃煤热值、灰分、硫分等可以证明燃煤品质的指标，并有样品代表的数量。所以，利用全年的燃煤化验单进行加权平均计算后，可以得到比较真实的硫分和灰分统计数据。另外，排污企业在购入煤燃料的时候必然会有进货单，利用进货单即可得到比较真实的燃煤数量。

脱硫效率与除尘器效率通常申报为设计的理想值。由于这些装置在使用中涉及实际工作时间与机械老化的问题，全年的效率平均值不可能达到理想的设计状态，所以这种申报结果并不是实际结果。但是企业自身对这些仪器会有监测以及运行记录，由企业的工程师对仪器的运行情况进行记录。所以，利用工程师手中的资料，可以对效率进行计算。

一些监测数据，如废气排放量，均未上交统计数据证明。由于监测数据受到采样频率限制，本身是一条波动很大的曲线，所以仅以一次监测结果代表全年排放的情况是不具有说服力的。另外，监测点的设置也会影响到监测结果，在离排放口远的地点监测的数据必然低于离排放口近的地点监测的数据，所以监测点的设置也是需要说明的。

并且，根据《中华人民共和国大气污染防治法》第十二条规定："向大气排放污染物的单位，必须按照国务院环境保护行政主管部门的规定向所在地的环境保护行政主管部门申报拥有的污染物排放设施、处理设施和在正常作业条件下排放污染物的种类、数量、浓度，并提供防治大气污染方面的有关技术资料。"可见，要求排污单位提供数据质量证明是有法律依据的。只是在实际工作中，排污单位没有执行，而环保局的管理力度不够，也没有能够保证这一法规的执行。

以上论述说明，提供数据质量证明可以核实申报数据的质量，并获得根据标准的计算方法获得接近标准的统计结果，并且有法律依据可寻。而企业能否提供这些数据证明则依靠环保局的管理力度来实现。

7.2.1.4 针对环境管理需要，面向实际应用

本指标体系主要是围绕如何保证污染源数据的实用性、可靠性、易得性和有效性进行设计。所设计的指标体系覆盖面广、信息量大，能够很好地满足政府环境管理、科学决策、实施政策的需要，同时能够满足非政府组织和私人的研究信息需求。笔者认为，这些统计数据的作用不仅体现在其应用的各个方面，指标体系内在的可核查机制还能够促使企业更认真、更实在地实施污染控制政策，因为数据的核查体系。

（1）在城市环境保护规划和城市环境评价中的应用。城市环境规划中必不可少的一个要素就是目标及其测量指标，而城市环境质量评价也需要依据定量指标进行（结合定性指标）。这里的城市环境质量评价主要是针对国家环境保护模范城市、国家生态示范区等的创建而对城市进行的评估工作。

一般来说，在城市环境保护规划中设定的目标和城市环境评价中设定的指标具有一定关联性，二者涉及大气统计的各指标在本指标体系统计数据都具有可得性和可验证性。

在各类环境规划中，关于大气污染控制的指标群所需数据都能够从本指标体系采集的数据汇总加工、简单处理后直接得出，而且所用数据具有可核查性的优点；而环境质量指标群所需数据则主要依赖城市各空气质量监测点的连续监测获得，或者其他方式获得，比如抽样调查等，这类指标无法通过本指标体系获得。虽然环境质量指标无法通过本指标体系直接获得，但是本指标体系的数据也能够间接地反映环境质量的变化，同时能够和环境质量监测数据互相印证，例如，如果统计得到的污染源污染物排放量减少了，基本上也意味着城市环境质量有所改善，表明二者具有内在的趋势一致性；如果统计得到的污染源污染物排放量增加了，而环境质量监测的结果却显示环境质量改善了，表明二者必有其一违反了一致性规律，存在虚假或者其他问题，需要进一步确认。

（2）在实施国家环境保护政策中的应用。这里的环境保护政策主要包括两项基本的政策：①城市环境综合整治及其定量考核；②污染物排放总量控制政策。

对于城市环境综合整治及其定量考核所需要的指标范围，本指标体系仍然能够满足定量考核中对于污染源控制指标部分的数据需求，同时能够佐证环境质量指标方面的数据的可靠性。

需要强调的是，城市污染物排放总量控制政策的实施基本上要以污染源排放的统计数据为基本依据，本指标体系相对于以前的统计指标体系能够更好地支持总量控制政策和总量控制规划的制定、实施和核查。总量控制的核心策略在于控制重点污染源，并保证该控制措施的有效性，有效性的依据是能够确认污染源切实按照规划要求减排。其中，重点源的确定需要各污染源的详细、准确排放数据，这些数据本统计指标体系能够直接给出；而总量控制核查所需要的数据本指标体系也能够全部直接给出，因为本指标体系设计的基础就是所有统计数据能够被核查、被验证，同样总量控制政策所需要的污染源排放状况的核查也可以通过本指标体系提供的数据和核查方法进行验证。

7.2.1.5　SO_2和颗粒物排放控制统计指标设计实例

（1）指标体系设计的 3 个层次。大气污染物排放控制指标包括大气污染物排放指标以及大气污染物排放管理指标。本研究将大气污染物排放控制指标分为 3 个层次进行设计：大气污染物排放统计分为 3 个层次：

- 污染源排放统计，指对污染源排污口的排放量进行统计。
- 排污单位排放统计，指该单位所有排污口排放的污染物的数量，一般等于各排污口排放量的总和。
- 区域排放总量统计，指区域内排污单位排放量的加和，一般来说，基本上等于所有统计污染源排放量的加总。

排污单位受生产工艺、治理技术和设施的影响，污染源又有连续排放与不连续排放之分，但都需要采用监测或物料衡算的方法获得排放数据。各指标主要依靠监测和物料衡算公式设定，数据来源及管理手段都需要企业积极与环保局配合，同时环保局需要对数据进行考察以确定数据的准确真实。工艺源指标依靠物料衡算公式设定，主要参数为产品产量，因此排污单位的产量也需要环保局认真考核。排污单位将各污染源排放量汇总，然后通过物料衡算或排污系数重新核定，如果与汇总数据的差距在可置信范围内，则认为数据可信，可申报环保部门；若差距超过可置信范围，则认为数据不可信，需要对各污染源重新核算，并进行修正。

一般区域设定为地理上的连续区域。一般为地理上连续的城市建成区。对于隶属于同一城市但与主城建成区分离的且不在同一空气质量均质区的，建议单独统计。如果对建成区影响较大，也可以将其纳入主城建成区的污染物排放量统计。

区域污染物排放量为对该地区污染物年排放量在一定吨位以上的排污单位的排放量之和。对非重点污染源采取抽样估算的方法获得。

汇总的数据可通过物料衡算或排污系数重新核定，如果与汇总数据的差距在可置信范围内，则认为数据可信，可申报上级环保部门；若差距超过可置信范围，则认为数据不可信，需要各排污单位重新核算，并找出出现差距的原因。

（2）颗粒物和 SO_2 指标体系设计框架。排放量指标包括年排放量指标与采暖期排放量指标。由于部分地区采暖期的污染物排放量占全年排放总量的比例较大，因此需要对其地区采暖期的污染物排放量重点统计。

排放量统计指标通过监测及物料衡算两种方法获得。自行监测能力较好的污染单位申报时需填写监测数据，自行监测能力较差或无自行监测能力的污染单位申报时需填写物料衡算数据。

直接参数即计算排放总量的直接参数，其数据质量直接影响排放量指标的数据质量，可作为数据管理以及污染控制的依据。辅助参数用来体现污染源的辅助信息，不作为数据管理以及污染控制的依据。

排放量是统计时间范围内污染源的总排放量。按照统计时间尺度的不同，排放量指标可以分为年排放量、采暖期排放量、月排放量等指标，单位分别为 t/a、t/采暖期、t/月。一般为年排放量如果有更详细的排放量数据，则应当包括从详细到粗略的全部统计数据。例如，采暖期和非采暖期、月等。

根据以上思路，颗粒物和 SO_2 排放控制统计指标体系设计整体框架（表 7-1）。

表 7-1　颗粒物和 SO_2 排放控制统计指标体系设计整体框架综合表

层次 1	层次 2	层次 3	层次 4	层次 5
排放量统计	常规排放量统计方法	监测法	年排放量	年平均浓度
				年烟气排放量
				辅助参数
		物料衡算法	年排放量	年燃煤（油、气）量
				燃煤硫分
				辅助参数
	采暖期排放量统计方法	监测法和物料衡算法结合	采暖期排放量	采暖期燃煤（油、气）量
				采暖期脱硫效率
				辅助参数
污染源参数统计	污染源排放参数统计	连续监测或高频率监测	污染源参数	浓度
				政策相关性
	管理参数统计	企业申报	企业状况	污染控制成本
				辅助参数

在整体框架下，分别设计了燃烧源和工艺源的指标体系，并对各指标进行了详细的界定，同时将数据质量核查所需要的各类辅助参数纳入统计体系以内。

7.2.2 水污染物排放统计指标体系设计

7.2.2.1 水污染物排放统计存在的问题

我国当前水污染物排放统计以行政区域为统计单元，对某一行政区域内规模以上污染源污染物排放量的加和。各级环保局逐级加总，最后综合全国的数据。当某一行政区内有多条河流通过的时候，单单对行政区域的统计，无法体现进入每条河流污染物排放量，统计的数据在应用中缺乏实际意义，不利于水环境质量管理。

各地方普遍实行占当地污染负荷 80%以上的污染源，简称重点污染源，进入环境统计范围，有些城市排放规模很大的污染源占较大比重，有些城市较小的污染源较多，也就产生了不同城市参加统计的污染源的规模不一致的问题，按照现在这种行政区层层相加总的做法，其中含有不可加和的因素，最终的污染源排放总量的物理意义不清楚。

- 缺乏系统性：污染源监测的指标过多，针对性不强，指标体系不全，管理策略不适应。现行的污染源监测和统计指标多达 356 项，但由于缺乏系统性，管理部门往往抓不住重点，监测信息不能得到充分利用，指标的泛滥造成代表性的缺乏，加大了管理的成本，却降低了管理的效率和效果。
- 数据的代表性差：由于经费的限制，地方环保局排放监测的频率普遍很低，监测数据的代表性很差，过低的监测频率所获得数据严重缺少代表性，这直接影响到环境管理的效果。
- 数据的可核查性差：缺乏要求提供数据来源等依据的规定，企业对申报表的填报不规范，数据的可核查性差。

7.2.2.2 水污染物排放统计层次设计

按照水污染物的产生、流出过程和最终归宿，以流域水质保护为基本目标，有 3 个层次的污染物排放量指标，即河流水污染物通量、入河污染物排放量、规模以上污染源排放量。框架图见图 7-1。

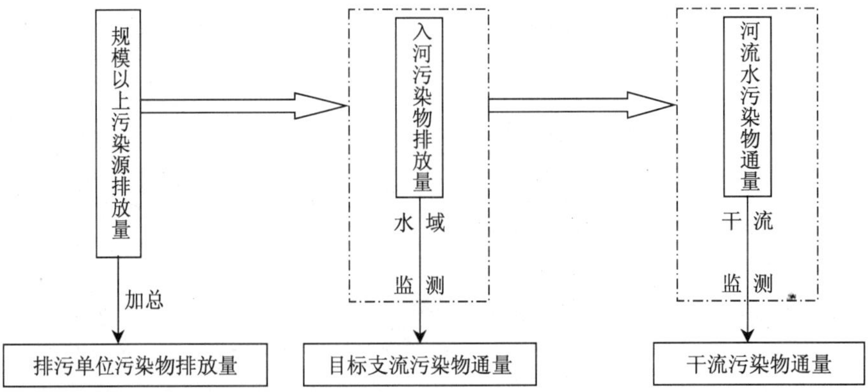

图 7-1　水污染物排放控制统计指标体系的层次

用示意图的表示见图 7-2。

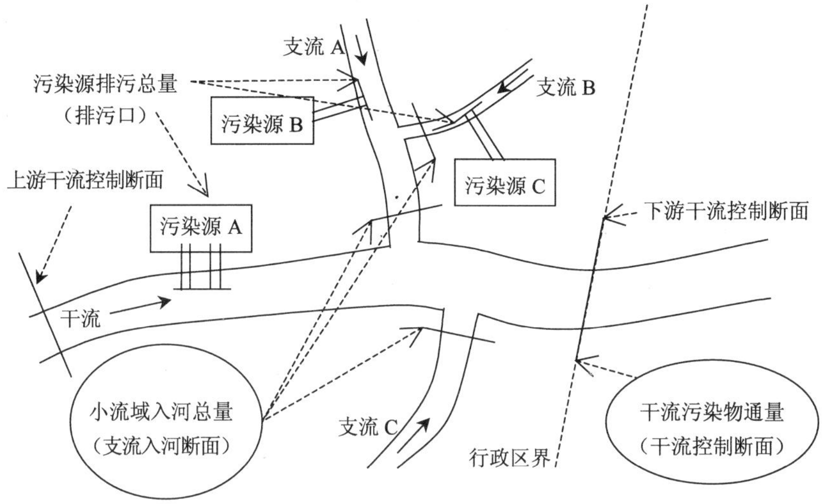

图 7-2　水污染物排放控制统计层次的示意图

河流水污染物通量是指一段时间内通过目标河道某一断面的某种污染物的量，一般用 t/a、t/月和 t/d 表示。水污染物通量包括了所有进入水体并存在的污染物的量。与通量有关的两个重要概念是污染物入河排放量和水体的自净能力。

入河污染物排放量就是汇入目标河口（水体）的污染物总量。也就是统计污染源排入目标河流的估算数据。可以通过对目标河流污染物浓度值的监测来比较估算数据的可信度。由于污染物在流出过程中会有储留、渗透、降解等过程，因此，在理论上入河排放量会小于污染源污染物排放总量。

规模以上污染源排放量是指某区域内规模以上的连续排污法人单位在排污口（城市污水处理厂排水口）排出污染物的数量，对规模以上污染源排污口排污量的加总即为该区域规模以上污染源排放量。

通量是按照断面计算的，而排放量是按照区间统计的，一段时间内（如 1 个月）通量、入河排放量及污染源排放量的一般关系如下：

下断面某污染物通量=上断面某污染物通量+区间入河排放量总量−取水带出的污染物量−区间污染物的降解量

7.2.2.3 水污染源统计分类

统计的 COD 排放量的从排放类别上分为点源和非点源；点源一般包括工业点源（包括城市和农村的工业行业污染源）和市政点源（本文中把污水处理厂作为市政污染源）；非点源一般包括农村和农业面源、城市面源（城市雨水地表径流）、航运等。这种分类主要出于对统计的现状和可操作性的考虑。首先，点源污染物排放是有相对固定规律，统计上具有可操作性的。其次，城市污水处理厂排出水在本质上也是一种污水，需要做一个点源进行管理，必须要对其进行排污统计。再次，在现在的财力、技术、管理条件下，无法确定农业面源以及市政等污染源的排放量，很难从统计工作的成本和可行性的角度对其进行统计，因此对这些污染源统计可以作为今后研究的对象。

7.2.2.4 污染源统计规模的界定

污染源的统计规模应当全国一致，这样，最后加总的结果才有确切的含义，地方环保局可以根据实际情况降低统计污染源的统计规模。因此，设想可以将日排放污水量大于某一规模（如 100 m^3）的污染源作为全国污染源纳入环境统计的规模标准。采用污水排放量作为统计的依据是考虑到所有污染源由于经济条件的限制，外排的水质不可能是清水，另外，国家还有污染物浓度排放标准，因此，总体上用污水排放量作为统一的统计规模标准是可行的。

7.2.2.5 污染源排放、管理统计指标框架

规模以上工业企业与城市污水处理厂点源 COD 排放、管理统计的指标框架见表 7-2。

表 7-2 工业企业与城市污水处理厂点源 COD 污染源排放、管理统计指标体系

<table>
<tr><th>目标</th><th>指标</th><th>获取方法</th><th>主要参数</th><th>辅助参数和信息</th></tr>
<tr><td rowspan="11">排放量</td><td rowspan="11">年排放量</td><td rowspan="4">监测</td><td rowspan="2">日平均流量</td><td>污水流速</td></tr>
<tr><td>排污口有效截面积</td></tr>
<tr><td>年平均排放时间</td><td>企业年运行时间</td></tr>
<tr><td>日平均浓度</td><td>监测方法、监测频率、监测时长</td></tr>
<tr><td rowspan="7">排污系数</td><td rowspan="3">产品年产量</td><td>企业原材料的进货单及生产流程</td></tr>
<tr><td>污染源用水水费收据</td></tr>
<tr><td>污染源自备水源抽水泵耗电情况</td></tr>
<tr><td>单位产品产污系数</td><td>行业产品产污系数</td></tr>
<tr><td rowspan="3">污染物去除效率</td><td>相对于生产设施的污染物去除装置的运转率</td></tr>
<tr><td>故障状态描述和对应去除效率</td></tr>
<tr><td>生产天数</td></tr>
<tr><td rowspan="11">排放浓度</td><td rowspan="2">年平均值</td><td>低频监测</td><td rowspan="2">年平均值</td><td rowspan="2"></td></tr>
<tr><td>连续或高频度监测</td></tr>
<tr><td>年最大值</td><td></td><td>年最大值</td><td></td></tr>
<tr><td>日最大值</td><td></td><td>日最大值</td><td></td></tr>
<tr><td>日最小值</td><td></td><td>日最小值</td><td></td></tr>
<tr><td rowspan="6">污染控制成本</td><td rowspan="5">申报</td><td>基本建设投资</td><td></td></tr>
<tr><td>运行年限</td><td></td></tr>
<tr><td>固定资产净值</td><td></td></tr>
<tr><td>年运行费</td><td></td></tr>
<tr><td>处理成本</td><td></td></tr>
<tr><td>核查</td><td>上述申报内容</td><td>企业财务、银行、税务等部门数据</td></tr>
<tr><td rowspan="7">管理</td><td rowspan="7">污染处理设施故障率</td><td rowspan="6">申报</td><td>污染物产生和处理工艺流程</td><td></td></tr>
<tr><td>污染处理设施故障率</td><td></td></tr>
<tr><td rowspan="3">处理设施故障状态描述</td><td>主机运行时间（h）</td></tr>
<tr><td>污染处理设施运行时间</td></tr>
<tr><td>污染处理设施各故障状态运行时间和效率</td></tr>
<tr><td>降低处理设施故障率措施</td><td></td></tr>
<tr><td>核查</td><td>处理设施实际运行状况</td><td>污染处理设施用电负荷（电费收据）</td></tr>
</table>

生活污水 COD 排放量是根据排向目标河流的某区域内人们生活以及商业活动所产生的污水通过城市地下网管流入到污水处理厂的污水流量。可以根据该区域内居住人口数与根据经验所得到的，每人平均的用水量（二者乘积可以视为工业中的产量）以及城市平均每人每天生活 COD 产生量（生活产污系数）进行估算。

城市面源和农村农业面源的统计，由于目前技术、资金的限制，尚不具备统计的条件，本研究中暂没有列出与其相对应的指标体系。

7.2.3 固体废弃物排放统计指标体系设计

7.2.3.1 固体废物统计现状存在问题

（1）现有固体废物统计指标没有按照促进循环型社会的要求进行设计。①没有按照固体废物的生命周期进行全过程的统计。现阶段的环境统计报表中，污染排放综合报表对于固体废物的排放、运输、处理、处置已经有了一定程度的统计，相关部门可以得到排放源层次的排放量、综合利用量、贮存量等信息，但是对于固体废物在收运、中间处理、处置环节的减量化、资源化利用程度的信息相对较少，不能满足“循环经济”、“提高资源利用效率”的需求；②指标体系缺乏系统性，指标之间的联系和相互验证较差，部分数据之间的逻辑关系不明确。

（2）固体废物统计的效率和效果需要提高。环保部门不能只专注于自身系统统计的环境信息，更要起到在环境信息获得和环境管理方面的带头和领导作用，通过相互协调或者建立相关制度与环卫部门、医疗卫生、水利电力、城建部门等多方组织机构实现信息共享，这样才能掌握综合的环境信息，才能在更高视野上做出决策。

7.2.3.2 固体废物设计思路

固体废物统计指标体系设计的最终目的就是为了促进全社会循环经济的有效实施开展和提高国家环境管理的效率。

（1）首先对一般工业固体废物和生活垃圾重新分类。按照有序分类填埋，严格管理监控的原则，最终处置场应当是今后可以利用的“资源储备场”，不是固体废物的“收容所”被动地接受现阶段不能再利用的各种废物。分类填埋要求分类统计。在本文中，我们依据两条原则来判定某种工业固体废物是否应该单独统计：①该废物排放量较大；②根据现有的固体废物资源化技术判断该废物可以在未来实现再利用。现实中，某类固体废物在某些区域可能基于产业规模排放量很大单独统计，但在其他区域可能无须单独统计；分类的程度也可基于一定的原则灵活增减。

研究认为需要统计的一般工业固体废物可以分为矿业固体废物（又细分为煤矸石、尾矿、废石）、冶炼固体废物（又细分为高炉渣、钢渣、铁合金渣、黑色金属渣、有色金属渣、赤泥、工业粉尘等）、燃料固体废物（又细分为粉煤灰和炉渣）、污泥、化工固体废物（又细分为废塑料、废橡胶、电石渣、废石膏、废酸废碱等）、建筑业废渣等。其中部分固体废物如粉煤灰、炉渣等据判断需要单独统计并且已经单独统计；尾矿、煤矸石和废石都是已经单独存放但是相应的排放量未曾有确切统计，尤其是废石；化工渣在不发生危险的情况下企业会部分混合填埋，但是其中的电石渣、废石膏、废橡胶都应单独统计；还有有机/无机污泥和建筑业废渣等都是需要单独填埋和统计而未实施的资源型废物。

城市生活垃圾是指在城市日常生活中或者为城市日常生活提供服务的活动中产生的固体废弃物，以及法律、行政法规规定视为城市生活垃圾的固体废物。按其来源，可分为居民垃圾、商业垃圾和街道保洁垃圾。我们提出在环境统计中将医疗机构产生的无毒害的日常生活垃圾、工业单位排放的量很小的部分一般工业固体废物（一般是低于统计规模的工业废渣）归于城市生活垃圾的统计范畴。

（2）固体废物的生命周期管理思路和主要指标界定。

➢ 固体废物的生命周期：固体废物的管理应当是对固体废物从产生到最终处置的各个环节对环境的影响实施控制，即运用生命周期评估的方法对固体废物进行全过程管理，包括对固体废物的排放、收集、运输、加工、处理、回收和最终处置的全过程实施监控。固体废物的生命周期分析见图 7-3。从图 7-3 可知，从原材料的获得阶段到用户的消费，每个环节都会产生固体废物，都应该各自作为排放源进行统计。这样一方面政府管理部门可以了解不同环节的固体废物排放情况及循环利用程度，另一方面各个企业可以了解某种固体废物/垃圾的排放源、排放量等商业信息，从而使得固体废物统计为不同的主体服务。

➢ 实线箭头“——→”表示物质循环的一般次序和经过的固体废物生命周期中的主要环节。

➢ 菱形实线箭头“——◆”表示从几类排放源排放的固体废物可能分别直接进入中间转运站、中间处理厂或者最终处置场，而无须经历每一个固体废物生命周期环节。

➢ 虚线框“▬ · ▬ · ▬”内是指固体废物收集运输后到最终处置的无害化、减量化、资源化过程，这几个环节是环境统计的重点内容。

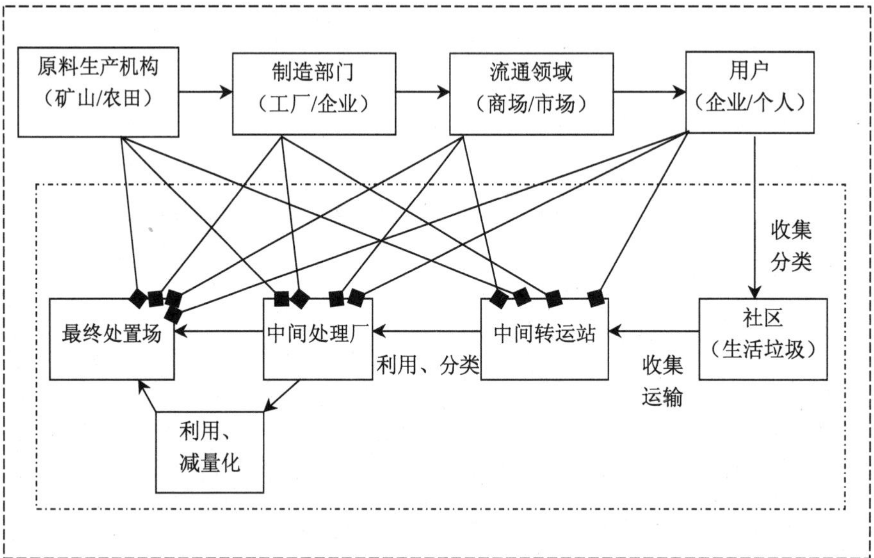

图 7-3　固体废物生命周期分析

（3）主要指标界定。

➢ ①固体废物的产生量是报告期内企业在生产过程中产生的需要统计的某种固体废物的总量，指企业最初产生的未经利用、贮存、处理之前的量。②固体废物排出量是指企业输出厂外的不再利用的固体废物的量，或者为符合固体废物定义的输出厂外的固体废物量。或者说企业输出的只有两类固体物质，产品和固体废物。产品有标准，不符合上市要求的需要排出的产品也是固体废物，需要纳入统计，而不管是该物质如何利用。该定义与已有的排放量有所不同。固体废物排出量是一个重要的中间指标，主要目的是监控固体废物的流动过程。随着循环行社会的建立，一个企业排出的固体废物可能被另一个企业用作原料，多数情况是进行分类处理和回收利用。因此，用排出量更能反映企业的资源利用绩效，也能够监控固体废物的流动过程。③固体废物处理是指通过物理处理、化学处理、生物处理等不同方法，使固体废物转化为适于运输、贮存、资源化利用以及最终处置的过程。其处理技术一般有压实、破碎、分选、脱水与干燥、固化、热转化（焚烧和热分解等）、生化处理等，固体废物处理过程中可实现固体废物的无害化、减量化甚至资源化。固体废物最终处置是指由于受经济、技术条件的限制，固体废物不可能百分之百得到处理和利用，为了保护人类的生存环境，需要对那些目前无法利用或利用价值不高的固体废物进行最后的安置，最终处置包含填埋处置（常用）和海洋处置（有限制）两种方法。堆肥、焚烧、生物处理应该属于固体废物的资源化、减量化、无害化的中间处理途径，而且堆肥应属于生物处理的一种，生物处理还包括热解等，焚烧过程实现了废物的减量化和能源利用，其产生的灰烬应做安全填埋。只有区分处理过程和最终处置，才能得出社会/区域需要最终处置的固体废物总量、它们占产生量的比例，以及通过中间处理、再利用方式达到的固体废物减量和资源化程度，为我国实现资源有效利用的循环型社会环境管理提供界定意义明确的数据。因此，需要对中间处理和处置环节分别进行统计。

（4）设计思路。固体废物设计思路主要有固体废物生命周期全过程统计，指标体系分为指标、主要参数、辅助参数 3 个层次，全国统计规模一致，数据质量控制 4 个方面。

7.2.3.3 固体废物环境统计内容框架

设计的固体废物统计指标体系分别对一般工业废渣、生活垃圾、危险废物等 6 个环节的基本指标的设计以及指标的解释都做了详细分析，从逻辑上理顺了各个环节主要的基本指标之间的关系。此外，在给出微观层次的排放指标统计体系后，区域层次的固体废物排放统计可以由各个排放源的排放情况汇总加和可得，该区域内固体废物的中间处理状况和最终处置信息也可对该区域包含的所有中间处理厂和最终处置场已填报的统计信息进行汇总即可得。

7.2.4 环境管理统计指标体系设计

7.2.4.1 环境管理统计指标体系存在的问题

我国当前对环境管理理解大多局限于狭义的环境管理，即仅仅只是考虑了环境管理部门实施的管理行动，在进行环境管理的统计时，也只是在环保部门的工作方面加以统计。从广义来讲，环境管理应当是与环境保护事业相关的，对环境保护提供各方面支持的，为环保事业作出了努力的所有的行为，除了环保当局的管理，还应当包括一些其他部门的行为，如水利部门、建设部门、农业部门、国土资源部门、林业部门、交通部门、经贸部门、财政部门、价格部门等，但是环保部门是主管部门。而现有的环境管理统计却没有从广义的环境管理角度出来设计指标体系，以至于统计的结果不能反映整体的环境管理的绩效，存在一定的局限性。

另外，环境管理统计的目的是为了说明环境管理机构的绩效，而现有的统计指标并不能够反映绩效水平，缺乏相应的绩效指标。同时，环境管理是一个体系，要从信息管理开始并包括了环境规划管理、环保投入的管理、管理行动和结果的反映以及最后的绩效评估，现行的环境管理统计却是偏重于对管理的行动和结果的统计，而忽视了其他环节，使得环境管理统计指标体系缺乏系统性和完整性。

7.2.4.2 环境管理统计指标设计思路

从管理的依据和环节出发，对环境管理统计指标设计考虑的是这样一个体系：环境信息管理指标—环境规划管理指标—环保投入管理指标—环境管理的行动和结果指标—管理绩效评估指标。环境管理要以信息的收集、处理、分析为基础，才能进行各项研究，作出环境管理的各项规划方案，同时，要考虑各项投入是否到位，能否满足管理的需要，然后进行的是各项规划的实施，最后来进行管理的绩效评估。具体的统计指标体系包括环境信息管理统计指标体系、环境规划管理统计指标体系、环保投资统计指标体系、环境管理行动和结果统计指标体系以及绩效评估的统计指标体系。其中，环境管理的行动和结果，是环境管理中的重要环节，也是环境管理统计指标体系设计的重点，环境管理的行动包括了环境监测、科技、宣教、法制、污染与破坏事故统计、环境管理八项制度、自然生态保护，以及环境信访、档案管理等补充项目。

根据这个框架，在现在已有的环境统计年报的基础上，来设计各环节所需的统计指标，以便能充分有效地反映管理的状况。考虑到并不是所有由环境管理机构的行动都适用于客观且可量化的指标，为使其更具有用性，我们设计的反映管理绩效水平的指标必须是相关的、有代表性的、能突出反映工作情况并且反映机构的工作重点的，不应仅为提出一个可量化的指标而以强行或人为的方式来衡量绩效，以至于降低衡量的可靠性。

7.2.4.3 环境管理统计指标体系框架

根据上述设计思路，环境管理统计指标体系的内容主要环境信息管理统计指标体系，环境规划管理统计指标体系，环保投入管理统计指标体系，环境管理的行动和结果统计指标体系，管理绩效评估统计指标体系。

（1）环境信息管理统计指标。对环境信息的管理的包括信息的收集、处理、公布。环境信息管理指标包括信息收集（获得信息的成本）、信息公布（公布范围、渠道、内容、覆盖率、公开性、可靠性、及时性等）以及反映各部门间信息共享情况的指标。

（2）环境规划管理统计指标。环境管理各个机构在制定环境规划中，各自承担着不同的作用。对环境规划的管理也需要协调各个部门的关系。这部分内容的指标主要包括了当期编制规划的数量、实施的规划数以及环保局负责编制的规划数等。

（3）环保投入管理统计指标。根据投资主体将环保投入分为国家投入、地方政府投入、企业投入、民间投资、国际投资等类型。中央政府拨款包括国家财政预算资金、中央预备费和增发的国债；地方政府主要是地方的财政预算；企业主体主要包括了企业自筹资金、更新改造的环保投入、排污费的投入、环保补助资金、环保贷款、综合利润留成；民间投资主体指金融机构、私人机构投入、社会公众的投入；另外还有外资贷款、BOT引进等，环保投入管理的指标就是根据这些内容来进行统计。

（4）环境管理能力统计指标。环境管理能力包括管理机构情况、管理人员的能力、各单位运行经费，对管理能力的统计是为了及时、全面地掌握环境保护系统建设和发展情况，反映管理层管理水平与管理能力的现状。

（5）环境管理的行动和结果统计指标。这部分是全文的重点部分，也是环境管理的重点部分，包括了环境监测管理、环境科技管理、环境宣教管理、环境法制管理、污染与破坏事故、环境管理八项制度、自然生态保护，以及环境信访、档案管理九大类管理统计内容，其中八项制度的管理指标又是针对每一项制度分别进行设计的，并在现行的统计年报的基础上做了不少调整，加以了完善。

环境监测管理指标是指种类环境管理机构按照规定的程序和有关法规的要求，对代表环境质量及发展趋势的各种环境要素进行技术性监视、测试和解释的相关指标，主要包括环境监测的费用、次数、频率指标以及不同部门所得的数据偏差和比重指标等。

环境科技管理统计的对象和范围是包括所有环境管理部门在内的环境科学技术研究的过程和成果。其统计指标分为反映科学素质、反映技术素质及反映科研能力三大部分，从人员、数量、成果、发表率等多个方面来进行统计。

环境宣教管理指标包括环境宣传、岗位培训和专业培训、全民环境素质教育三大方面，环保宣传统计的内容应该包括环保宣传活动次数、工作人数、经费以及宣传的效果，在环境教育方面主要是根据不同职能对种类和数量加以统计。

环境法制管理指标应当本着反映现实存在问题的原则，通过指标准确反映问题所在，为管理工作提供依据。对环境法制工作的有效管理是环境管理的有效保证。环境法制工作情况的统计包括当年颁布的地方法规数量、当年处理的与环境有关案件数等内容。

根据环境污染与破坏事故程度不同可分为特大、重大、较大及一般事故，而根据类型不同可分为水、大气、噪声与振动、固体废弃物农药与有毒化学品、放射性等污染事故及国家重点保护的野生动植物与自然保护区破坏事故等，通过对各类事故分类统计，了解当年的环境遭受的污染与破坏程度，及时查明原因，作相关工作，分别也对事故的次数、经济损失、伤亡人数、受污染面积以及罚款赔款金额进行了指标的设计。

环境管理制度统计指标是环境管理统计工作的重要部分。这八项管理制度分别是：环境影响评价制度、“三同时”制度、排污收费制度、排污许可证制度、污染集中控制制度、环境保护目标责任制度、城市环境综合整治定量考核制度和污染限期治理制度，环境管理制度是环境管理的操作层面，对深化管理、控制污染、推动环境保护工作有着重要作用，因此，对八项环境管理制度的统计工作，也是环境管理统计的重要内容。文中这八项制度分别都作了统计指标的设计。

环境信访是向环保行政主管部门反映环境保护情况，提出意见、建议和要求，环境保护行政主管部门依法予以处理的活动，对环境信访管理的统计指标包括了来信、来访数量、处理情况、办结率等内容，并根据反映问题的不同种类加以分类统计。

环境档案的管理包括档案的收集、整理、鉴定、保管、统计和提供利用 6 个环节，档案根据其保管期限可分为永久保管、长期保管、短期保管，根据档案类型分为电子档案和纸质档案。对环境档案管理的指标内容包括了种类档案的数量、使用情况及有偿使用收入情况。

自然生态保护的管理体系是一个复杂的多层次的管理体系，涉及自然、社会、人文和工程技术等学科领域，以及有关行政、治安、法律、经济等部门，要将各种手段综合起来运用。管理的主要内容包括科学的管理体系、制定有关的政策法规体系、妥善处理保护区与合理开发经营的关系以及协调与周围居民的矛盾。指标分为自然保护区和生态示范区的管理，具体有人员、资金、管理条例、保护区个数、面积、开发受干扰程度、培训、考察次数等指标。

（6）环境管理绩效评估统计指标。环境管理的绩效评估是指环境管理部门进行的各项管理活动所获得的效果，也就是对所有管理活动的投入与行动的收益之间的关系，即成本效益分析。评估标准的范畴包括：成本、收益、绩效、风险、政治可接受性、行政简化、合法性、不确定性、公正和时间安排。考虑其实用性，这里我们仅对成本、收益及时间跨度进行指标的设计。

7.2.5 生态统计指标体系设计

7.2.5.1 生态统计：问题的提出

在我国，生态破坏问题日趋严重。国家环保总局在 2002 年编写的《中国生态问题报告》中指出，“中国的生态形势严峻，水土流失面广量大，土地荒漠化速度加快，土壤酸化、盐渍化问题严重、耕地减少，河流断流日趋严重，湖泊退化愈演愈烈，地下水位下降，冰川后退，雪线上升，湿地破坏加剧，水生生态系统结构和功能退化，海洋生态问题严重，森林生态功能衰退，草地资源退化，珍稀野生动植物面临灭绝威胁，农村生态环境污染严重，矿产资源开发、交通工程建设等加剧生态破坏。”由此可以看到，我国的生态形势已经十分严峻。

环境问题包括环境污染和生态破坏问题，因而，对生态状况及其管理的统计是环境统计中必不可少的部分。过去，有关生态状况的统计被分散在各部门统计之中，缺乏系统综合的统计，统计指标不够全面，使得环境管理部门不能全面掌握我国生态的现状，从而无法进行有效的监督和管理。

因此，从保护生态的角度出发，设计一套具有代表性、可比性、可操作性的统计指标体系，科学、全面、准确地统计和评价生态质量状况及其变化趋势，为生态保护、建设和监督管理提供科学依据和技术支持是十分必要的。在此基础上，提出对策、采取措施将有利于我国生态的良性循环，促进我国经济、社会和环境的可持续发展。

7.2.5.2 生态统计指标设计思路

到目前为止，在全国范围内一直没有形成对生态统计指标体系框架的系统性认识和理解。然而，由于大量的指标可以应用于生态统计，所以需要形成一套指标体系框架来开发、组织和使用各种指标。

区域生态统计指标框架是一种方法、结构和工具，用来组织和构建生态统计的各项指标。区域生态统计指标框架有不同的类型，这些框架相互之间都是有关联的，具体见表 7-3。

表 7-3　区域生态统计指标框架类型

<table>
<tr><th>类型</th><th colspan="2">特征</th></tr>
<tr><td>压力—状态—响应框架</td><td colspan="2">OCED 方法，基于以下因果关系：人类对环境状态产生压力，改变了自然资源的数量和质量。社会通过环境、经济和部门政策对此做出反应</td></tr>
<tr><td>驱动力—压力—状态—响应框架</td><td colspan="2">CSD 在压力—状态—响应基础上的方法，人类行为、过程和形式可以用这种方法很好地表现出来</td></tr>
<tr><td>驱动力—作用力—压力—状态—响应框架</td><td colspan="2">EEA（欧洲环境组织）的方法</td></tr>
<tr><td>目标—指数—联系框架</td><td colspan="2">这些指数直接与特定目标相联系</td></tr>
<tr><td>环境资源框架</td><td>定性：环境媒介
土壤、空气、景观、水</td><td>定量：资源利用
能源、土地利用、动植物</td></tr>
<tr><td>问题领域框架</td><td>过程性问题
富营养化、臭氧层消耗</td><td>问题领域
土壤污染、环境化学物质</td></tr>
<tr><td>空间分布框架</td><td colspan="2">山地、海岸、农村、城镇</td></tr>
</table>

其中，比较常见的是 20 世纪 90 年代初，联合国环境规划署（UNEP）和经济合作组织（OECD）开发的压力—状态—响应模型（Pressure-State-Response，PSR），它对于评价指标的分类和指标体系框架的建立具有指导意义。压力指标是指人类经济活动。人类经济活动可分为以下 6 类：工业、农业、能源、旅游娱乐、交通与城市化。人类活动对生态系统的影响主要反映在以下几个方面：生境变化（土地利用变化、侵蚀、疏浚、填埋、生物走廊隔断），化学反应（污染、营养富集、盐碱化等），生物过程影响（外来物种、过度收获、过捕、过牧等），物理变化（淤积、温度变化），以及水文干扰（水文条件、水流、水深变化）。状态指标的选取主要是根据各种压力因子对生态系统结构、功能与过程的影响及其影响程度来选取的。响应指标是用来反映政府、企业以及消费者对环境状况的反应，如政策、税收、补贴、价格等。

在本研究中主要参考美国的生态统计指标体系框架，将我国划分为 6 个生态系统，即森林、农田、草原和灌丛、城市和郊区、淡水及海岸和海洋生态系统，最后补充一个全国生态系统，以便监测和反映全国尺度上的生态变化情况。每个生态系统又分为以下 4 个层次：

- 属性层：它通过系统分析的方法获得，是反映生态环境总体水平的指标。属性层下设 6 个支持类型：景观状况、生物状况、理化特性、生态过程、水文和地形及自然干扰。
- 报告类型层：是指通过一定方法或技术处理获得的指标，这些指标不能直接从统计资料中获得。
- 类型指标层：它使得报告种类层的含义和范围明确化和清晰化。类型指标层下设执行指标层。类型指标层是连接报告种类层和执行指标层的桥梁。每个指标下设 1～5 个执行指标。
- 执行指标层：定义清晰，可以从统计资料中直接获得或通过简单计算就可获得。

以上 7 个生态系统加上每个生态系统的 4 个层次，就构成了中国生态统计指标体系框架（图 7-4）。具体内容见下面的详细介绍。

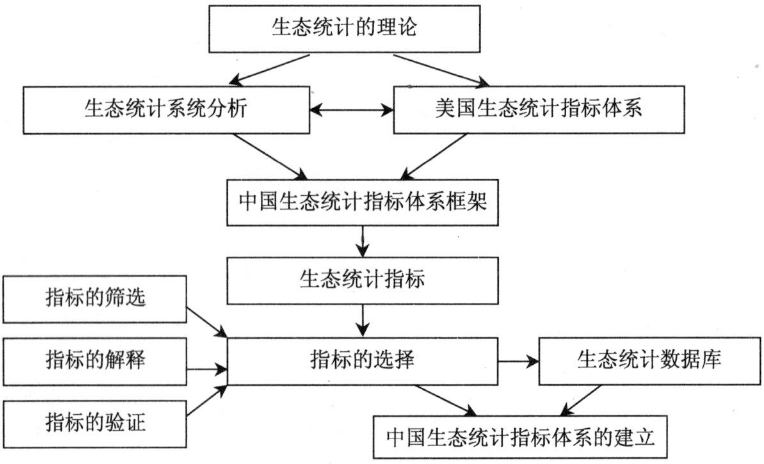

图 7-4　中国生态统计指标体系研究的技术路线

7.2.5.3 生态统计指标体系框架

（1）森林生态系统指标体系。森林生态系统是指在一定的时间和空间内，以乔木和其他木本植物为主体的生物系统与森林中的动物、微生物等生物因子和它所处空间的土壤、水分、大气、阳光、温度等非生物系统因子相互联系、相互依存、相互作用构成系统的整体（表 7-4）。

表 7-4　森林生态系统指标体系

属性层	报告种类层	类型指标层	执行指标层
景观状况	生态系统面积	森林面积、所有权和管理权	森林面积及其变化
			森林管理面积所占比率
			森林保护率
	景观组成及结构	森林年龄等级	各年龄段林木的比例结构
		森林斑块	不同面积段斑块占总面积之比
生物状况	生态系统和群落	本地濒危森林物种	濒危物种占森林所有物种的比重
		代表性森林物种	代表性物种种类、数量及变化
		生物多样性状况	生物丰富度指数
	物种和种群	种群死亡率	林木死亡率
	有机条件	臭氧对林木的影响	叶片受损率
生态过程	物质流	碳存储	碳存储量
	能流	生长效率	林木的生长效率
理化特性	营养物浓度	地表水和地下水中的营养物	测试位点硝酸盐、磷的含量
		树叶中的营养物	平均每平方厘米树叶中 N、P、K、Ca、Mg 的含量
		土壤中的营养物	平均每克森林土壤中 N、P、K、有机质的含量
	示踪有机和无机化学物质	树叶中的污染物	平均每平方厘米树叶中 SO_2 含量

属性层	报告种类层	类型指标层	执行指标层
理化特性	其他化学参量	土壤肥力	土壤含水量 土壤有机质含量 土壤含量
		土壤酸碱性	土壤的 pH 值
	物理参量	土壤压实程度	土壤密度
水文地形	径流	径流变化	地表径流量的变化
	地貌	土壤侵蚀状况	土壤侵蚀度
自然干扰	火灾	火灾害发生情况	火灾年发生次数和持续时间 受灾面积 受灾造成的林木蓄积量的变化
		火灾造成的损失	
	虫害	虫害发生情况	虫害年发生次数和持续时间 受灾面积 受灾造成的林木蓄积量的变化
		虫害造成的损失	

（2）农田生态系统指标体系。农田生态系统是人类为满足生存需要，干预自然生态系统，依靠土地资源，利用农作物的生长繁殖来获得物质产品而形成的人工生态系统。该系统是由农作物及其周围环境构成的物质转化和能量流动系统，是在自然生态系统的基础之上，叠加了人类的经济活动而形成的更高层次上的自然与经济的统一体，具有自然和社会的双重属性（表 7-5）。

表 7-5　农田生态系统指标体系

属性层	报告种类层	类型指标层	执行指标层
景观状况	生态系统面积	农田面积及变化	农田总面积 农田面积减少率
	景观组成及结构	农田景观	
生物状况	生态系统和群落		
	物种和种群		
	有机条件		
理化特性	营养物浓度	农田中的硝酸盐含量	测试位点的硝酸盐含量
		农田中的磷含量	测试位点的磷含量
	示踪有机和无机化学物质	农田中农药和化肥的含量	化肥施用强度 农药施用强度
		土壤过滤农药和化肥的能力	具有不同过滤能力的农田面积占总面积的比例
	其他化学参量	土壤肥力	土壤中 N、P、K、有机质、Mo、Mn、Se 等的浓度 土壤含水量 土壤孔隙性 土壤热量状况

属性层	报告种类层	类型指标层	执行指标层
理化特性	物理参量	土壤物理参量	土壤密度 土壤容重
		气象参量	降雨量、蒸发量 日照时数 无霜期
	沉积物和物质输送	土壤侵蚀	土壤侵蚀指数
		农田水土流失	水土流失率 年水土流失总量
自然干扰	水灾	水灾发生情况	水灾发生频率和持续时间
		水灾造成的损失	受灾面积 受灾造成的作物减少量
	旱灾	旱灾发生情况	旱灾发生频率和持续时间
		旱灾造成的损失	受灾面积 受灾造成的作物减少量
	虫害	虫害发生情况	虫害发生频率和持续时间
		虫害造成的损失	受灾面积
			受灾造成的作物减少量

（3）城郊生态系统指标体系。城郊生态系统是城郊居民与其环境相互作用而形成的统一整体，也是人类对自然环境的适应、加工、改造而建设起来的特殊的人工生态系统。城郊生态系统不仅有生物组成要素（植物、动物和细菌、真菌、病毒）和非生物组成要素（光、热、水、大气等），还包括人类和社会经济要素，这些要素通过能量流动、生物地球化学循环以及物资供应与废物处理系统，形成一个具有内在联系的统一整体（表 7-6）。

表 7-6　城郊生态系统指标体系

基础生态属性（EEAs）	报告类型	指标
景观状况	生态系统面积及变化	城郊面积 城郊面积变化率
	景观组成和结构	
生物状况	生态系统和生物群落	
	物种和数目	
	有机状况	
理化特性	营养物浓度	地表水和地下水中的硝酸盐含量 地表水和地下水中的磷含量
	其他的化学参量	
	有机物和无机物	地表水和地下水中的化学污染物种类和含量
	物理参量	
水文地形	径流变化	
	沉积物的输送	
自然干扰	频率	

（4）草原生态系统指标体系。草原生态系统是草原地区生物（植物、动物、微生物）和草原地区非生物环境构成的，进行物质循环与能量交换的基本机能单位。草原生态系统在其结构、功能过程等方面与森林生态系统，农田生态系统具有完全不同的特点（表 7-7）。

表 7-7　草原生态系统指标体系

属性层	报告种类层	类型指标层	执行指标层
景观状况	生态系统面积	草原面积	草原面积 草原面积的减少率
	景观组成	草原景观	高覆盖度草地面积 中覆盖度草地面积 低覆盖度草地面积 草地垦殖度
	景观结构	草原破碎化	草原破碎化指数
生物状况	生态系统和群落	濒危物种	濒危物种种类及数目变化
		外来入侵和本地非入侵物种	外来入侵物种种类和数目
		代表性物种	代表性物种数目及变化
	物种和种群	种群死亡率	草原羊类死亡率 草原牛类死亡率
	有机条件		
理化特性	其他化学参量	土壤质量	砾石化指数 砂石化指数 盐渍化指数
	物理参量	土壤物理参量	土层厚度 土壤空隙度
		气象参量	日照时数 蒸发量与降雨量的比例
水文地形	沉积物和物质输送	土壤侵蚀	土壤侵蚀指数
		农田水土流失	水土流失率 年水土流失总量
自然干扰	风的干扰	风灾发生情况	突发性大风发生频率 年大风日数及沙尘暴日数

草原生态系统的生产者不是高大的乔木，而是禾本科、菊科植物为主的草本植物，其地上部分现存量较低，而地下部分有发达的根系，且以细根为主。地下部分现存量是地上部分现存量的 5 倍以上。草原生态系统的消费者在野生动物中以啮齿动物为主，草原是啮齿动物的天堂。而分解者以真菌、细菌、放线菌为主。草原生态系统的非生物环境也很具特色，一般降水量较低，在我国都低于 450 mm。草原生态系统不仅是重要的畜牧业生产基地，而且是重要的生态屏障。

（5）淡水生态系统指标体系。淡水生态系统包括淡水湿地、湖泊、水库、溪流、河流、地表水以及河岸区域。淡水生态系统对于人类发展具有重要意义。它不仅可提供食物、工农业及生活用水，而且还具商业、交通、休闲娱乐等诸多服务功能。作为一种重要的生态系统类型，淡水生态系统还是生物圈物质循环的主要通道之一，很多营养盐及污染物在其中进行迁移和降解（表 7-8）。

表 7-8　淡水生态系统指标体系

属性层	报告种类层	类型指标层	执行指标层
景观状况	生态系统面积	湿地面积	湿地总面积 天然湿地面积 人工湿地面积 天然湿地面积减少率
		湖泊面积	湖泊面积及变化
		河流长度	河流长度及变化
生物状况	生态系统和群落	生物多样性状况	生物群落完整性指数 物种丰富度指数
		代表性物种的变化	代表性物种种类和数目的变化
	物种和种群	种群死亡率	鱼类死亡率
		种群形态畸变	鱼类畸形率
	有机条件	淡水鱼类体内的污染物	淡水鱼类体内污染物种类及其含量
生态过程	物质流	供水量	年总供水量
		江河断流	断流年发生频率 断流持续天数 断流区段长度
	能流	水能	大河水能蕴藏量 水能资源利用率
理化特性	营养物浓度	营养状况	水体营养指数
	示踪化学物质	沉积物污染状况	沉积物中污染物的种类和含量
	其他化学参量	富营养化	总磷和总氮浓度 叶绿素浓度
水文地形	径流	径流变化	平均年径流指数 水流季节比例指数 季节峰值指数
	其他水文参数	自然水文周期	自然水文周期的变化

（6）海洋和海岸生态系统指标体系。海洋生态系统是全球生态系的一个主要的子系统。与陆地生态系统比较，海洋生态系统的生态地位的分化无论食物的地位或者生活场所都要复杂得多。海洋生物从原生动物到脊椎动物，在海洋里都有分布，有 25 万种之多，它们在海洋生态系统中都占有各自的位置，并在其中生活着（表 7-9）。

表 7-9 海洋和海岸生态系统指标体系

属性层	报告种类层	类型指标层	执行指标层
景观状况	生态系统面积	海洋面积及变化	海岸线长度及其变化率 海洋面积及变化率
	景观组成	沿海生物栖息地	沿海覆盖植被的湿地面积 海草或沉水植物的覆盖率 海底贝类覆盖的面积 珊瑚礁的面积
		海岸线类型	陡岩、粗砂、黏土海岸的面积 泥浆或沙地泥沼海岸的面积 沙滩的面积 湿地、红树林海岸的面积 有地基或堤坝的海岸的面积 海岸工程占用海岸线长度
生物状况	生态系统和群落	生物群落完整性指数	鱼类完整性指数 沉水植物群落完整性指数 深海群落完整性指数
		生物多样性情况	生物多样性指数
		浮游和底栖生物变化	浮游和底栖生物种类和数目的变化
	物种和种群	受威胁物种	受威胁的淡水物种数量和变化
		代表性物种	代表性物种数量和变化
		受保护物种	受保护物种数量和变化
		外来入侵物种	外来入侵物种的数目及造成的损失
	有机条件	鱼类畸形	鱼类畸形率
		海洋生物不正常死亡情况	鲸、海豚的非正常死亡率 海豹、海狮、水獭、海牛的非正常死亡率
		海洋生物质量	生物残毒 生物体微生物含量
理化特性	营养物浓度	海洋营养状况	海洋营养指数
	示踪有机和无机化学物质	海洋底质	硫化物含量 粪大肠菌群数量 有机质含量 细菌总数 弧菌总数
理化特性	其他化学参量	入海口污染状况	入海口污染物的种类及含量
		富营养化	溶解氧（DO） 总氮 总磷 化学耗养量（COD）
		海洋功能区污染状况	海水增养殖区环境状况 海水浴场水质 海洋自然保护区个数 海洋倾倒区个数及倾倒总量 海洋油气区排污状况
水文地形	沉积物和物质输送	沉积物	沉积物粒度变化
自然干扰	海洋灾害	海洋赤潮	海洋赤潮的发生频率和规模
		海岸侵蚀	海岸侵蚀长度 最大侵蚀宽度 平均侵蚀宽度 侵蚀总面积

其主要特点是植物以微小的浮游植物为主，动物种类很多，由于海洋中环境相对比较稳定，生物与生物之间、生物与无机环境之间的生存斗争比较缓和，所以生物进化的速度对于陆地生态系统而言较慢。

海洋生态系统不仅可以维持生物圈的碳—氧平衡、水循环，调节全球气候，而且还可以为人类提供食品、医药及其他生产生活原料，更重要的是维持了人类赖以生存的生命保障系统，维持生物物种与遗传多样性。

7.2.6 环境人群健康指标体系设计

7.2.6.1 环境统计目前存在的问题

许多研究都已证明：人群健康与其生存的环境息息相关，目前存在很多的问题。

（1）生存环境的恶化导致人群健康水平的下降。随着环境的日益恶化，环境污染和一些特定的疾病或者人群健康问题之间存在联系。比如，氡与肺癌、砷与一些癌症、铅与神经系统紊乱、颗粒物质与心血管和呼吸系统疾病恶化等。

环境污染使饮水不安全的问题越来越突出，有机污染——工业废水、生活污水是有机污染物的主要来源。污染的水体对人体健康造成的危害有：①饮用污染的水和食用污水中的生物，能使人中毒，甚至死亡；②被人畜粪便和生活垃圾污染了的水体，能够引起传染病和寄生虫疾病等；③人饮用具有致癌作用的化学物质污染水体后，容易诱发癌症。

大气污染主要是指大气的化学性污染、生物性污染和放射性污染。大气的化学性污染可以造成多种急慢性中毒甚至致癌作用；大气的生物性污染物主要有病原菌、霉菌孢子等，它们能使人患传染病和过敏反应；大气的放射性污染物，主要来自原子能工业的放射性废弃物和医用X射线源等，这些污染物容易使人患皮肤癌和白血病等。

固体废弃物，如采矿业的废石，工业的废渣，废弃的塑料制品，以及生活垃圾，往往含有多种对人体健康有害的物质，长期堆放就会污染生态环境，对人体健康造成危害。

其他的环境污染往往具有使人或哺乳动物致癌、致突变和致畸的作用，这些危害，一般需要经过比较长的时间才显露出来，有些危害甚至影响到后代。

（2）现有的环境统计体系急需人群健康统计指标的支持。尽管环境污染和人群健康的关系如此重要，但是在我国现有的环境统计体系在人群健康方面几乎没有涉及。以至于到目前为止，在全国范围内一直没有形成对人群健康统计指标体系系统性的认识和理解。然而，大量的指标可以应用于人群健康统计，所以需要形成一套指标体系来开发、组织和使用各种指标。

因此在当前的环境统计制度中，加入人群健康方面的统计指标体系十分必要：①人群健康和环境方面有着千丝万缕的关系，好多危害人群健康的疾病都与环境污染有关系；②人群健康是环境保护的基本目标，也是间接验证环境质量改善的证据；③保护环境，终极目标是为了给人们创造一个良好的生存空间，实现人与自然的和谐发展；④一套人群健康指标体系可以全面系统地组织各种相关指标，以便综合评价。

7.2.6.2 环境人群健康统计指标设计思路

为了适应更好地对全国环境对人群健康的影响状况进行评价的需求，本研究设计这一指标体系，以监测统计环境和人群健康关系的状况和发展趋势，同时建立一套在污染物达到危害程度之前能不断发出预警的新方法，其实质是从区域和国家尺度，评价环境和人群健康状况并对发展趋势进行长期监测和统计。根据这一方法，要建立一项环境统计与评价大纲，并设计了一个完整的统计和监测网络。

因此，我们在美国经验的基础上，结合我们国内的实际情况，设计了人群健康方面的一些主要统计指标，详细地介绍了各指标的界定、数据来源或者统计方法等；同时，也介绍了环境对人群健康影响的测度方法及指标，这两者构成了我国的人群健康统计指标体系。本研究设计的中国人群健康统计指标体系研究的技术路线见图 7-5。

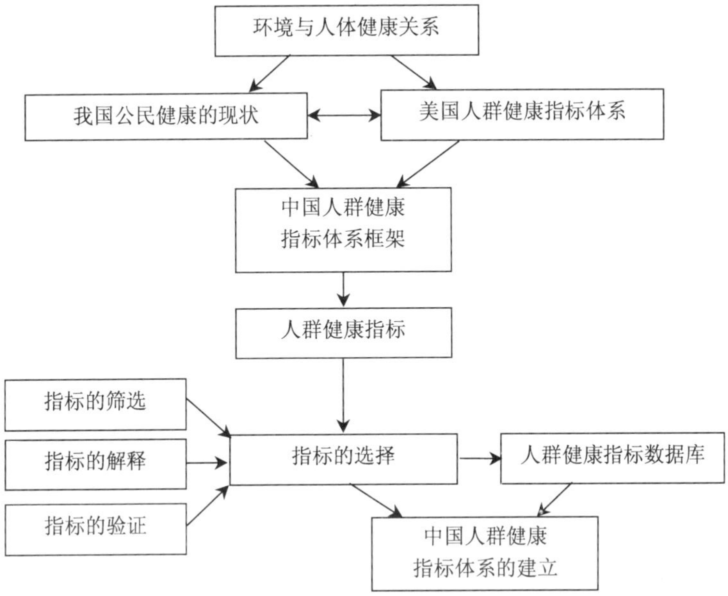

图 7-5　中国人群健康统计指标体系研究的技术路线

7.2.6.3 环境健康统计指标体系框架

（1）中国人群健康统计指标体系的层次。对各类统计的分层归类，使人群健康统计所获得的管理需求信息更有系统性、代表性和针对性，指标所蕴涵的参数信息更丰富，数据更具有核查性，管理工作更简洁有效。

本研究将中国人群健康统计指标体系分为 3 个层次，即属性层、报告类型层和执行指标层。①属性层。它通过系统分析的方法获得，是反映环境影响与人群健康关系总体水平协调状态的指标，如人群疾病与健康监测指标。②报告类型层。是指通过一定方法或技术处理获得的指标，这些指标不能直接从统计资料中获得，如主要传染病指标。这层指标是联系属性层和执行层指标的桥梁，它既能反映属性层指标更为详细的分类指标特性，又为执行层的指标提供了支持依据。③执行指标层。能从统计资料中直接获得或通过简单计算就能获得的指标，例如血液中挥发性有机物浓度指标。

（2）中国人群健康统计指标的选取。遵循政策相关性与信息综合能力强、基础数据的可靠性与灵敏性高、数据可得、简易且成本较低以及标准性及可量化性，规范性的原则，来选择统计指标。

（3）中国人群健康统计指标体系的框架（表 7-10）。在以上指标选取原则的指导下，根据各个层次的特点，设计了中国人群健康指标体系基本框架。

表 7-10　中国人群健康指标体系基本框架

	属性层	报告类型层	执行指标层
中国人群健康统计指标体系	人群疾病与健康监测指标	生命期望	生命期望
		世界三大主要疾病	癌症死亡率
			心脑血管疾病死亡率
			糖尿病发病率
		主要传染病	呼吸道传染病发病率
			接触型传染病发病率
			胃肠道传染病发病率
		妇女儿童主要疾病	婴儿死亡率
			孕产妇死亡率
			先天性残疾发生率
	环境污染的生物监测指标	重金属污染物	血铅含量
			尿砷含量
			血汞含量
			血镉含量
		大气污染物	血液中可铁宁浓度
			血液中 CO 浓度
		挥发性污染物	血液中挥发性有机物浓度
		杀虫剂	尿液中的有机磷浓度
		永久性有机污染物	血液中 HCB 浓度
			血液中 PCBs 浓度
			血液中二噁英浓度
			血液中 DDT 浓度

7.3 环境统计数据质量控制

7.3.1 环境统计数据质量控制的意义

数据质量是环境统计工作的生命线，统计数据的质量高低关系到统计工作的价值。我国环境统计数据质量普遍不高已经是个共识，影响数据质量的因素主要有以下几个方面：①企业申报数据不真实。企业为少缴排污费，故意更改有关数字，逃避环保部门的检查，偷排偷放，使环境统计数字的真实性大大降低。②数据缺乏原始记录。很多单位在填报环境统计年报时，填报的数字无据可考，可信度较差。③监测能力差。监测手段落后，监测频次不够的现象。④排污系数取值范围太大。没有监测条件时，采用排污系数估算污染物排放量，而目前使用的排放系数取值范围太大。⑤排放数据与环境质量不能挂钩。排放统计主要针对重要污染源，主要针对高架源，而低架源对本地的环境质量的影响往往比较大。⑥领导政绩观念的干扰。有的领导干部为了表现对污染治理的成绩，对环境统计数据进行行政干预，报喜不报忧及夸大政绩的行为使环境统计的准确度难以保证。⑦企业环境统计人员流动性大，且多为非专职人员，业务素质差。环境统计管理专业人员、设备和资金不足。

另外，从环境管理方来说，环境统计数据质量不高的主要原因在于缺乏数据质量监控措施。其原因主要有：①对污染源缺乏强有力的监控手段，无法实时监控污染源的排放情况，环境统计数据基本上靠企业自报，监测站也无法对所有企业进行核查。②由于政策规定对污染源的例行监测不能对企业收费，如果当地环保局没有对监测站予以财政补贴，则大多数监测站对污染源的监测工作不积极、不主动，有的一年只监测一次。③由于统计法规定，只有统计主管部门有权对企业的统计违法行为进行法律处罚，环境统计部门难以运用法律手段来确保环境统计数据的准确性、可靠性。

7.3.2 环境统计数据质量控制目标

国家环境数据的管理目标就是使所有的社会阶层都能够得到准确而翔实的环境及其相关数据，以便参与到管理有关人类健康和环境的事务中来。环境数据质量控制的目标是向环境数据的使用者提供足够数量且质量符合标准的数据。环境数据质量保证是一整套管理系统，即通过对环境数据收集、分析整理、评估、发布、更新等全过程的审核监督，来确保所收集到的环境数据是真实的、完整的和有用的，使之能够达到特定项目的标准和特定部门的要求。

为了使环境数据能够更好地为决策制定和公众了解环境信息服务，国家环保总局需要设立专门的机构和固定的人员负责环境数据的管理，并且明确管理机构和人员的责任和义务。环境信息管理机构的主要职责是负责国家环境信息管理及其相关政策的制定和实施，组织编制国家环境状况公报；确保环境数据的质量满足决策者、管理者和公众的需要。环境信息管理机构对于保证环境数据质量的目标是：

- 增强数据的完整性、一致性、统一性和效率。
- 加强各部门及利益相关者之间的数据合作，更好地整合和协调数据收集、管理和综合过程。
- 增加数据的内涵和有用性，满足各种管理者和利益相关者的需要。
- 提高数据质量，提高环境数据对于所有利益相关者的价值，寻求使用者的反馈，加强数据的实用性、准确性、可靠性。
- 预测新需求趋势和开发数据产品，提高数据的适应性和前沿性。
- 降低收集和使用数据的成本。
- 增强公众对于环境数据信息的可得性，提高数据的透明性，为人们保护家庭和社区环境提供合适的信息。

7.3.3 环境统计数据质量控制制度建设

保证所收集数据的质量是各级环保局所有工作的核心。为此，国家需要尽快完善环境统计制度，改进环境统计指标体系，改革环境统计管理体制，制定环境数据质量控制的近期和远期计划，设计并建立国家环境数据基础平台。

通过本研究，我们提出的我国环境统计质量保证制度建设的规划目标是：到2010年，修订《环境统计暂行管理办法》，基本建立比较完善的环境统计指标体系和政策法规体系，完成国家和各级地方政府中环境统计的机构和人员编制的设置，建立国家环境数据基础平台，建立环境数据质量控制体系。主要任务是：①制定国家环境统计技术导则，明确规定统计指标体系、数据处理方法、处理程序、质量控制方法等执行细则，以提高环境统计数据的规范性和数据质量；②开展典型污染源监测方案的研究，提高监测数据的代表性；③修订行业污染物排污系数手册，为基层环境统计提供技术支持。

为实现上述目标，我们必须做到：加强环境统计技术和管理研究；完善环境统计法规体系；加强环境统计能力建设；提高环境信息管理现代化水平；政府增加环境统计经费投入；加强部门间合作和公众参与；加强对统计人员的培训和统计队伍建设；建立环境数据质量负责制度；制订迅速提高污染物排放数据质量的计划。

本研究提出了国家环境数据基础平台设计的“一揽子”方案：

（1）制定数据标准。一套有效的数据标准可以用来减少由于环保局机构内部或与其他机构之间对于同样的数据由于采用不同的方法而导致的数据混乱，包括总局的规定、报告和数据库等。数据标准的制定能够促进各部门之间的信息交流，改进交换的数据信息的质量、再使用性和可比性。数据标准开发包括提出、开发、采纳和审核确定 4 个阶段。

（2）确定环境数据源路线。国家环保总局应该了解与环境保护相关的各项数据，但这些数据并不一定都由环保系统来负责搜集，环保系统本身也不具备这样的能力。因此，需要建立与其他利益相关者信息交流的平台，充分利用其他部门以及来自研究机构、组织甚至公众的环境数据。国家环保总局通过数据标准等一系列质量控制体系来保证环境统计数据的真实性、有用性和完整性。有了足够数量和质量合格的数据作为支撑，国家环保总局就可以在环境统计数据的基础上对环境系统的现状和未来作进一步分析和预测，为决策提供科学依据。

（3）编制国家环境数据指南手册。为了便于环保局和其他利益相关者之间充分进行信息交流，保证和提高数据质量，提高工作效率，需要编制国家环境数据指南手册，还要定期对其进行修改或变更。国家环境数据指南手册内容应包括环境信息管理的程序和政策，包括数据保密、数据标准、记录管理、数据收集以及图书馆服务等。通过该手册各利益相关者能够了解到如何进入和使用环保局的信息交流平台，以及环保局如何确保数据的完整性、透明度和再现性。

（4）基本数据库建设。按照环境综合统计框架设计提出的总体思路，环境信息基本数据库的内容应包括污染排放、环境质量、生态环境、环境管理、人群健康和社会经济数据等方面的数据。环保局的环境统计部门负责数据的收集、分析整理和发布以及数据库的日常管理工作，环保局应建立开放的信息交流平台收集足够的来自内部和外部利益相关者的环境数据，并对数据的质量控制负责。在此基础上，环保局应扩大和加深对环境数据的综合分析的范围和程度，提高决策支持能力，大力开发环境数据产品，扩大面向公众进行信息发布的广度和力度。

参考文献

[1] 陈翠芝. 关于提高环境统计数据质量的探讨. 环境污染与防治，1990（2）.

[2] 邓勇. 加快环境统计改革实现可持续发展. 统计科学与实践，2003（3）：17.

[3] 国家环保总局. 水污染物排放总量监测技术规范. 2002-12-25：4.2.
[4] 国家环保总局. 中国生态问题报告，北京：中国环境科学出版社，2002.
[5] 国家环保总局. 地表水和污水监测技术规范. 2002-12-25：4.1.3.
[6] 国家环保总局. 排污申报制度. 北京：中国环境科学出版社，2003：93.
[7] 国家环保总局. 水污染物排放总量监测技术规范. 2002-12-15：6.2.4.
[8] 国家环保局. 环境统计管理暂行办法（1995 年 6 月 15 日国家环保局第十七号局令）.
[9] 国家环保总局规划与财务司. 环境统计报表填报指南. 2001：19-20.
[10] 国家环保总局规划与财务司编. 环境统计概论. 北京：中国环境科学出版社，2002，54.
[11] 国家环保总局主编. 中国环境年鉴 2002. 北京：中国环境科学出版社，273.
[12] 国家环境保护局计划司. 辽宁省环境保护局. 工业行业环境统计手册，沈阳：辽宁大学出版社，1991. 12.
[13] 江源，刘运通. 城市生活垃圾管理. 北京：中国环境科学出版社，2004：70-72.
[14] 雷勇. 提高环境统计质量措施诌议. 环境导报，1996（1）：25.
[15] 李锁强. 对我国现行环境统计的思考. 中国统计.
[16] 吕宗清，詹万果. 社会主义市场经济体制下环境统计改革思路初探. 重庆环境科学，1994（6）：11.
[17] 罗国桢. 大力推进环境统计改革更好地为环境管理和决策服务. 环境科学动态，1995（4）.
[18] 裴元森. 浅议影响环境统计数字质量的因素及对策. 环境保护，1992（12）：6.
[19] 宋国君，蒋楠，肖红. 中国流域水环境保护政策分析：以淮河流域为例.中国公共政策分析（2005 年卷）. 北京：中国社会科学出版社，2005：260.
[20] 宋国君，王竹霁. 流域污染物排放总量控制政策框架研究. 2004.
[21] 万本太，等. 中国环境监测技术路线研究 . 长沙：湖南科学技术出版社，2003：158.
[22] 王竹霁 . 流域污染物排放总量控制政策框架研究 . 中国人民大学硕士论文，2004：2-9.
[23] 吴聿明. 环境统计学. 北京：中国环境科学出版社，1989 .
[24] 杨玉楠，熊运实. 固体废物的处理处置工程与管理. 北京：科学出版社，2004：6-10.
[25] 于益累. 试谈环境统计分析. 新疆电力环境监测中心.
[26] 俞宗尧. 政府统计在环境统计中作用的探讨. 统计与信息论坛，2002（51）：15.
[27] 曾五一，张建华. 国外环境统计研究状况及其对我国的启示. 东方学术，2001（4）：23.
[28] 曾翔云. 关于加强环境统计工作的几点思考. 中国环境管理，2001（1）：35.
[29] 中国环境监测总站. 中国生态环境质量评价研究. 北京：中国环境科学出版社，2004：2-5.

第8章

国家环境科技发展战略研究

为了建设资源节约型和环境友好型社会，提供有效解决未来我国重大环境问题、改善生态环境质量、保障人体健康、应对国际环境履约、保障国家生态环境安全和社会经济的健康发展等方面的环境科技支持，本课题专门设立“国家环境科技发展战略研究”专题，开展国家环境保护中长期科技发展规划研究，为制定《国家“十一五”环境科技发展规划》提供直接的技术支持。本章主要介绍了国家环境科技发展需求、战略目标、重点领域和保障措施。

8.1 国家环境科技发展需求分析

要实现 2020 年 GDP 翻两番的经济发展和全面建设小康社会目标，年增长率必须达到 7.4%，如果按照现有的资源利用和污染排放水平，经济社会发展对环境影响将是现在的 4～5 倍；如果要保持现有环境质量，那么资源生产率就必须提高 4～5 倍；如果要求在实现经济发展目标的同时，环境质量在现有基础上有明显改善，则资源生产率必须提高 8～10 倍。因此，只有通过科技进步和实现可持续发展，不断提高资源利用率与利用效益，降低污染物排放，才能实现全面建设小康社会，达到“生产发展、生活富裕、生态良好”的文明发展道路等重要目标。因此，未来 20 年的生态与环境科技需求必须围绕着全面建设小康社会的国家战略目标，以科学发展观为指导，以协调人与自然的关系，构建和谐社会为目标，解决实现国民经济再翻两番的生态与环境资源“瓶颈”问题，需要科学的环境管理和正确的宏观环境决策，而这些均需要有科学的依据。首先需要彻底弄清我国的环境质量现状、发展趋势，依据正确的监控方法、先进的监控手段、科学的数据分析方法、有效的预测模型、科学的环境质量标准及评估体系，建立环境基础数据保障和信息化系统，确立分区域的生态保育、修复与重建战略，建立社会经济与环境协调发展的循环经济体系；从区域和国家角度研究我国的生态与环境资源承载力，为建立现代化环境管理、监督和数字环保提供全面的科技支撑。根据这一定位，我们认为未来 20 年我国环境保护的科技需求主要体现在以下几个方面。

8.1.1 全面建设小康社会环境质量保障体系

未来 15 年，经济快速发展，工业化和城镇化将加大污染物排放总量，资源消耗量将突破生态环境的承载力，环境风险将急剧增大，国家环境安全将处于危险期。为解决全面建设小康社会，实现国民经济再翻两番的生态与环境资源“瓶颈”问题，需要科学的环境管理，特别需要正确的宏观环境政策，如绿色国民经济核算体系、量化生态与环境资源价值的理论与方法，环境负荷与经济增长间的关系、企业环境会计和环境审计、排污交易手段、环境税收和生态补偿政策等。同时，应彻底弄清我国的生态与环境质量现状，从区域和国家的角度研究我国的生态与环境资源承载力，实现环境资源的合理配置。为此，需要研究生态与环境区划和生态保育、修复和重建战略及管理技术，先进的环境信息技术、重大环境事故预警技术和应急技术；开展天—地一体化立体在线动态监测技术，研究数据测算方法、分析体系、重要污染物环境基准、新化学物质风险评估体系，开展环境污染和生态损益分析，开展对重大政策、规划以及重大经济开发技术的生态与环境影响评价，建设环境保护基础数据保障和信息化环境管理系统，构建国家环境信息协作共用网，完善国家环境信息中心卫星通信系统，为环境宏观综合决策和环境管理提供共享平台，开拓数字地球、航天等高新科技在环境保护领域的建设，逐步建立具有中国特色的环境管理技术支撑体系和环境经济政策体系。

8.1.2 城市化快速发展进程中面临的突出环境问题

城市化是全面实现小康社会的重要发展战略。但随着城市化进程的加速，人口将越来越集中于城市，城市数量将越来越多，规模也将越来越大，而且呈现城市连绵带和大城市群发展的趋势。如果不采取有力的环保措施，城市生活、生产排放的大量污水、垃圾和废气将严重污染城市水环境、影响城市生态、市容卫生、大气环境质量和城市居民健康。目前，大城市的环境基础设施建设依然处于历史“欠账”时期，绝大部分中小城市和城镇的基础设施建设严重滞后，若不能加快建设步伐，环境质量有可能进一步恶化。

随着城市的进一步发展，各种城市“病”问题日益突出。城市规模的迅速扩大与城市人口的骤增导致交通拥塞、住房紧张、绿地稀少、水源不足、生态环境恶化等一系列城市“病”。这些问题已对我国的社会经济发展产生了一系列的惩罚性影响，如环境污染对城市居民健康的恶性危害，以及因不合理用地和交通规划而导致的城市功能低效。城市新出现的有害有机污染物，将直接危害饮用水安全和空气环境质量。在解决生活中一般有机污染问题后，氮、磷造成的水污染问题将日益突出。可吸入颗粒物危害将凸显出来。同时，大城市汽车尾气污染趋势加重，加上其他能源消耗过程，氮氧化物将成为一些城市的主要污染物之一。这不仅加重城市大气污染，而且也会加重南方一些地区的酸雨污染。大件的电子垃圾、废弃的汽车和其他有害废物也给城市垃圾处理增加了难度。

在城市化进程中，一方面原来乡镇的污染向城市集中，另一方面大城市工艺落后、污染大的企业向乡镇转移，原有城市基础设施“欠账”多，新建城市环境污染控制体系尚未形成，因此城市化将使传统环境问题和新的环境问题相互交织，现代城市“病”与过去的环境污染问题相比从成因、特征和危害程度方面都发生了显著变化，存在随时爆发的隐患，并已成为阻碍我国社会经济可持续发展的巨大障碍，急需对城市化进程中可能出现的环境问题开展基础性、前瞻性研究，防止走到先开发后环保、先污染后治理的老路上去。

从生态环境科技角度，未来 15 年要重点解决城市化进程中的下列环境保护科学技术问题：①城市物流、能流代谢过程及循环机理研究；②城市大气环境复合污染、水环境复合污染、固体废物相互影响及其优化控制技术；③大气细颗粒物和超细颗粒物的控制技术；④城市生态综合调控系统；⑤城市重污染水体修复、饮用水源地保护及饮用水安全保障技术；⑥城市连绵带和城市群复合污染综合调控技术；⑦环境安全、健康安全和经济合理的城市垃圾和危险废物（如医疗垃圾）处理技术；⑧城市臭氧、大气有毒有害污染物、有毒化学品和 POPs 污染控制；⑨城市物理污染（如光污染、电磁污染、辐射污染、视觉污染等）控制对策；⑩城市环境污染对公众健康的影响，包括污染暴露评估技术、污染－健康剂量反应关系评估以及室内污染防治技术等。

8.1.3 新型工业化和生态工业

目前，经济发展正处于工业化中期阶段，特别是重化工的发展将使环境污染问题日益突出。为大幅度减少工业污染物的产生量，关键取决于新型工业化实现的速度和程度。考虑到传统污染型工业依然要发展，结构调整和经济增长方式的转变需要一个循序渐进的过程，我国乃至世界循环经济和清洁生产尚在初期发展阶段，工业污染的压力将持续相当长的一段时期。我国加入 WTO 后，食品、服装、医药、家用电器等行业仍将稳步增长，可能成为这些产品的“世界制造中心”。毫无疑问，在传统污染密集型行业继续保持增长态势和结构调整不可能及时到位的情况下，将给进一步削减化学需氧量和 SO_2 等污染物总量带来困难。

工业发展规模的扩大，将导致对矿藏、耕地、能源和原材料等自然资源的需求增加，开发强度也随之加大。据估计，到 2010 年我国钢铁需求量还将大幅度增加；建筑材料如水泥、砖瓦、内装饰材料等生产量不断增加；铁路、高速公路建设也将进入快速发展时期。自然资源的开发、公路和铁路的建设会形成大量的矿渣、坑口和断面，占用大量的土地（包括耕地），导致水土流失和荒漠化，甚至诱发各种地质灾害如泥石流、滑坡等。

从环境科技角度，未来 20 年要重点解决工业化进程中的下列环境保护科学技术问题：①国家重大工业布局规划以及相应的环境保护技术规划；②能源发展战略对环境的影响及其应对战略；③电力行业脱硫、脱氮、CO_2减排、汞污染治理技术及行业合理布局对大气环境质量的影响；④对全国大坝和水利枢纽工程建设和调水工程对生态环境的效应及控制战略；⑤提出环境友好的可再生资源开发技术体系；⑥根据新型工业化道路，提出老工业城市和传统资源型城市振兴的环境技术对策。

8.1.4 农业现代化进程中的环境问题

我国是一个农业大国，近 70%的人口在占国土总面积近 60%的土地上从事农业生产活动，因此，农村环境保护对于我国乃至全球的环境安全至关重要。尽管“九五”和“十五”期间我国农村环境保护工作取得了一定进展，但农村生态环境质量总体仍呈持续下降态势。农村面源污染、乡镇企业快速发展所带来的环境问题、农村有机废弃物污染、饮用水安全保障以及农村环境保护法律法规体系建设等，是目前农村环境保护面临的主要问题，将农村环境保护科技发展纳入我国环境科技发展总体战略规划十分必要。

经过多年的努力，我国农村环境保护虽然取得了一定的成绩，但与满足国家需求和国际先进水平相比仍有相当的差距。我国作为农业大国，存在独特的环境特征和环境问题，可以围绕我国的农业环境问题，发展有特色的环境科技体系。多年来，由于缺乏重大的农业环境问题的基础普查、应用研究和关键技术开发，科研与农村实际相脱离，研究赶不上问题的发展，对新的农村环境问题缺少应对理论和技术储备，使农村环境保护战略缺少强有力的科学指导，技术方向难以进一步明确。

主要科技需求如下：①农村面源污染特征识别及综合防治技术；②农村集约化养殖污染控制关键技术及其示范；③经济发达地区乡镇企业污染及其调控对策；④污染土壤生态风险评价及修复技术；⑤农村废弃物资源化及典型区生态工程示范研究；⑥农村饮用水源地污染控制机制及供水安全保障技术；⑦农村环境监测信息网络构建的相关技术规范。

8.1.5 生态保护、修复与重建

整体上，目前我国的生态破坏还十分严重，基础科技支撑体系尚需进一步强化。国务院于 2002 年颁布了《全国生态环境保护纲要》，为未来 20 年的全国生态保护工作提出了总体目标和重点任务。但是《全国生态环境保护纲要》的实施需要大量的科学技术作为支撑。而且，随着环境保护形势的发展，生态保护工作范围和领域不断扩大增加，在传统的生态保护问题没有解决的同时，诸如生物安全、生物遗传资源的新的生态保护问题日益突出。在《全国生态环境保护纲要》中，明确地提出了特殊生态功能保护区规划

问题，但对特殊生态功能保护区的生态服务功能、生态服务价值、生态功能区划、生态功能区与自然保护区等之间的科学关系有待研究。综合生态系统方法（ESA）的研究尤为迫切。在生物多样性方面，还没有系统地研究开发出生物多样性的评价指标以及监测方法。自然保护区的管理技术十分薄弱，造成保护区面积不断扩大，但严格意义上的高质量的自然保护区不多，缺乏国家自然保护区的顶层设计指导以及保护区的科学区划技术。对区域生态承载力和生态示范区评价指标体系还有待深入研究。主要科技需求包括：①尽快完成全国生态功能区划；②开展重要生态功能区的系统保护与建设；③注重区域生态差异，提出相应的策略；④生态承载力与区域可持续发展研究；⑤脆弱生态区修复的关键技术。

8.1.6 环境与生态监控管理

环境安全是中国 21 世纪的重大和根本性的问题，也是中国能够实现可持续发展的基础和条件。在快速的经济增长的同时，保持和改善中国的环境质量，提高自然资本存量，是中国社会面临的关键性的挑战。中国社会经济制度的转型，对环境管理制度改革和创新提出了新的要求。环境质量监控是环境决策、环境管理的科学依据，我国当前反映环境质量状况的监控体系很不完善，监测信息存在明显缺陷，对国家环境污染控制与治理中关键技术和科学问题缺乏系统性研究，对环境管理支撑力度明显不足，缺乏从区域、流域尺度进行科学研究，对环境污染形成的成因、演化规律认识不清，环境基础数据和信息化不能满足环境决策、环境管理和环境污染控制的需要。

生态环境质量监控体系是保障环保工作科学开展的重要基础和支撑力量，环境监测水平的高低直接关系到环境管理的科学化程度，关系到环保部门依法行政的水平，关系到人民群众的切身利益，关系到环保部门在政府中的地位和社会上的形象。今后 5～15 年，是我国经济和社会发展的重要时期，也是控制生态与环境污染、遏制生态破坏恶化趋势的关键时期。明确环境污染控制战略方向和科学技术对策，开展生态环境监控科学技术研究，完善环境质量监控体系，重点突破支撑环境污染控制与质量改善的关键科学技术与应急技术，为环境管理、科技、政策的综合解决环境问题提供科技支撑，推动全国生态与环境保护工作向深度、广度发展具有重要的意义。

环境监控领域的科技需求是：研究先进的环境监测技术、环境信息技术和卫星遥感技术，全面提高我国的环境监督管理能力。改变监测手段相对落后，难以动态、大面积反映环境变化的局面；达到对环境污染和生态破坏状况实施大面积、全天候、全天时的动态监测，完成政府的环境监管任务。加快研究卫星遥感技术在环境管理中的应用，开发在线自动环境监测仪器，为建立环境监测信息系统，有效实施统一监督管理和环境综合决策提供技术支持。随着经济的高速发展，我国有毒有害化学品和环境污染引发的环境安全与健康问题日趋增多，但目前我们对环境污染影响人体健康的机制缺乏全面系统的调查研究，环境安全与健康领域面临新的挑战。加强与环境履约有关的环境监测科学研究，加强中国与周边国家之间沙尘暴、酸沉降、“棕色云”等空气污染物交互影响的长期监测调查与来源解析研究。重点是臭氧耗损、温室效应及酸性污染跨界输送三大全球性环境问题，开展相关气体污染物长期监测的科学研究。

8.1.7 保障人体健康的关键环境科学技术

我国有害污染物对生态环境及人体健康的影响呈显著上升趋势，面临的形势及产生的危害远比发达国家严峻。据估计，2010 年前后我国环境保护面临的最迫切问题将是有害污染物的环境安全性问题。近年来，在生产和使用中产生和排放的大量有害污染物使人类赖以生存的生态环境与人类自身接触污染物质的机会以及受其危害的风险性已显著增加，人类生存与发展的基础——环境安全性问题越来越受到关注。有关研究表明，人类癌症的高发、生物体畸变或器官退化病变、遗传物质精子/卵子质量与数量下降以及生态失调灾难等由环境污染物产生的“环境雌性化”效应或“生物体内分泌干扰”效应、“三致”效应、“环境定时炸弹”效应、大气臭氧层的破坏效应、水体综合富营养化毒害效应等涉及国家民族或人类可持续发展的基本安全问题。而我国在环境有害污染物的基础研究与技术控制方面较薄弱，人们对多种新出现的环境污染与健康方面的环境安全性效应如：定量污染生态学机理、污染物遗传毒理学机理、环境健康化学机理、环境分子生物学机制、污染物环境安全化机制及潜在污染物的环境代谢、分配、迁移、富集、降解、转化、吸附、淋溶机制等了解不够，目前我国已有的环境控制标准尚缺少许多环境安全性要素。尚无专一的环境安全与健康的理论与基准研究机构，有关涉及环境安全与人体健康问题的环境生态学效应研究、健康毒理学研究、大气环境安全性研究、水环境安全性研究及化学物质的合成研制均需要不断加强。急需在环境安全性基础理论、环境安全控制基准、方法、标准、战略方针及新技术应用方面有所突破，才能确保我国人民今后有可持续发展的自然环境基础。

环境与健康领域的科技需求是：①确定影响环境健康的污染物，有毒有机化合物对人体健康影响的标准，诊断依据、标准、法律及措施；②环境污染物的区域生态健康效应、污染生物学效应、健康遗传学效应机理与控制基准研究；③环境安全性替代物质的开发控制基准体系研究；④区域环境污染的人体健康效应的基础检测方法和测试技术研究；⑤区域环境污染与人体健康的预警/预测系统指标基准及应用技术研究；⑥区域环境污染物的生态健康安全性评价指标研究。

8.1.8 循环经济的关键科学问题

循环经济作为实现我国可持续发展的重要战略目标，对提高资源生产率，建立资源节约型和环境友好型社会具有重要意义，是长期、前瞻性的科技发展方向，需要作出长期不懈的努力。

中国正在进入以重化工业为特征的“二次工业化”时代。1978—2000 年的 22 年间，中国的第二产业产值在 GDP 中所占比重仅上升了两个百分点，但从 2000—2003 年这一比重却迅速由 50.2%上升到 52.9%。全国第二产业产值自 2000 年以来平均保持两位数的增幅，2003 年达到 12.5%。重化工业对中国是一个不可避免的、十分重要的战略任务。重化工业阶段要消费大量矿石资源，2005 年我国消费了 16 亿 t 原煤、3 亿 t 铁矿石，还消费了钢材 2.46 亿 t、氧化铝 117.8 万 t、水泥 8.5 亿 t。今后较长一段时期我国经济仍将持续快速增长，资源消费总量仍将持续上升。以钢铁为例，专家估计全国钢产量的高峰期将会持续到 2020 年以后。从我国的国情和发达国家走过的路程来看，提高资源生产率是十分重要的，但它改变不了资源消费总量持续上升这一总趋势。因此，我国需要及早开发循环经济平台技术，实现跨越式发展。循环经济是一个长期战略目标，不是一朝一夕所能完成的，因此需要提出循环经济切实可行的近期、中期和远期目标、实施方案和技术经济量化指标。目前，循环经济的核心硬件应是资源的高效—清洁转化利用即清洁生产技术，第二层面扩展为企业共生网络和生态工业集成系统。我国与先进国家的差距主要在第一层面上，因此在近中期应重点强化对清洁生产关键共性技术上的研发支持，强调自主创新，生态环境与多学科交叉融合，选择典型城市和重点行业试点，形成一批带动性强、对重污染行业传统技术的重大替代性技术。加快淘汰落后生产力，从源头控制污染物，减缓生态与环境的源头压力。建立生态工业、生态农业和生态城市的技术和运行模式示范。①研究社会经济发展“瓶颈”的资源环境问题，提出落实科学发展观的循环经济重要战略举措；②循环经济科学理论和共性技术体系研究；③动脉、静脉产业的行业发展循环经济的运行模式、城市和农村循环经济发展模式；④国家循环经济发展指标、标准、法规、技术经济政策和指南研究；⑤废旧产品和废弃物资源化的支撑技术；⑥循环经济发展的管理和决策手段的研究。

8.1.9 流域水污染和区域大气污染控制

我国流域水污染问题、区域大气环境污染问题日益严重，急需国家给予高度重视。重点研究流域、区域性环境污染控制及管理技术。而现阶段水污染控制与治理方面多注重单个工程项目，缺乏对整个流域系统性考虑，致使流域水环境总体质量改善不大。因此，应开展流域或跨流域的水环境容量、生态环境容量的系统性和协同性研究，建立测算技术方法和实施技术路线。研究提出全国七大水系和流域的水环境承载力和生态需水量阈值，特别是长江三峡水库、南水北调工程、海河流域、黄河流域、淮河流域和辽河流域等敏感和重点地区环境承载力研究。在水污染控制方面，紧紧围绕我国今后必须解决的污染水体的修复、城市污水处理与资源化、饮用水安全等重大问题，在安全饮用水保障技术、面源控制技术、水污染控制生物与物化技术和污水处理厂成套技术与设备等方面进行重点研究，带动我国水污染控制整体技术水平的提高。

区域大气污染仍较为严重，SO_2排放量仍处于较高水平，由酸雨造成的经济损失严重。近年来，汽车生产量和社会保有量迅速增长，汽车尾气造成大城市的 NO_x、O_3 浓度超标；中国大气颗粒物污染极为突出，大多数城市有大气环境中可吸入颗粒物（PM_{10}）浓度超标现象。大气环境呈现复合型污染，以煤为主的能源结构造成的煤烟型污染和由机动车排放引起的光化学污染共存和相互耦合，表现出在城市和区域大气环境中细粒子和臭氧浓度升高。这不同于发达国家在煤烟型污染得到有效控制后再出现机动车尾气型大气污染的历程，这一复杂大气污染问题的产生与有效调控所涉及的诸多科学问题至今没有得到深入系统研究。因此，应开展以下研究：①区域大气环境承载力、流域水环境承载力的基础研究；②研究东南沿海、西部、东北老工业基地区域大气、水体、土壤复合环境污染相互影响及调控技术；③研究区域大气细颗粒物、超细颗粒物、NO_x、O_3 以及空气有毒有害污染物控制技术；④基于水生态安全的流域水环境功能区划分技术方法体系；⑤流域水污染控制技术集成及综合决策系统；⑥我国城市化进程中出现的城市与区域复合型大气污染的控制途径与调控原理及急需解决的重大环境问题；⑦对重要环境资源开展理论、管理及污染调控技术研究。

8.1.10 全球化的环境影响和国际环境履约

近年来，全球气候变化、臭氧层破坏、酸雨、有毒有害化学物质污染与越境转移、生态环境污染与生态系统失去平衡、生物多样性减少等全球性环境问题日趋严重，使人类环境面临着更为严峻的挑战。由于气候系统的各个组成部分是密切联系在一起的，全球气温增暖将导致大气环流、海洋环流、降水、冰雪圈、陆地生态系统、河湖水系、海平面等一系列变化。这些变化可能会打乱人类与自然生态环境系统之间已经建立起来的平衡关系或相互适应关系，产生各种各样自然灾害，给国家和地区的社会经济造成无法挽回的损失。同时，各种极端气候事件出现的频率将加大，甚至可能出现气候突变事件，对人类的生存环境构成灾难性威胁。就我国来看，全球气候变化的影响将主要表现在两个方面：①它将对我国生态环境和社会经济活动产生直接和间接影响，包括可能产生严重的负面影响；②它将通过国际减缓气候变化影响的行动，对我国经济持续发展构成阻碍或推动作用，可能对国家社会经济长远发展目标的实现构成威胁。同时，一些西方国家可能会通过气候变化问题，设法限制我国的经济发展。因此，在 21 世纪甚至更远的未来，全球气候变化对中华民族同样是一个无法回避的重大挑战和机遇。

在全球经济一体化和我国加入 WTO 后，要保证区域的可持续发展，实现现代化，必须积极开展生态承载力与区域可持续发展研究，明晰区域生态承载力的现实状况与制约因素，制定积极的、现实可行的发展战略，发挥优势，克服不足，在实现社会经济快速、稳步发展的同时，实现人与自然的和谐。环境科研机构应该开展环境保护的前瞻性研究，为环境保护管理部门及时识别环境保护的前沿问题，跟踪国际上或者发达国家对这些新型环境问题的解决技术方法，向政府部门提出跟踪研究和相应控制建议等。由于我国是一个负责任的环境大国，因此，应开展以下研究：①全球变化带来的环境污染的损失量化方法和预测技术研究；②气候变化对生物多样性、典型生态系统、自然保护区的影响研究；③开发减缓和适应全球变化的新技术和新理论，国际履约的对策研究；④跨区域污染协同控制理论与周边地区环境风险评价体系研究。

8.2 环境科技发展思路和战略目标

我国的生态环境已经进入大范围生态退化和复合性环境污染的新阶段，环境问题将成为“十一五”期间乃至更长时期的社会经济发展的“瓶颈”。而现阶段环境科技体系尚不完善，环境科学技术缺乏前瞻性、基础性、战略性、原创性研究，对国民经济持续发展将面临的重大生态与环境问题和急需的关键科学技术缺乏系统性、规律性研究。无法为环境管理、环境决策和环境污染防治重大工程提供强有力的科技支撑。加强环境科技研究，重点突破有带动作用的关键环境科技问题，为环境管理和国家重大环境问题提供科技支撑，对保障我国的环境安全，推进可持续发展战略的实施具有重要意义。

8.2.1 环境科技中长期发展思路

紧密结合“十一五”及 2020 年期间经济发展、国家安全和环境保护目标，以科学发展观为指导，统筹人与自然和谐发展，对生态环境领域的现状、发展趋势和存在的差距进行全面深刻的分析和预测；在全面、协调、可持续的科学发展观指导下，把握重大生态与环境问题的发展趋势和国际环境科技发展方向，紧密结合经济发展、国家安全、可持续发展；以统筹人与自然和谐发展为指导，以全球变化为背景，以解决我国环境中的重大问题和改善环境质量为基本出发点，以转变不可持续的发展方式为主线，对环境保护与可持续发展“瓶颈”问题深入剖析，抓住我国中长期所面临的重大环境科技问题，注重从战略层次遴选研究方向，凝练重大科技项目，开展深入系统的研究，重点突破具有带动作用的关键科学技术，优先落实针对重大区域性、战略性、前瞻性环境问题，注重环境科技的引领作用和战略指导作用。

（1）区域性和阶段性。把握好“十一五”直至2020年期间环境科技问题的时间尺度、空间尺度，注重区域差异，量化环境科技应实现的目标和需要解决的重大问题的优先顺序以及急需突破的重大关键科学技术。

（2）前瞻性。进一步对国民经济持续发展将面临的重大环境问题和急需的关键科学技术进行科学预测，更好地体现中长期规划的前瞻性。

（3）战略高度和引领作用。从战略高度提炼生态与环境科技的量化战略目标，战略任务和主要研究方向；注重环境科技对社会经济发展的引领作用，战略目标向以“生态、环境建设为主要特征的主动式引导社会经济发展的环境科技”的战略转变，更好地指导“十一五”期间乃至2020年环境领域的科技发展方向。

8.2.2 环境科技中长期发展战略目标

（1）2010 年的环境科技目标。经过 5 年的努力，初步建立较完善的环境科技研究和创新体系，为全面控制人为因素产生新的生态破坏，提高能源和资源利用率，最大限度的减少环境污染，改善城乡环境质量、建成一批生态良性循环的城市和地区，恢复生态脆弱地区的生态环境，遏制环境质量恶化的趋势提供科技支撑。为此，需要建立环境质量监控体系和标准体系，形成长期连续观测能力，阐明重点流域、区域环境质量现状、演替规律和发展趋势；揭示复合性污染成因、变化规律及其对生态系统和人体健康的环境效应，为提出综合调控战略提供科学理论基础；研发当前面临的重大环境问题急需的一批具有带动作用的关键技术和方法，并建立科技示范工程；加强环境标准、基准、环境制度、环境管理体系建设和国际履约科技支撑。

（2）2020 年科技发展的目标为环境质量明显改善提供科技支撑。在生态环境重要科学理论、环境污染预防、控制与治理关键技术方面进一步缩小与发达国家之间的水平差距。提出全面实现建设小康社会的国家社会经济发展与环境资源的协调关系及对策，为建立完善的环境质量监控和标准体系，提供坚实的科技支撑；为在重点行业和典型城市建立循环经济体系及示范提供科学基础；具备解决区域/流域重大生态与环境问题的科技能力，以科技进步支撑国家削减污染物排放总量、控制环境污染、不断改善环境质量的需求，建立国家创新环境污染控制技术体系；开发影响国家和区域可持续发展的重大环境污染问题的共性技术并进行成套化集成；为提高国家环境决策能力和效率提供有效的技术保障，切实提高环境污染控制技术的国际竞争力，并提升国家环境保护产业的发展水平；完善和发展具有中国特色的环境科学学科体系，为全面实现小康社会和国际履约提供科学依据和技术支撑。

8.3 环境科技的重点发展和研究领域

8.3.1 全面小康社会的环境保障技术体系研究

全面建设小康社会的目标对生态环境和资源利用提出了新的要求和挑战。目前我国尚没有建立起为政府实用的环境经济综合预测模型、预测方法、预测系统，从而不能有效地支持政府决策。因此，开展全面建设小康社会的环境与资源保障战略研究，建立一个综合的环境经济预测模拟平台是必要的，将为国家宏观经济和环境决策以及可持续发展战略的实施提供科学依据，使国家环境管理和经济发展紧密结合，不仅有利于提高经济增长的质量，而且能够加强环境部门在国家综合决策中的作用。

8.3.1.1 总体目标

建立综合的中长期环境经济预测技术平台，研究全面建设小康社会发展目标对环境资源的需求，提出2020年全国基本实现现代化发展目标的环境资源保障战略体系。

8.3.1.2 战略重点和主要研究任务

（1）研究建立国家中长期环境经济综合模拟预测技术平台。研究建立综合的社会—经济—资源—能源—环境—健康的国家预测模拟技术系统。重点研究建立技术平台模型选择、参数确定、数据支持、情景方案、模拟分析、部门协调、跟踪观察以及长期技术平台等科学问题。

（2）研究建立实现全面建设小康社会的环境资源保障体系。研究全面建设小康社会的环境资源“瓶颈”，建立环境与资源预警和跟踪系统；对重点污染行业在全国及重点流域、省市的污染物排放进行预测，提出宏观控制的策略。研究制定国家全面建设小康社会相适应的环境保护战略、能源发展战略、资源利用战略、生态产业战略、可持续消费战略、人口控制与素质发展战略。

（3）研究城市化进程和重要经济区的环境资源保障措施。探索城市和城市群环境问题形成的本质原因及其重大影响，分析我国城市化进程中的生态环境资源演替规律，研究未来若干重要城市群和经济区域的生态和环境支撑能力；重点研究环境资源条件、环境污染和生态破坏等对社会经济、生产力布局以及人口、资源布局的影响。

（4）研究建立国家生态资产评估与绿色国民经济核算体系。主要是研究国家生态资产评估账户、评估指标体系、评估模型方法、评估绩效核定；建立经济重要专业部门核算之间的联系平台，实现单项部门核算与综合核算之间的协调统一，建立与国际接轨的综合环境经济核算框架体系。

（5）研究建立环境资源有偿使用、国家生态补偿和生态税机制。研究建立若干重大环境政策和保障机制，建立可持续发展的环境资源政策体系；研究重要环境资源的价格政策、国家生态环境资源有偿使用和生态环境补偿机制，全面开展生态系统服务功能价值的评估。研究国家对重要生态资源的环境资源有偿使用政策，研究生态税机制在环境管理中的作用及运行调控机制，优化配置环境资源和经济资源。

（6）研究建立循环型社会和生态型经济的支持政策。研究循环经济和传统经济学、环境科学与工程等相关学科的关系；研究国家重要资源、能源、环境的区域代谢规律，制定其国家循环方案和区域发展战略。加强循环经济发展的管理和决策手段的研究；构建循环经济省（市）指标体系、重点行业或产品的资源再循环指标体系，生命周期全过程的污染控制指标体系。

8.3.2 循环经济共性技术与科技示范研究

循环经济和生态工业既是一种新型的经济发展模式，又是一种环保战略的创新思维，能够为国家及企业提供一种可持续社会经济发展的技术支持手段和战略指导思想。但目前循环经济理论研究相对滞后于实践，在一定程度上制约了循环经济的发展。为此，急需从中国的社会经济基础、发展需求以及科技发展规律出发，通过辨识已经或正在成为制约社会经济发展“瓶颈”的资源环境问题（研究领域——所研究内容），提出循环经济支撑技术的重点领域、科技体系和关键技术，建立起一套以多种相关学科理论为基础的综合理论体系，用以指导具体实践，把缺损和断开的循环构筑起来，把整个社会的各种单项循环整合起来，形成循环型的社会和经济体系。

8.3.2.1 总体目标

针对经济建设重化工阶段发展特征及其资源环境压力，我国进一步调整产业结构、转变经济增长方式，提出循环经济支撑技术的重点领域、科技体系和关键技术，研发具有带动作用的共性技术，优先发展循环型社会的消费后物质回收利用系统，建立生态工业园科技示范，加快循环经济技术推广应用。通过分阶段分地区的实施方案，逐步转变传统工业化的技术模式，建立较完整的循环经济技术体系和理论方法，使我国在快速发展经济的同时确保环境、资源、能源的可持续利用，从源头最大限度地降低污染负荷，保持生态平衡并使环境质量得到改善。

8.3.2.2 战略重点和主要研究任务

（1）可持续发展与资源能源需求情景分析。研究未来 15 年经济发展对资源能源的需求、使用效率和造成的环境影响，分析不同行业与区域在实现 GDP 翻两番的同时确保资源的可持续利用和生态与环境的保护所需要的生态效率提高倍数，提出解决提高生态效率倍数、减少对生态、环境压力的“瓶颈”问题的关键科学技术和保障措施。

（2）建立循环经济技术经济政策科技支撑体系。建立不同行业和城市循环经济评估指标和方法体系，调查研究生态工业实施水平及关键科学问题；建立循环经济科学管理信息平台，提出与循环经济、工业生态相适应的技术经济政策和技术标准，建立生态工业评估的技术方法与技术标准体系。

（3）研发与我国发展阶段相适应的循环经济共性技术。研究建立重点行业清洁生产与零排放工艺技术体系；研究产品生态设计原则与方法、物质流分析方法和供应链管理的原理和技术、提高生态效率的经济、技术效益分析理论与方法等；开展生态工业节能技术、节水技术、生物催化技术、生态材料研发等。

（4）重点行业的循环经济关键技术研究与开发。选择能耗和物耗高、污染物产生量大的行业作为重点行业，分析研究重点行业的各项资源能源效率提高倍数，研究开发出一批使资源、能源利用效率显著提高的先进工艺和生产制造技术，在企业层面提高资源能源生产力、在企业群间形成物质和能源充分利用的生态产业链，促进循环型社会的形成。

（5）废物资源化的关键支撑技术研究。研究废物的物流循环机理，深入剖解废物的物流循环机制；研究开发废物再利用、再制造、再循环的资源化技术和支持循环型消费模式的废品回收利用体系和技术。开展有机固体废物高效生物发酵技术和危险废物资源化回收技术研究，构建废物资源化标准和科学管理体系；开展消费后产品资源化的科学理论包括废旧产品资源评价、资源化工程与工艺理论、逆向物流理论与技术的研究；研究符合循环经济的非物质化原理以及回收业、租赁业等相应的产业化体系。

8.3.3 生态建设与生物安全研究

目前，我国土地生态系统衰退、草地退化、森林生态系统结构失衡等现象依然严峻。随着环境保护形势的发展，生态保护工作范围和领域不断扩大，传统的生态环境保护问题尚未解决，诸如生物安全、生物遗传资源等新的生态问题日益凸显。根据我国建设小康社会的进程总体设计，开展生态系统的生态服务功能、生态服务价值、生态功能区划、生态功能区与自然保护区等之间的科学关系的研究尤为迫切。

8.3.3.1 总体目标

结合国家生态建设和环境保护目标，研发国家未来 10～20 年内生态环境保护和管理中的若干关键环境科学技术，为提高我国生态环境保护与建设的整体技术水平提供科学技术支持，充分发挥生态环境科技在国家生态保护与建设中的基础作用。

8.3.3.2 战略重点和主要研究任务

（1）重要生态功能区保护。研究主要生态系统生态承载力在不同生态－经济地理区域的空间分布格局，开展环境功能区划技术方法研究，确立全国重要生态功能区；针对我国各大生态类型区域和具有特殊生态功能或较高环境敏感性的典型地区，研究生态功能区系统结构与功能的综合评价指标体系，提出不同类型生态功能区保护和建设的方法与技术模式，开展生态功能区管理的技术与示范研究。

（2）城乡复合生态系统健康的生态环境安全维护。分析全球气候变化、土地利用与土地覆盖变化对城乡复合生态系统承载力的影响，提出城乡复合生态系统生态健康评价与维护的方法、技术，研究恢复和重建城乡复合生态系统的自我调节功能和生态服务功能的途径。

（3）荒漠化及矿山废弃地生态恢复与重建。开展典型区域的荒漠化环境退化的过程机理、生态恢复与重建的规划与技术方案研究。开发矿山废弃地人工生态系统的规划与设计、废弃地生态重建的障碍因子分析及其防治技术、废弃地植被恢复的关键技术及与矿山生态恢复有关的技术，建立科技示范工程。

（4）生物多样性保护与生物安全管理技术研究。研究构建我国不同类型区域生物多样性评估指标体系与方法，提出全国生物多样性状况及保护对策；确立国家生物技术产品环境安全评价程序，开展规范国家转基因生态环境释放的环境监测和信息收集、处理和交流程序研究，加强外来物种入侵机制及对策研究，建立国家转基因生态环境释放和外来物种入侵风险评估体系，构建国家生物安全法规框架体系，提出未来我国保护生物多样性和生态安全的战略。

（5）流域生态环境综合整治。研究流域资源合理开发模式与生态影响、面源污染控制与水土保持综合技术等，研究确立包含不同子系统特征的生态承载力指标体系、技术方法和流域生态系统健康评价方法、指标体系及生态环境综合整治的关键技术。开展重要河口生境条件及生态系统稳定性的调查研究，提出国家评估报告。

（6）构建我国生态系统的长期观测台站网。构建我国典型生态系统结构与生态环境因子野外观测站点，实现数据库和互联网信息共享，形成有机监测网络和动态预警系统；建立区域和国家尺度上的湿地资源、生态环境、水资源、碳循环以及有关的社会经济数据耦合模拟模型；建立我国主要流域及河口和典型生态环境脆弱区生态效益评估监测系统，阐明不同生态系统的过程和机理。

（7）多源数据及遥感技术、生物监控技术在生态环境保护中的应用与开发。构建全面、及时、多尺度、动态并与生态系统生态要素研究相结合多源数据库系统，研究在不同生态环境过程中、不同尺度数据源的获取、数据源的规范处理方法，重点研究开发与环境卫星相对应的遥感数据源的光谱特征，加强遥感的生态需求分析及现代遥感技术的应用。研究环境污染的生态效应，建立生态监控方法、指标和标准体系。

8.3.4 区域性复合污染综合防治关键技术研究

中国正面临着世界上最为严重的多种环境问题并存的复杂局面，我国的环境污染已从单一污染发展到多元化污染，形成点源与面源污染共存、生活污染和工业排放叠加、各种新旧污染与二次污染相互复合，以及大气、水体、土壤环境污染相互作用的复杂的区域（流域）性的态势。而目前的环境污染综合防治科技水平总体上仍然相对落后，对环境污染控制与管理中需要的关键技术和科学问题缺乏系统性、协同性研究，缺乏从区域、流域尺度上对重大环境问题及其特征的科学研究。由于对环境质量变化的成因、规律认识不充分，在制定环境污染控制决策过程中，往往以单一问题和行政界限为单元，导致上下游及区域内和区域间的环境功能相互矛盾，环境污染控制规划实施效果不明显，提出的环境污染控制对策无法从根本上解决区域性、流域性重大环境问题。为从根本上解决我国面临的复杂区域性环境问题，必须科学地认识环境问题、环境质量现状、发展趋势以及重大环境问题产生的原因；同时，必须在区域尺度上开展系统性、综合性、前瞻性的环境污染防治科技研究。

8.3.4.1 总体目标

以流域、区域的自然特征和生态系统健康为基础，开展全国环境污染控制分区研究，系统地确定主要污染物的总量控制方案，建立流域、区域环境污染总量控制/环境质量监控的环境管理技术体系，开展典型区域的生境修复示范研究，并以此带动我国环境科技及污染预防、控制、治理整体技术水平的提高和跨越式发展，促进我国经济、社会以及区域的可持续发展。

8.3.4.2 战略重点和主要研究任务

（1）区域复合型大气污染形成机理与控制途径。研究区域大气污染物的形成、环境行为、规律与污染机理，重点加强大气光化学污染机理、酸沉降化学与控制方法研究，建立不同类型污染物的大气污染的化学与物理模式，提出大气污染物远距离输送及其途径，开展区域性大气环境资源承载能力和污染物总量控制技术方法研究。研究区域和流域水、大气、土壤污染交互作用与调控技术。

（2）研究区域大气污染效应及调控技术。根据区域发展规划和区域生态承载力，研究区域尺度上工业发展，能源结构对区域生态的环境效应；研究优化工业布局、调整能源结构，控制关键大气污染因子等大气污染调控技术，有效改善区域大气污染，保护区域生态环境。研究城市规划建设对大气污染物扩散的影响与气象条件的关系。

（3）城市与城市群环境保护研究。开展城市物质流代谢研究，分析典型行业、典型元素的物质代谢轨迹，开展城市物流、能流代谢的环境友好评价，优化产业布局。开展城市群生态系统中的生境暴露、预警与生态系统调控研究，研究“污染物—环境质量—人群健康”的动态响应关系，与健康防护的对策，建立基于社会经济—生态系统—人群健康的城市与城市群生态系统预警体系，并提出城市与城市群生态系统调控机制。

（4）流域污染物总量控制技术。研究 N、P、C 营养物质在流域的物质平衡和变异过程，阐明水体质量演替规律，以水生态系统健康为基础构建流域环境管理技术体系；研究流域水生态承载能力计算理论和技术方法；开展流域水环境容量理论与应用研究，以水污染物环境基准，探讨不同生态效应的控制性要素及指标的构建理论及方法；建立流域水环境质量标准体系和评估方法，提出流域水环境监控技术和主要污染物的水环境容量理论和污染物总量核定技术方法。

（5）重点流域水污染防治与修复。研究主要营养盐在不同条件下的污染特征、环境行为及其对重要水生生态系统的影响过程和机理；确定主要流域营养盐污染物的河口通量和近海环境承载力。形成生态与水环境修复的技术方法体系；围绕我国亟待解决的湖泊等受污染水体修复关键科学问题，开发具有中国特色的富营养化水体面源、内源污染防治关键技术，开发入湖库（河流）废水同步脱氮、除磷生态工程技术、河网前置库生物强化脱氮、除磷技术，研究畜禽养殖废物的污染控制成套技术。

（6）流域资源开发与流域可持续发展研究。研究人类开发活动引起的水环境压力与流域水生态过程交互作用的变化规律，研究流域重大工程建设项目的环境与生态效应及变化评估预测方法，建立流域水环境管理的技术方法体系；研究流域水资源和环境资源调控方式，实现流域水污染控制与流域经济的可持续发展。

（7）地下水污染控制和饮用水安全保障技术研究。研究地下水污染成因、规律，建立地下水污染防治的风险评估指标体系；研究地下水污染的综合调控技术，探索地下水环境质量的恢复机制。为保障饮用水水质安全，制定饮用水源地保护策略，开发饮用水中有机物与微污染去除技术和安全消毒技术。

（8）土壤环境污染特征及控制途径研究。查明我国土壤环境污染成因、特征，提出土壤中重要污染物源解析方法。重点研究工业废弃地土壤环境质量评估技术指标体系与方法，构建受污染土壤对生态系统与食品安全的风险评估体系、监控体系及控制对策；重点研发受复合性与特殊污染物污染场地的关键修复技术，提出土壤污染防治的综合技术方案。

（9）固体废弃物控制与治理关键技术研究。阐明危险废物和化学品在环境中的污染规律和环境效应，建立完善的危险废物、新化学物质的鉴别方法与环境风险评估体系。开展工业固体废物源解析技术方法研究，建立固体废物收运、资源化综合利用、焚烧、安全填埋处置全过程控制和优化管理体系；研发生活垃圾和污泥高效生物发酵资源化综合利用技术；控制典型污染物及处理过程对环境和生态的二次污染。

8.3.5 环境质量和环境安全监控体系研究

环境质量监控体系主要包括环境质量监测、环境质量监督和环境质量控制体系，是环境决策、环境管理的重要依据，我国当前反映环境质量状况的监控体系仍不完善，监测信息存在明显缺陷，对环境管理和国际履约所需要的支撑力度仍然不足，不能满足环境决策、环境管理和环境污染控制的需要。以科技进步为基础，发展新技术、引入新观念，推动完善环境质量监控体系，对全面提高我国的环境监督管理能力具有重要的意义。

8.3.5.1 总体目标

为阐明我国的环境污染和环境质量现状及发展趋势，构建国家环境基础数据保障体系提供技术支撑。开发先进的环境监测技术、环境信息技术和卫星遥感技术，达到对环境污染和生态破坏状况实施大面积、全天候、全天时的动态监测，实现大气环境、水环境、固体废物、生态监测以及完整的应急监测体系，具备预测、预报、预警及应急监测能力。

8.3.5.2 战略重点和主要研究任务

（1）环境质量监控理论与综合指标体系研究。参考国际经验，开展环境中有毒、有害污染物监测标准方法的研究，构建与建设小康社会相适应的环境质量监控体系，研究环境污染对人体健康影响相关因子监测指标体系和方法，研究水生态系统健康监测指标的方法和标准体系，研究构建复合型大气污染环境质量监控指标体系的理论与方法，建立室内空气污染监测指标和评价方法，构建土壤环境安全监控技术体系。

（2）构建环境监控信息技术体系。研究构建全国环境监测数据共享网络平台技术，提出环境基础数据信息化共享平台方案设计，建立保证环境监测数据信息化的管理、技术方法和政策保障体系，逐步实现环境信息共享机制的制度化与规范化。

（3）研究环境质量预测和预警体系。研究环境质量变化和生态系统变化的受体变化的剂量－反应关系；建立环境遥感监测的指标体系，重点研究国家和重点区域、流域的环境基准、生态承载力，建立相应的数据收集、处理、分析方法和环境管理体系，构建环境质量预测和预警体系框架以及相应的运行机制。

（4）生态监测技术研究。研究环境要素的反演技术方法与模型，构建我国典型生态系统结与生态环境因子野外观测站点；建立我国重要生态功能区和典型生态环境脆弱区生态效益评估监测系统、环境质量监控指标、标准体系及方法研究；重点研究开发与环境卫星相对应的遥感数据源的解译方法，加强遥感的生态需求分析及现代遥感技术的应用。

8.3.6 环境标准体系的理论和技术方法研究

目前，我国环境标准的前瞻性、科学性和时效性仍然明显不足，和国际上相比差距仍然相当大。为此，急需阐明与全面建设小康社会相适应的生态环境质量要求和污染排放允许水平，开展适合我国环境管理特色的环境标准制定的理论、程序、方法研究，制定环境标准的指标体系、实施标准的综合效应评估体系，完善重点区域、流域、城市和海域的环境标准，实现环境标准的分类、分区制定，适应我国环境管理的需求。对于完善我国环境质量监控体系，对实现全面建设小康社会具有重要的意义。

8.3.6.1 总体目标

我国环境标准发展战略指导思想：以全面建设小康社会，让人民呼吸干净的空气、喝上干净的水、吃上放心的食物为战略目标，研究适合我国环境管理特色的环境标准理论，建立符合科学发展观，能够满足防治环境污染和生态保护需求、促进产业结构调整、增强可持续发展能力和推动环境管理发展的环境标准体系。

8.3.6.2 战略重点和主要研究任务

（1）标准理论创新和转型研究。根据我国环境污染的地域性、复杂性特征，充分掌握国际上不同发展水平国家环境标准制定的理论与方法，开展标准科学理论研究，实现环境标准的分类、分区制定，适应我国新形势下科学环境管理的需求；深入研究技术法规与技术标准的内涵，建立能够体现循环经济的新的环境标准体系。

（2）环境标准制定的科学问题研究。针对新的环境问题和我国社会经济发展的不同阶段，科学论证并确定类似环境空气质量标准中 PM_{10}、$PM_{2.5}$、富营养物质及其变异二次污染物的科学问题；研究制定环境标准的指标体系、实施标准的综合效应评估体系，构建适合我国国情的标准制定方法学体系，为环境管理的完善和环境标准的制修订工作提供科学的依据。

（3）区域性/流域性重大规划及生态系统健康环境质量标准研究。针对重大规划、重大工程、生态保育、生物多样性、湿地的恢复与重建等重大项目开展深入研究，进一步完善重点区域、流域、城市和海域的环境标准，并在此基础上扩大到全国各地区、各流域。

（4）典型行业清洁生产标准和循环经济评估指标体系与方法研究。研究重点行业如石化、冶金、化工、电力、建材、造纸、啤酒和医药等相关行业的清洁生产标准的制定技术方法，构建适合我国国情的循环经济指标体系与技术方法体系，以标准为控制手段，从源头防治入手，转变经济发展模式。

（5）建设与小康社会相适应的环境标准体系。阐明与全面建设小康社会相适应的生态环境质量要求和污染排放允许水平，完善与生态保护有关的环境标准，形成环境质量标准、排放标准、监测方法标准等门类齐全、科学、可操作性强的标准体系。

（6）标准实施评估体系研究及建立。针对环境标准体系中的各组成部分的特征，研究建立相应的环境标准实施评估方法。重点开展生态环境质量与重要生态功能评估的标准体系的建立；组建环境标准专家数据库，组建覆盖全国的标准实施信息跟踪及信息反馈网络，建立重大环境标准的制定—实施—评估机制。

（7）潜在环境问题的控制标准研究。对社会发展和环境保护工作发展的需求问题进行前瞻性研究，制定潜在污染问题的标准体系。根据下一步工作需要对要执行的政策提出相应的控制标准。

（8）加强环境管理与工程技术的技术规范、导则的研究。研究环境管理与工程技术存在的问题，分析国外相关技术规范、导则和管理体系，结合我国国情，在技术评估和经济评价的基础上，制定保障环境安全、技术经济可行的环境管理办法与工程技术的相关技术规范。

8.3.7 全球环境问题研究

全球气候变化及其影响是关系到 21 世纪人类社会生存与发展的重大环境问题之一，它必将对我国生态环境和社会经济活动产生直接和间接影响，对我国社会经济可持续发展构成阻碍和威胁。全球气候变化所带来的问题是一个无法回避的重大挑战和机遇。开展减缓全球气候变化带来的生态环境影响、各类灾害和损失以及减缓适应等方面科学技术研究，对维护国家国防安全、生态安全、环境安全和经济安全等具有重要的意义。

8.3.7.1 总体目标

在“十五”的基础上，建立起国家环境保护领域全球环境研究的科研队伍，围绕新的全球环境问题组织国内其他部门和研究机构的科学家在全球环境领域开展研究，发展新的研究技术和方法，预测未来 20 年全球与中国气候及环境演变趋势，揭示全球变化对我国主要生态系统、自然保护区等的影响；研究气候变化与荒漠化、大气污染之间的动态响应关系；研究气候变化对生物多样性和水资源的影响；揭示全球气候变化对中国主要生态区和典型生态系统的影响机制。开发减缓和适应全球变化的新技术和新理论，为我国社会经济的可持续发展与国际履约活动提供科学依据和支撑。

8.3.7.2 战略重点和主要研究任务

（1）气候变化对生物多样性、典型生态系统、自然保护区的影响研究。研究全球变化对我国生物多样性影响及其反馈机制，提出全球变化背景下我国生物多样性保护政策措施；阐明我国湿地生态系统和自然保护区现状、典型生态系统历史及演变趋势；研究主要生态系统以及重要湿地生态系统对全球变化的反馈机理，明确气候变化对种群结构、稳定性、基因变异及湿地生态系统的影响。

（2）气候变化的适应、减缓及国际履约的对策研究。研究减缓和适应气候变化的协同效应，研究相关的技术和经济政策，提出相应的减缓与适应措施；开展与全球变化相关的国际环境公约、国际法规对比分析研究，积极参与全球变化的国际计划，开展履行国际公约如：《联合国气候变化框架公约（UNFCCC）》《防治荒漠化公约》《生物多样性公约》《国际重要湿地特别是水禽栖息地公约（拉姆萨尔公约）》《控制危险废物越境转移及其处置公约（巴塞尔公约）》等的主要科学技术研究和对策政策分析，为国际履约活动提供科技支持。

（3）大气污染的气候效应分析。开展全球变化背景下，区域气态污染物和大气气溶胶在环境中的迁移、转化规律的研究，开展我国大气气溶胶物理化学特性及其时空分布的研究；研究大气气溶胶的长距离传输、沉降机制和特点，揭示大气污染物的跨界输送和对全球及区域气候变化的影响，研究大气污染物在全球生物地球化学循环途径和转化机理，及其对人体健康和气候变化的影响，建立大气污染物与全球和区域气候变化之间的动态响应关系。

（4）酸雨的影响及控制对策研究。研究全球环境变化背景下酸沉降特征及其对我国生态系统和人体健康的影响及作用机理；开展酸雨的形成、输送、跨界传输、沉降机理研究，提出酸沉降控制综合指标体系及调控原理，建立综合控制平台，为减缓酸沉降对生态系统的影响和环境外交提供理论依据和技术支持。

（5）荒漠化及水资源与全球环境变化的动态响应关系研究。开展全球变化对荒漠化地区生态环境和社会经济的影响研究，提出人类有序适应的综合对策，围绕防治荒漠化扩展、提高淡水再生能力等重大问题开展全球变化影响和响应机制的研究，提出荒漠化防治和水资源合理利用的科学管理对策。

（6）臭氧层保护技术研究。研究臭氧层损耗对我国生态系统、人体健康和社会经济的影响，全面开展臭氧层损耗物质替代品的科学评估。

（7）跨区域污染协同控制理论与周边地区环境风险评价体系研究。开展跨区域污染物转换机理研究，提出协同控制方案，开展跨界水污染控制和水环境质量监测、保障机制研究，研究制定跨区域固体污染物和其他污染物的管理体系，为环境外交提供科学依据。建立周边地区环境风险评价体系；对中国与其他国家的双边和区域协定开展环境与可持续影响评价；研究加强双边及区域环境合作，维护区域环境安全的机制和政策框架。

8.3.8 核与辐射安全的关键技术研究

我国核工业历经 40 多年的发展，留下了大量的放射性废物，对社会稳定和人民健康与生命安全带来极大威胁；现有的 18 座在役运行的民用研究性反应堆，大多数在今后 10 年进入运行寿命末期；现有放射源约 10 万枚，有两千多个放射源完全失控，如不妥善处置，将会对环境造成严重放射性污染，产生巨大社会影响和经济损失。因此，建立核安全法规和标准体系框架，完善有效的监管制度；实现核与辐射安全技术方面的重大突破和跨越；对保障核和辐射安全，保证人体健康具有重要的意义。

8.3.8.1 总体目标

建立核安全法规和标准体系框架，制定重要法规，完成与其配套的标准；初步建立有效的监管制度；在核与辐射安全技术方面完成关键技术突破；为建立高度的核安全文化探索出一套科学方法；初步建立核和辐射安全人才的教育培训体系；职业照射、公众照射、医疗照射水平得到有效控制，辐射源的安全管理得到加强。

8.3.8.2 战略重点和主要研究任务

（1）核安全风险评估研究。开展核设施污染源项调查及核污染严重事故的试验和取样分析研究；开展概率安全分析与风险管理技术研究；建立概率安全分析（PSA）技术研究方法；开展核临界安全研究；研究并建立核安全信息平台；建立核安全管理技术体系；研究完善核安全法律、法规和标准体系。

（2）放射性废物污染控制技术研究。开展失控放射源的搜寻技术研究以及核设施退役过程中废物安全处置技术研究，开展累积的放射性废物处理处置，中、低放废物处理、整备和处置技术及环境整治与生态恢复技术研究；建立放射性废物处置的技术条件和政策；构建核设施严重事故应急早期决策技术支持系统，提出核电厂严重事故预防和缓解措施。

（3）核废物最优化管理技术研究。开展放射性废物的最小化研究、减少放射性废物源项、高放废液的分离—嬗变研究；开展辐射防护最优化技术研究；研究医疗照射控制技术，建立医用辐射控制指标和标准体系；开展职业照射控制技术研究，开发针对核废物污染特性的测量和控制技术；开展核辐射评价模式及其可用性理论和技术方法研究；构建核设施退役和放射性废物管理方面的数据库，建立辐射源安全保障体系。

（4）核与辐射应急与反恐、防恐技术研究。研究建立核设施和强放射源威胁评价体系，为建立城镇地区核应急准备与建立反恐预警体系提供科技支撑；重点开展恐怖事件辐射后果与人员受照剂量评价研究；研发用于处置核与辐射恐怖事件的辐射监测仪表与辐射防护药物。

8.3.9 环境与健康研究

我国的环境污染物，特别是难降解持久性有毒有机污染物对人体健康产生不利影响的问题多年来受到忽视，对各种环境问题导致的健康危害程度缺乏了解，致使我国人群健康存在着巨大的潜在风险。而我国在环境有害污染物的基础研究与技术控制方面仍较薄弱，急需在环境安全性基础理论、环境安全控制基准、方法、标准及新技术应用方面有所突破。

8.3.9.1 总体目标

体现“以人为本”的思想，开展传统污染物和新型污染物对生态系统和人体健康影响机理和环境风险评估指标和方法方面进行系统性、规律性的研究，提出环境污染引起的人体健康问题的生态综合调控机制。开展环境重要污染物与生态破坏灾害对生态系统及人体健康的污染效应研究，构建环境生态污染的新的环境安全性识别指标、控制基准和风险评估体系。制定相关的环境安全性控制、评估、预警领域的技术方法、标准，为国家管理决策部门提供可靠的环境和健康基础背景研究数据和相关的环境灾害风险防治决策方案提供技术支持。

8.3.9.2 战略重点和主要研究任务

（1）环境污染物的生态效应评估。开展环境污染物在典型生态系统中复合生态效应的现状及评估方法的研究，建立分析测试方法，进行典型区域的生态效应评估，重点研究污染物健康遗传毒理学“三致”（致癌、致畸、致突变）效应和生态系统健康效应研究。开展相关污染物环境安全基准、环境污染物安全性评价和预测研究，开展与之相适应的分析测试方法研究。

（2）重要污染物的环境安全性识别指标研究。开展与环境污染相关的生物毒性试验以及生物标志物的鉴别与试验技术方法的研究，竭力寻求鉴别具有中国特色的环境生态污染的新的环境安全性识别指标体系。

（3）重要有害化学品在典型介质中环境安全控制基准研究。研究环境污染和生态破坏对环境健康效应的污染因子甄别方法；环境健康风险基准体系；环境健康损害鉴别与判定标准；环境健康损害的量化理论、计算方法、赔偿机制与政策；生态系统安全的临界负荷等，建立适合我国国情的污染物环境安全控制基准和风险评估体系。

（4）重要污染物灾害的评估方法、预警及应急、决策方法体系研究。建立我国重要污染物灾害的环境安全性风险评估方法，构建具有环境安全预警和应急作用的环境污染动态预测、应急和相关决策技术体系。建立重要水源地、城市大气气溶胶和湖泊富营养化风险评估指标体系、技术方法和灾害预警平台，为进一步的环境安全性评价与预警方法体系的建立提供技术和长效运行管理依据。

（5）环境污染对人体健康的影响与防治技术的研究。开展环境对人体健康的影响与防治技术的研究，研发环境污染对人体健康影响的识别技术；研究重点环境污染对人体健康的影响机理，全面评价我国环境污染对人体健康的影响；构建控制环境健康风险的科技、标准和法规体系并定量评估健康风险经济损失的方法；提出阻断和降低污染物危害人体健康的技术途径和控制对策；筹建国家级权威性环境污染与人体健康实验室。

8.3.10 农村环境关键技术与控制对策研究

目前农村生态环境质量总体仍呈持续下降态势。农村面源污染、乡镇企业快速发展所带来的环境问题、农村有机废弃物污染、饮用水安全保障以及农村环境保护法律法规体系建设等，是目前农村环境保护面临的主要问题。将农村环境保护科技发展纳入我国环境科技发展总体战略规划十分必要。

8.3.10.1 总体目标

完善农村生态与环境观测/监测网络体系，阐明和预测我国农村生态环境的演变趋势；建立典型生态农业与生态村落的技术示范；具备解决农村生态与环境关键问题的自主创新能力，形成完善的农村环境污染控制与生态建设的科技支撑体系；建立以控制农村面源污染为目标的环境基准和标准体系；健全农村环境保护法律、法规体系；开发农村生态环境评估与预警系统。

8.3.10.2 战略重点和主要研究任务

（1）农村面源污染特征识别及综合防治技术。调查研究我国农村面源污染的现状和总体形势，全面评估农村面源污染对环境、经济和社会的影响；识别我国农村面源污染控制的优先领域，提出重点流域、典型地区农村及农田生态系统面源污染的形成、控制方法与关键技术，研究提出中国农村面源污染控制政策框架和行动方案。

（2）农村集约化养殖污染控制关键技术及其示范。开展畜禽与水产养殖污染现状调查与评估；开发畜禽和水产养殖污水处理和畜禽粪便资源化技术，建设一批示范工程；建立畜禽与水产养殖业的污染防治技术政策、污染物排放标准；构建养殖业和种植业紧密结合的生态系统工程的关键技术。

（3）农村的工业企业污染及其控制对策。在对我国典型区域的农村工业企业污染源背景状况进行系统调查的基础上，基于不同产业和工业行业进行污染物及其负荷识别，提出产业发展的行业政策和技术政策。研究建立重点行业的技术标准、原料供应、资源利用率标准和排放标准，在此基础上，加强农村工业企业环境保护规划，引导农村工业企业适当集中，在保护和发展主导产业的前提下，借鉴生态工业模式，对现有的企业进行优化组合，发展农村工业企业生态工业园，以利于资源的循环利用和污染物排放的最小化。研究农村工业企业生态工业园发展的环境保护技术政策、环境经济政策和相关技术规范。

（4）污染土壤生态风险评价及修复技术。查明我国土壤环境污染现状及成因，提出土壤中重要污染物源解析方法。重点研究农业生产过程中新型化肥、农药的土壤生态效应和承载力，完成与保障食品安全、生态与人体健康有关的土壤分区、分类、分级的评估技术方法。构建受不同类型污染物污染土壤对生态系统与食品安全的风险评估、监控技术方法体系，研发减少土壤污染的高效生态调控和关键修复技术。

（5）农村废弃物资源化及典型区生态工程示范研究。在对农村固体废弃物污染特征进行调查分析的基础上，开展农村有机固体废物生物发酵及资源化利用技术研究，并进行资源化水平及利用技术的综合评估，研究和制定农村固体废弃物资源化利用技术政策；建立农业废弃物的监测、监管、预测和预警技术方法体系；建立以农业废弃物资源化和能源化为基础的农业生态工程示范基地。

（6）农村饮用水污染机制及供水安全保障技术。开展农村饮水污染状况调查和评估；进行农村典型地区改水技术及相应的基础设施工程技术研究，研制适合不同水源的水处理技术或特殊水处理技术、消毒设备或方法；制定符合全面建设小康社会要求的农村饮水安全技术标准，提出解决不同地区农村饮水安全问题的综合措施。

（7）农村环境监测信息网络构建的相关技术规范。长期以来，环境监测工作只注重城市地区和人口密集地区，对农村环境质量的监测十分薄弱。构建和完善农村环境监测信息网络势在必行。这一领域的环境科研工作主要包括农村环境监测指标体系和监测技术规范等。重点研究农村地区环境监测所应涵盖的关键环境介质、环境要素和时间、空间尺度等。同时，应加强与农村环境监测有关的政策法规体系和保障机制研究。

8.3.11 新的前沿性环境问题研究

伴随着现代工业生产方法的转变和人类消费模式的转变，新的前沿性环境问题不断出现。而在我国现行环境管理体系中尚未对新的环境问题进行前瞻性、系统性研究，缺乏相应的预防和控制策略。因此，系统的研究在快速社会经济增长过程中出现的新的环境问题，对实现全面建设小康社会的目标具有重要的理论和现实意义。

8.3.11.1 总体目标

研究 N 循环规律、迁移转化机制和阻断途径，为控制水体富营养提供技术支持；全面掌握我国典型环境内分泌干扰物的污染特征、规律和演变趋势及其污染效应，建立我国控制典型环境内分泌干扰物污染的技术体系；全面控制大气汞的排放，并进行总量控制；识别我国环境激素的作用机理并提出国家控制行动方案。揭示固体废物循环与转化机理，提出基于风险分析的危险废物分级管理体系和有机固体废物资源化、无害化处理技术体系。

8.3.11.2 战略重点和主要研究任务

（1）N 循环与氮预警。研究氮生源要素在土壤、空气和水不同介质中的界面迁移、积累、分布、形态转化耦合与循环规律，从微观、中观、宏观尺度上，探讨自然来源和人类高强度活动背景下地表系统条件中 N 循环和生态效应，研究破坏良性氮循环的主要干扰因素生源要素及产生的原因，为理解生源要素污染重大事件成因，建立 N 预警机制，提出科学控制措施提供科学依据。

（2）环境内分泌干扰物引起的环境污染与控制。开展我国典型环境内分泌干扰物如持久性有机污染物（POPs）、水体藻毒素污染物的识别指标和检测方法学研究，建立我国典型环境内分泌干扰物表征和生态污染评价体系；研究典型环境内分泌干扰物的环境健康危害机理，开展环境内分泌干扰物的环境安全性控制基准和预警方法体系研究；阐明我国典型区域环境内分泌干扰物的污染特征、现状、分布规律、复合污染效应和环境因素对环境内分泌干扰物的影响机理及演变趋势。

（3）大气中汞污染控制关键技术研究。建立燃煤锅炉（尤其是燃煤电厂）等重要大气汞排放源的排放量和排放源清单，研究重要点源汞排放通量和化学形态特征；阐明典型区域大气汞沉降通量和特征与收支平衡，开展大气汞排放源控制技术研究，提出大气汞总量控制与分配方案。

（4）研发新型生物制剂关键技术。查明我国典型地区微生物可利用资源，优化筛选高效微生物，开发新型生物制剂，开展微生物制剂在环境污染综合整治、生态工业酶催化应用技术和清洁生产中的作用研究；构建生物制剂生物安全性和环境安全性标准及管理体系。

（5）固体废物物质代谢机理与循环转化过程研究。开展固体废物代谢机理和循环过程研究，用同位素示踪法研究固体废物的来源解析和污染物的时空分布规律、环境过程和污染效应，揭示其循环、转化过程与代谢机理；研究固体废物代谢与经济社会活动之间的互动关系；研究固体废物堆肥、填埋、焚烧、综合处理先进工艺技术和设备，控制二次污染。对典型优先控制危险废物进行特性鉴别，提出危险废物环境与健康风险多级评价指标和技术方法，为危险废物分级安全管理与豁免或排除提供技术支持。预测不同固体废物管理模式和各种废物资源化技术组合的社会、经济、环境影响，提出固体废物综合管理多目标、多阶段优化与互动决策技术方法和优化管理模式。

（6）有机固体废物资源化、无害化关键技术研究。开展有机固体废物资源化、无害化处理处置技术规范研究；建立有机固体废物处理处置技术评价和分级安全管理体系；构建有机固体废物处理处置及资源化利用的风险评估体系及产品的绿色评价体系；开展农业废弃物资源化综合利用技术规范研究，重点研究农业废物快速制糖、生物质化及饲料化机制、秸秆等农业废弃物资源化及污染控制技术指标体系，建立农村废物再循环利用技术体系；建立畜禽粪便无害化处理固液分离技术、发酵技术、氮磷提取技术体系；为有机固体废物资源化决策、管理提供技术支撑。

8.4 环境科技发展战略保障措施

8.4.1 加大环境科技投入引导科技创新发展

现阶段我国围绕政府环境目标的环境科技投入明显不足，造成许多环境管理急需的关键科学技术缺乏科技资金支持。生态与环境保护作为公益性事业，政府必须发挥主导作用，应不断增加投入，如在现有排污收费的污染治理基金中，设立科技专项基金。明确环境管理部门在国家环境科技重大计划“973”“863”攻关、科技基金综合决策和管理中的责任及权利，实现环境科技投入的责、权、利一致。

进一步加大政府对环境科技的投入力度，加大科技的费用，稳定科技队伍，使科研院所具有较为充足的资金针对我国重大环境问题，开展长期深入的研究工作，争取长期的科研方向和投入，有利于取得创新性成果和关键技术突破，带动其他技术实现突破和跨越式发展。在国家制定的各类产业政策中，都应设立与该产业相关的生态环境保护与重建的科研项目，鼓励各类生态环境研究机构和技术开发机构从事该领域的研发。确立鼓励生态环境科技产业化的政策体系，研究制定和实施生态环境产业的科技发展战略，提高生态环境科技产业化水平；强化知识产权管理，为企业科技开发提供制度保障；建立市场投入机制，吸引更多的企业和社会资金进入环保科技领域，解决环保领域投入不足和投资效率低下的问题。对提高环境科技资金的效能，解决国家环境管理和污染治理中的关键科学问题，取得创新性成果和关键技术突破均具有重要的意义。

8.4.2 加大加强环境科技能力建设

随着形势的发展新的环境问题无论在结构、性质和特征方面均越来越复杂，解决新时期生态环境问题，必须依靠科技进步。建立国家生态环境科学研究实验室，加强环境科技能力建设和队伍培养和多学科的综合交叉融合、提高持续创新能力。对有着重大科学意义的环境科技重要研究方向加大科技支撑力度；充分依靠、发挥环境科研单位作用，推动原始创新、集成创新、引进消化吸收创新，坚持以科技创新提高国家环境管理和决策能力水平，不断带动环境管理、污染控制、生态保护的现代化、科学化。

8.4.3 不断提高环境科技支撑国家决策的能力

进一步深化生态与环境公益性研究机构改革，实现信息公开和资源共享，加强科学研究对重大决策的技术支持，充分认识科技体制改革的必要性、重要性、紧迫性。以科技创新和开放、流动、竞争、协作原则为指导，坚定不移地开展机构重组、人才分流、学科整合、机制创新、制度创新的科技体制改革，加强实验室建设，增加全国生态环境长期观测台站，形成若干国家急需和为国家环境保护总局管理提供科技支撑的科研基地。将满足国家重大环境科技需求和环保总局管理科技需求有机结合起来。鼓励环保系统科研院所结合自身优势和国家环境科技需求进行自主开发、自主运行、自主服务、提高绩效，建立新型人事制度、分配制度，发挥院所特色，简政放权。

8.4.4 充分发挥环境科技在国际履约中的作用

解决生态与环境问题，不仅需要本国的努力，而且也需要国际间的合作。在对待全球环境问题上，我国应进一步加强国际合作，强化科研单位在国际履约中的作用，积极开展应对和履行国际公约所需的基础性、前瞻性科学研究，积极参与国际环境公约的谈判，继续坚持“共同但有区别”责任的原则，承担与发展水平相适应的国际义务。对于已经签署批准的国际环境条约，要制定履约计划和国家方案并认真实施，建立有效的国内履约协调体制和资金配套机制，评估履约对我国经济和社会发展的影响并采取相应对策，树立负责任的良好形象。在南北环境合作方面，应该由引进资金、技术为主向引进先进的机制、理念与引进资金、技术并重转变。在南南环境合作方面，利用我国与发展中国家的环保技术梯度，扩展我国环保产业的国际市场。在双边和区域环境合作方面，应重视东亚、东北亚、中国与东盟“1＋10”、中日韩与东盟“3＋10”、APEC，上海合作组织，中俄蒙等区域和国际组织的环境合作，建立和完善合作机制，共同维护区域环境安全。

参考文献

[1] 世界银行. 碧水蓝天. 北京：中国财经出版社，1997.

[2] 国家环境保护总局. 中国环境公报，2003：2-5.

[3] 国家环境保护总局. 中国环境公报，2002：3-4.

[4] 国家环境保护总局，环境保护战略研究课题组. 中国可持续发展环境保护战略研究，2002：25.
[5] 联合国环境规划署. 全球环境展望. 北京：中国环境科学出版社，2000.
[6] Hites R. Polybrominated Diphenyl Ethers in the Environment and in People：A Meta-Analysis of Concentrations. Environ. Sci. Technol.，2004，38：945-956.
[7] Brunekreef B，Holgate S. Air pollution and health. Lancet，2002，360：1233-1242.
[8] 联合国开发计划署. 2002 中国人类发展报告. 2002.
[9] Fu Jiamo，Mai Bixian，Sheng Guoying，et al. Persistent organic pollutants in environment of the Pearl River Delta，China：an overview. Chemosphere，2003，52：1411-1422.
[10] Graedel T E，Allenby B R. 产业生态学（第二版）. 北京：清华大学出版社，2004.
[11] 魏茨察克，艾默里・洛文斯，亨特・洛文斯. 四倍跃进. 北京：中华工商联合出版社，2001.
[12] Schmidt-Bleek F. 人类需要多大的世界. 北京：清华大学出版社，2003.
[13] 霍肯，艾默里・洛文斯，亨特・洛文斯. 自然资本论. 上海：上海科学普及出版社，2000.
[14] Imhoff，Marc L. ，Lahouari Bounoua，Taylor Ricketts，et al. Global patterns in human consumption of net primary production. Nature，2004，429：870-873.
[15] Daily，G. C.，et al. Ecosystem services：benefits supplied to human societies by natural ecosystems. Issues Ecol，1997，2：1-16.
[16] 中国宏观农业决策数据库网站，http：//www. data. ac. cn/ny /index. asp.
[17] Houghton J T，Din g Y，Griggs D J，et al. Climate Chance 2001：The Scientific Basis. Cambridge University Press，2001：881.
[18] Committee on Abrupt Climate Change，2001，Abrupt Climate Chang. Inevitable Surprise，National Academy Press，2001：128.
[19] 秦大河. 西部环境评估报告（四卷本）. 北京：科学出版社，2002.
[20] IGBP. Global Change and Earth System. A planet under pressure（IGBP Science Series 4）. 2001：32.
[21] 陈宜瑜，陈泮勤，张雪芹，等. 全球变化研究进展与展望. 地学前缘，2002，9（1）：11-18.
[22] 丁一汇，张锦，宋亚芳. 天气和气候极端事件的变化及其与全球变暖的联系. 气象，2002，28（3）：3-7.
[23] 符淙斌，温刚. 中国北方干旱化的几个问题. 气候与环境研究，2002，7（1）：22-29.
[24] 葛全胜，张雪芹，陈泮勤. 全球变化的集成研究. 地球科学进展，2000，15（4）：461-466.
[25] 林而达. 气候变化与农业. 地学前缘，1997，4（2）：221-226.
[26] 林海. 中国全球变化研究的回顾与展望. 地学前缘，2002，9（1）：19-25.
[27] 施雅风，胡汝骥，等. 西北气候由暖干向暖湿转型的信号、影响和前景初步探讨. 冰川冻土，2002，24（3）：219-226.
[28] 许靖华. 太阳、气候、饥荒与民族大迁徙. 中国科学：D 辑，1998，28（4）：366-384.
[29] 叶笃正，符淙斌，董文杰. 全球变化科学进展与未来趋势. 地球科学进展，2002，17（4）：467-469.
[30] 国家环境安全战略报告. 国家环境保护总局，2002（1）.
[31] 曲格平. 关注中国生态安全. 环境与资源，2002（1-2）.
[32] 夏光. 中国环境污染损失的经济计量与研究，北京：科学出版社，1998.
[33] 联合国环境规划署. 全球环境展望 2000. 北京：中国环境科学出版社，2001.

第 9 章

主要结论和建议

通过课题的研究，提出了市场经济下《环境保护法》的修订框架、绿色国民经济核算体系框架、环境税收政策方案、生态补偿政策框架、规划环境影响评价方法、综合环境统计指标体系和国家环境科技发展战略，这些都将为全面落实科学发展观以及环境管理与政策创新提供技术支持。本章主要对本课题的 7 个专题的主要成果进行归纳，提出研究主要结论和建议。

9.1 加快《环境保护法》修订

- 重大修改《环境保护法》已经非常必要。《中华人民共和国环境保护法》自 1989 年颁布至今已有 16 年，该法兼具基本法和执行法的功能，多年来在我国环境保护实际工作中发挥了重大作用。时过境迁，基于以下 5 个主要理由，《环境保护法》应该予以重大修改：①科学发展观、执政为民等新的执政理念应该反映到环境保护立法中去，突出强调国家环境保护责任和管理权利、公众环境保护的义务和环境权利等；②我国环境问题突出，环境与经济的关系比过去更加复杂，需要有新的基本法律来调整环境保护与社会经济发展的关系；③“依法治国，建设社会主义法治国家”的总方针要求建立以环境保护基本法为核心的健全的环保法律体系，为各单行环保法律提供立法指导，克服同一类关系的各单行法律之间各自为政、互相矛盾、互不协调等弊病；④国际环境保护形势的发展要求我国表明承担必要的国际环境义务并参与和促进环境保护国际合作的基本态度；⑤适应我国环境保护管理体制改革的需要，及时以法律形式明确我国环境保护体制的基本构架，特别是解决生态保护的法律地位和管理体制问题。
- 《环境保护法》对中国环境保护具有不可磨灭的贡献。结合地方调研及对九个重点省市自治区共 1 553 份“《环境保护法》实施状况问卷调查”，通过深入研究获得以下主要结论：《环境保护法》实施 16 年来，历史功绩不可磨灭，特别是在明确定义“环境”概念、确立一些重要环境管理制度等方面的作用是其他任何一部法律不可替代的。同时，随着时代变迁，这部法律在立法目的、基本原则、法律效力层次、环境监督管理体制、环境管理制度、法律责任等方面都出现了不少问题。
- 现行《环境保护法》实施中存在一系列的问题。这些问题主要有：①立法目的和基本原则没有充分体现可持续发展思想，没有体现风险防范和全过程控制的预防原则，没有在社会主义民主法制制度下体现公民环境权益和公众参与，没有将我国的环境保护工作放在全球环境保护的大背景下来考虑。②法律没有明确规定各法律主体，包括环保主管部门、相关政府部门、企业以及社会团体和公众个人在环境监督管理方面的责任和义务，没有明确环保主管部门以及相关资源部门的责任和义务，从而造成环保监督管理体制不顺，部门间职能重复交叉问题严重，经常出现“要管都管，不管都不管”的现象，环保部门“统一监督管理”的职能在很大程度上被肢解和架空。此外环保法赋予的监督管理权限主要归于行政管理者，较少体现社会力量的监管责任。③法律内容失衡，重污染防治，轻生态保护，使我国生态保护工作常常处于无法可依的局面，“污染防治与生态保护并重”的思想没有体现。④在具体法律罚责方面，法律责任只偏重监管对象，缺少对监管者的责任追究，环境司法手段明显不足。赋予环保行政主管部门的处罚权力力度不足。⑤法律规定存在诸多缺失，对环境保护领域出现的一些新问题缺乏法律依据，如生物安全、农村环境保护、公民环境权以及国际环境合作等。

- 《环境保护法》确立的重要环境管理制度有待完善和改革。《环境保护法》确立了 10 项环境管理重要制度，在我国的环境保护中发挥了十分重要的作用，有关管理制度的法律规定不仅为各专项环保法有关管理制度的建立奠定了基础，也是各级环保部门开展环境行政的法律依据和重要抓手。随着形势的变化，《环境保护法》有关环境管理制度的规定也暴露出一些问题，影响了环境管理制度的实施效果。具体而言，环境规划制度还需要进一步切实促进环境与社会经济发展的综合决策。环境统一监督管理制度是环保行政的重要依据，但要实现真正意义上的统一监督管理还需要法律与其他体制、机制改革的配套和支持。环境标准制度总体上是有效的，发挥了重要作用。环境影响评价制度有助于实现"预防"目的，但在具体实施中存在形式化和评价范围过窄的问题。环保责任制度促进了各级政府对环保工作的重视，但缺少责任追究规定。"三同时"制度促进了工业污染防治，但总体上是一项末端治理政策。排污收费制度有利于激励企业减少污染排放，但收费标准过低。限期治理是环境监管的工作抓手，但也给实际工作中"限期"无限延长留下了缺口。排污申报登记制度是环境信息和统计的基础，实施中的主要问题是数据更新和动态监管不足。公众参与制度是在法制和实践中都存在很多不足，特别是公民环境权益和信息公开不完善。
- 影响重要环境管理制度实施效果不佳的原因是多方面的。造成环境管理制度实施效果不佳的原因是多方面的，包括《环境保护法》的有关法律规定过时和不完善，法律规定存在缺位和空白，法律规定处罚力度弱、手段单一等法律制度规定自身的原因；还涉及监督机制不健全、缺少部门联动和保障机制和环境管理体制不顺等多方面的问题。进一步提高环境管理制度的实施成效，需要进一步补充和完善有关环境管理制度的法律规定，加大对环境违法行为的处罚力度。具体而言，要进一步强化环保责任制，完善环境影响评价制度，规定更具激励作用的排污收费制度，构建真正意义上的公众参与制度，限期治理制度要强化环保部门的管理权限；要尽快建立生态补偿、污染赔偿、信息公开化、清洁生产和排污许可证制度。
- 确定《环境保护法》修改框架的主要指导思想。基于以上研究，修改《环境保护法》应确立以下基本观点：①《环境保护法》的修改方向是成为环境保护"基本法"，主要作用是宣示国家对于环境保护的价值目标、根本方针、基本原则、责任分配、权利界定、体制安排、罚则基准等，为制定环境保护单行法律法规提供源头性的法律依据。②《环境保护法》应该体现比较高和强的"国家意志"，充分反映国家在环境保护方面比较高和强的意愿、决心和措施。随着中央提出科学发展观、新型工业化、环境友好型社会等各种"国家意愿"，《环境保护法》中作出比较强硬的各种环境保护规定的时机也到来了。③《环境保护法》应该体现先进的治国理念。《环境保护法》的立法目的体现了基本法乃至整个环境保护法律体系的价值目标。《环境保护法》立法目的主要应包含"实现可持续发展"、"建设环境友好型社会"、"以人为本，执政为民"3 个方面。④以"环境善治"理论规划《环境保护法》的结构。a. 加强和充实生态保护的法律规定。

首先应确定预防性原则作为生态保护的基础性规定，把环境承载力作为区域经济活动的底线。其次应强调政府对生态保护的统一和协调作用。最后，应增加生态保护中的救济和补偿制度。b. 强化和改善政府的环境保护职能和责任。《环境保护法》应该强化对各级政府执行环境保护法律的授权及其责任。c. 扩大司法机关在执行环境保护法律中的作用。《环境保护法》应该扩大司法系统在环境保护执法中的作用，提出制定各种程序法规定的要求，促使司法机关（尤其是审判机关）保障环境法律的实施。d. 扩展社会环境权益和公众参与。环境监督权指的是社会组织和公民个人等在国家法律和国家行政机关的指导下进行环境监督行为的权利。环境知情权是指公民和社会组织收集、知晓和了解与环境问题和环境政策有关的信息的权利。环境索赔权是公民和社会组织依法获得环境损害赔偿的权利。应该规定，不单污染受害者，而且与污染源无关的人，都可以向污染者索取赔偿（环境公益诉讼）。环境参政权是指公众参与经济和环境决策过程的权利，是公众表达或显示意愿的主动权利。总之，修改后的《环境保护法》主要应在以下 3 个方面有较大的进步和发展：①增加和充实生态保护的内容；②强化和改善政府和司法机关的义务、责任和职能；③较多地扩展公众的环境权利。

- 《环境保护法》修订框架建议第一方案。第一方案（共分 7 个部分）：总则（立法目的；有关定义；适用范围；国家承诺；国家要求）；区域环境保护（严格保护重要生态系统；农村环境变化；海洋环境保护；城市环境保护；跨区域环境保护协作和协调）；防治环境污染和其他公害（清洁生产；循环经济；“三同时”；排污申报；排污许可；排污交易；总量控制和达标排放；排污收费；污染事故；污染转移；环境税）；生态保护（生态规划；区域开发；生态要素保护；自然保护区；生物多样性；生态补偿）；环境保护体制和职能（环境保护机构；环境保护行政主管部门统一监督管理；环境标准；环境规划；环境监测；环境信息公开和确认；环境影响评价；环境监督；公众环境权；环境保护社会组织；环境宣传教育）；法律责任和救济（行政责任；民事责任；刑事责任；法律救济）；附则。
- 《环境保护法》修订框架建议第二方案。第二方案（共分 6 个部分）：总则（立法目的；有关定义；适用范围）；环境保护基本原则（经济、社会、环境相协调，但必要情况下实行“环境优先”；预防为主，从根源上改善环境；政府在环境保护方面具有领导作用；社会组织和公民个人拥有环境保护义务和权利；司法组织支持环境保护；承担必要的国际环境义务并促进环境保护国际合作）环境保护基本政策（预防性政策；管制性政策；激励性政策）；环境保护体制和职能（环境保护机构；环境保护行政主管部门统一监督管理；环境标准；环境规划；环境监测；环境信息公开和确认；环境影响评价；环境监督；公众环境权；环境保护社会组织；环境宣传教育）；法律责任和救济（行政责任；民事责任；刑事责任；法律救济）；附则。

9.2 建立绿色国民经济核算框架

- 首次系统地对中国绿色国民经济核算体系框架进行了研究。对建立绿色国民经济核算体系的现实需求和理论方法基础进行了归纳总结，说明了建立绿色国民经济核算的必要性，以及建立绿色国民经济核算体系的理论和方法论依据；系统总结了关于绿色国民经济核算体系研究的国际经验，提炼出了其中对建立中国绿色国民经济核算体系具有借鉴意义的内容和观点。
- 首次提出了《中国资源环境经济核算框架》和《中国环境经济核算框架》。借鉴国际研究成果，完整地给出了关于核算目标、核算原则、核算概念、核算内容和表式、核算中的估价方法、核算实施步骤的整体思路，为建立中国国民经济核算体系提供了第一个比较规范的版本。在绿色国民经济核算体系整体框架基础上，针对环境（不包括资源）专题，在国内首次构建了"中国环境经济核算体系的框架"，为针对污染和生态两大主题进行绿色国民经济核算提供了基本方法规范。
- 首次核算了全国以及 31 省区的污染物排放量。实物量核算结果表明，2004 年全国废水排放量为 607.9 亿 t，COD 排放量为 2 374.4 万 t，氨氮排放量为 251.9 万 t；SO_2、烟尘、粉尘和 NO_x 排放总量分别为 2 450 万 t、1 095 万 t、905 万 t 和 1 646.6 万 t；工业固体废物排放量为 1 761 万 t，生活垃圾堆放量为 2 983.7 万 t。
- 首次开展了全国经污染调整的绿色 GDP 试核算。依据研究提出的《中国环境经济核算框架》，针对环境污染主题进行了实际核算尝试，①制订调查方案，在全国 10 个省市开展试点调查和核算；②就全国数据实物量、价值量数据进行了全面试算，从虚拟治理成本和环境退化成本两个角度开展了"经环境污染调整的GDP"的初步核算，为全面开展环境经济核算提供了经验和基础。
- 首次核算了全国以及 31 省区 GDP 的污染扣减指数。从经环境污染调整的 GDP 全国总量核算结果来看，2004 年国内生产总值（生产法）为 159 875 亿元，虚拟治理成本为 2 874 亿元，经虚拟治理成本调整的国内生产总值为 157 001 亿元，GDP 的环境污染扣减指数为 1.8%，即虚拟治理成本占整个 GDP 的比例为 1.8%。从治理投资的角度核算，如果在现有的治理技术水平下全部处理 2004 年点源排放到环境中的污染物，那么需要一次性直接投资约为 10 800 亿元，占当年 GDP 的 7%左右。从地区来看，华东地区 GDP 污染扣减指数最低，为 1.17%；其次为华北、中南和东北地区，GDP 扣减指数分别为 1.82%、1.88% 和 1.93%。GDP 污染扣减指数最高的是西北地区，其次为西南地区，分别为 2.76% 和 2.65%。
- 首次核算了产业部门增加值的污染扣减指数。从经环境污染调整的 GDP 产业部门核算结果来看，2004 年第一产业部门虚拟治理成本为 17.06 亿元，增加值污染扣减指数为 0.08%；第二产业虚拟治理成本为 1 920.23 亿元，增加值污染扣减指数为 2.6%；第三产业虚拟治理成本为 937.10 亿元，增加值污染扣减指数为 1.44%。

- 首次核算了全国以及 31 省区的环境退化成本。2004 年，利用污染损失法核算的总环境污染退化成本为 5 118.2 亿元，占地方合计 GDP 的 3.05%。其中，大气污染造成的环境污染退化成本为 2 198.0 亿元，水污染造成的环境退化成本为 2 862.8 亿元，固体废物堆放侵占土地造成的环境退化成本为 6.5 亿元，污染事故造成的经济损失为 50.9 亿元，分别占总退化成本的 42.9%、55.9%、0.1%和 1.1%。从地区来看，环境退化成本最高的是华东地区，达到 1 061.4 亿元，最低的是西北地区，为 225.4 亿元，地区之间差异较大。从环境退化成本占各地区 GDP 的比例来看，从高到低依次为华北地区、东北地区、西南地区、西北地区、华东地区和中南地区。华北地区环境退化成本占 GDP 的比例达到 4.38%；最小的中南地区为 2.62%，说明该地区经济发展的环境污染代价相对较低。
- 采用虚拟治理成本核算经污染调整的 GDP 是可行的。该项研究工作尽管还存在技术方法、统计数据、污染损失成本和生态破坏损失缺项等问题，但在环境经济核算领域内进行了非常有益的探索，是一项意义深远的工作。从初步核算来看，采用治理成本方法核定虚拟环境治理成本，然后核算经环境污染调整的 GDP 是可行的。完全可以由地方环保部门和统计部门所掌握。
- 继续完善绿色 GDP 核算方法与技术体系。绿色 GDP 核算是一个复杂的体系，尽管提出了测算模型与方法，但仍有许多理论和方法上的难题没有解决，下一步的完善工作主要从以下几个方面考虑：①继续完善绿色国民经济核算体系的理论框架；②进一步研究生态破坏实物量核算与自然资源的实物量核算的技术方法；③进一步研究环境污染损失与生态破坏损失的价值量核算技术方法；④开展全国环境污染损失和生态破坏损失调查与核算，为绿色 GDP 核算提供数据基础。
- 继续加强环保和统计部门之间的协调沟通。资源环境经济核算涉及部门广泛，无论是全面的绿色国民经济核算，还是分主题的局部核算，都需要不同机构之间的合作配合，这是核算得以实施的组织保证。在绿色国民经济核算初期，主要是各种主题式的核算，建议采取各主管部门牵头组织、国家统计局协调、有关科研机构介入的方式，在统一的《中国资源环境经济核算体系框架》下组织实施；在具备一定核算基础之后，着手建立全面的绿色国民经济核算时，建议由国家统计局统一组织、各主管部门和科研机构配合的方式，以保证核算的全面性和完整性。此外，地方层面也应加强协调沟通。
- 保证 10 省市绿色 GDP 试点工作顺利进行。试点工作关系到整个绿色 GDP 核算工作的成败，通过前一阶段的培训和调查，发现地方环保和统计部门在协调合作、任务分工、技术方法掌握程度、数据调查和核算过程的审核、监督等方面都存在一些问题。为了保证试点工作的顺利进行，确保调查数据、核算结果真实可靠，今后需从以下几方面开展工作：①加强对试点各省市的统一领导，明确有关部门的职责；②加强对试点省市核算工作的技术培训、技术指导；③加强国家层面技术组和地方试点技术组之间的沟通，渠道畅通。
- 加快绿色 GDP 核算相关制度和能力建设。绿色 GDP 核算的相关制度建设对保证绿色 GDP 核算的顺利实施至关重要，需要引起有关部门的高度重视，应加快建立和完善。①完善现行的资源环境统计制度；②开展研究如何利用绿色 GDP 核算过程和结果指标制定环境经济政策，如环境税收、环境补偿、政府领导干部绩效考核制度等；③建立相关的标准法规制度，如绿色 GDP 核算方法和标准的统一规范、核算过程的监督管理制度、核算结果发布制度和奖惩制度等；④实施绿色 GDP 核算的工作制度。

- 正确开展绿色 GDP 核算的宣传工作。推行绿色 GDP 核算，是对我国国民经济核算方法和社会经济增长评价方法的重大改革，这个改革意味着我国经济发展观的重大转变。要实现这个重大的根本性转变，需要克服许多障碍。首先，要端正各级领导干部的指导思想，转变各级领导干部的观念。一个合格的干部应该具有可持续发展观念和环境保护意识，不应只考虑本地区 GDP 的增长，更应考虑长远利益和全局利益。其次，唤起广大干部和群众的觉悟，为顺利实施绿色 GDP 核算营造一个良好的社会氛围。
- 充分利用国际合作平台，继续加强国际合作。目前，国际上掀起了新一轮的开展绿色国民经济核算的浪潮。联合国环境署、统计署联合成立了环境经济核算委员会和相应的工作组，推动发展中国家开展绿色国民经济核算。世界银行、欧盟、经济合作与发展组织、亚洲开发银行、挪威、加拿大等都对中国建立绿色国民经济核算体系十分支持，希望与中国合作开展中国绿色国民经济核算的工作。我们应该充分利用这种良好的国际合作平台，把绿色国民经济核算研究工作做好做实，真正建立一个与国际接轨的、逐步完整的绿色国民经济核算体系。

9.3 制定和实施环境税收政策

- 作为独立税种的环境税在国际上还没有先例。环境税作为调节污染行为的一种经济手段，广义地可以包括环境税、与环境和资源有关的税收和优惠政策、消除不利于环境的补贴政策和环境收费政策。从这个角度看，国际上有许多国家都存在环境税收政策。狭义的环境税主要是指对开发、保护和使用环境资源的单位和个人，按其对环境资源的开发利用、污染、破坏和保护程度进行征收或减免的一种税收。因此，作为一种独立的税种而言，目前真正实施环境税的国家还基本没有，大部分都是把环境税纳入现行税制中。
- 在中国实施环境税政策的社会经济条件已经成熟。随着我国市场经济体制的建立与完善和环境管理需求的提高，我国环境保护工作需要新的管理手段。环境税作为一种新的环境管理手段，已经引起了政府部门官员和学者的注意，而且可以在我国资源节约型和环境友好型社会的建设中发挥作用。另外，环境保护由于其公益性，需要大量政府资金投入，环境税可以为政府筹集资金。尽管由环境税征收的收入是公共财政资金，但是可以专项用于污染治理。再者，国外环境税收实践和研究也表明环境税不仅可以改变污染者的行为，而且其税收收入还可以用来保护环境和改善税收结构，实现环境、经济和社会“三赢”。因此我国环境税的倡导者积极推动制定我国的环境税收政策。引进环境税是构建和谐社会的需要，是全面实现小康社会建设目标和环境友好型社会的需要，是提升环境管理水平和控制污染的需要，也是筹集环境保护资金的需要。

- 建立环境税是一项系统工程，应纳入税制改革中。引进环境税是一个相当艰巨的工作。①税收体制的改革过程漫长，需要经过复杂的程序；②环境税作为一个单独税种，与其他税种的关系需要理清，要综合分析环境税与资源税、消费税之间的关系；③要综合考虑环境税征收对国民经济与社会发展，尤其是建设资源节约型和环境友好型社会的影响；④环境税的征收和管理需要研究，因为环境税的征收技术性比较强，需要对税收征管人员进行专业培训或者委托环保专业机构进行征收。环境税收政策是为了实现环境保护目的而制定的一系列税收政策，包括环境税收和环境收费、消除不利于环境保护的补贴政策和税式支出政策、支持建立环境友好型社会制定的税收优惠配套政策等。根据环境税与现有税收政策关系及其发展前景，环境税方案主要包括独立环境税方案、融入环境税方案、环境税费方案以及环境税式支出 4 种方案。
- 国际经验表明环境税是环境不经济性内部化的重要手段。环境税是 OECD 及其成员国最新的环境经济手段，也是一种把环境税与各国的财税改革联系起来的很好办法。有利于环境保护的税收备受各国的重视，“污染者付费”原则得到具体的体现，税收绿色化已成为一种发展趋势。发达国家普遍采用了环境税或排污收费的手段，一些北欧国家还相继引入了基于减缓 CO_2 排放的碳税。一些过渡经济国家和发展中国家也不同程度地引入了环境税和排污收费制度。从国际的角度来看，环境税已经从单纯的政策研究走向了政策实施，尤其是 OECD 成员国在这方面的实践为我们设计环境税政策提供了有益的经验。
- 在中国建立环境税收制度已经具备可行性。中国实施环境税费改革，建立市场经济相适应的环境税收体系条件已基本具备：①具备一定的经济基础，我国经济实力的增强，使得增加环保投入成为可能；同时人们生活水平的提高，也增强了经济承受能力；②环境税收政策与国家宏观经济政策相适应，是实现经济增长方式转变的重要手段，现行税收制度为环境税收的调整和引入奠定基础，财税制度改革为环境税收政策带来了机遇；③环境税收支持能力增强，财政部、国家税务总局、国家环境保护总局等有关部门都在组织开展环境税收政策研究，为环境税收政策实施提供技术支持；④环境税的社会可接受性提高。随着我国经济不断发展，公众保护环境意识日益提高。同时，税收体系不断完善，税收逐渐深入到普通民众的生活中，增加了公众对环境税的可接受性。
- 环境税方案可以采用独立型、融入型、共存型三种方案。独立环境税方案包括一般环境税、直接污染税和污染产品税。一般环境税是一种基于收入的环境税，其目的是筹集环境保护资金。直接污染税是一种基于刺激的环境税种，其征收原则是污染者付费，计税依据是污染物的排放量。污染产品税同样是一种基于刺激的环境税种，其征收原则是使用者付费，对象是有潜在污染的产品。污染产品税也是通过税率的设立来产生一种刺激作用，促进消费者减少有潜在污染的产品的消费数量，或者鼓励消费者选择无污染或者低污染的替代产品。融入环境税方案虽然不设立独立的环境税税种，但是通过对现有部分税种的改革和完善，再加上环境收费制度的配合，同样可以起到上述独立环境税税种所能起到的作用。环境税费方案就是根据具体情况确定征税和收费的方案，包括对现有收费体系的调整和引进新的税种。

- 实施环境税要综合考虑对公共财政、经济发展等影响。环境税收政策的影响包括对公共财政收入的影响，对经济发展的影响，对企业和个人的影响和对污染控制的影响。环境税可以增加财政收费。环境税对经济发展具有负面影响，但是政府可以进行宏观调整。环境税对企业和个人有负面影响，但是政府可以通过税收调整来减轻这种影响。环境税可以为企业污染治理提供降低成本的动力。
- 制定适合中国国情的环境税的实施战略。①要循序渐进、分步实施，采取先易后难、先旧后新、先融后立的实施战略，首先，消除不利于环保的补贴和税收优惠政策；其次，综合考虑环境税和环境收费；再次，实施融入型环境税方案对现有税制进行绿色化；最后，引进独立型环境税。②要突出重点、试点示范，结合目前正在开展的新一轮环境税制改革，选择对环境影响大、容易实施的项目作为环境税收政策改革的重点，在重点地区首先开展试点。③要综合制定补贴和税式支出政策，制定税收优惠政策时应综合考虑经济、社会和环境影响。
- 抓紧完善环境税的配套政策和相关工作。要正确解决征收环境税的管理组织机构，提高税务部门征收环境税的能力，通过培训和代征来解决环境税征收的技术问题。要通过各种媒体，宣传引进环境税的作用和必要性。要建立准确可靠的排污申报和核实制度，准确核定企业的排放数据。需要加大投入，增加相关部门的能力，配备相应设备。进一步研究环境税的税率确定和征收范围。开展实证研究，重点分析征收环境税对政府财政、污染者和受益者的影响，分析环境税对相关行业的国际贸易影响并提出减缓措施，分析环境税对环境公共财政的影响，分析环境税对国民经济的影响。

9.4 制定和试点生态补偿政策

- 明确生态补偿概念及其类型。生态补偿机制是一种制度安排。主要体现在以下方面：①通过一定的政策手段实行生态保护外部性的内部化，让生态保护的“受益者”支付相应的费用；②通过制度设计解决好生态产品这一特殊公共产品消费中的“搭便车”现象，激励生态环境公共产品的足额提供；③通过制度创新解决好生态投资者的合理回报，激励人们从事生态保护投资并使生态资本增值；④根据“破坏者付费”原则，对资源开发造成的生态破坏行为征收生态补偿费或生态补偿税，促使生态环境外部成本内部化。生态补偿的类型包括国家补偿、资源型利益相关者补偿、自力补偿和社会补偿，其中前 3 种类型的补偿属于利益相关者补偿，具有纳入强制补偿的理性依据，而社会补偿属于非利益关联者补偿，属于道德倡议范围，是自愿补偿。目前我国法律法规中自愿补偿多，而强制补偿少，导致法律法规中补偿的责任难以落实。除了少数特殊目标外，补偿标准应该以生态治理和恢复的成本或者机会成本为基本核算依据。
- 国内外生态补偿的主要实践。系统回顾了国内外有关生态补偿的法律及政策实践，明确了生态补偿的类型包括国家补偿、资源型利益相关者补偿、自力补偿和社会补偿，其中前3种类型的补偿属于利益相关者补偿，具有纳入强制补偿的理性依据，而社会补偿属于非利益关联者补偿，属于道德倡议范围，是自愿补偿，国家可以通过经济杠杆、道德文化等多种形式进行颂扬和拓展。在过去的20多年里，中国将生态补偿作为是解决生态环境保护外部性问题的重要手段，进行了充分的讨论和实践，取得了丰富的经验，许多生态补偿的思想贯穿到中国的生态环境保护和管理的各个方面，并继续发展。本章按照法律法规、政府手段、市场机制的体系对中国现行的生态补偿机制与政策进行了系统的评估，总结分析中国生态补偿机制和政策在法律法规体系、财政制度、重大生态建设工程、生态税费制度和市场交易模式等方面的问题及改进的改进方向。

- 生态补偿的标准确定问题。一般来说，通过机会成本来计算生态补偿的标准更为可行。主要有区域生态补偿和要素生态补偿标准两种类型。森林生态补偿的对象主要为生态公益林，基于生态公益林的成本估算生态补偿的标准。草地的生态补偿主要针对生态草地，生态补偿标准可以完全按照生态公益林补偿的方法来确定。水资源实施生态补偿主要在以下情况下发生：①对保护水资源的行为进行补偿，如环境污染综合整治、农业非点源污染治理、修建水利设施等；②对破坏水资源的行为征收生态补偿费，如污染水源、围湖造田等；③对浪费水资源的行为征收生态补偿费。矿产资源的补偿主要包括对采矿区的生态恢复与重建和采矿造成的土地破坏恢复重建。
- 西部生态环境补偿政策框架。目前我国已经开展了多种形式的西部生态补偿，为促进西部生态保护与建设起到重要作用，但仍然不能适应我国西部生态保护的重要地位和生态退化局面要求，需要政府、科研部门等社会各界进一步加快研究与协商。体制问题是制约西部地区生态补偿机制的关键。将西部地区生态补偿政策作为制定《西部地区生态环境监督管理条例》的主要内容之一，从法律上确定西部生态补偿的合法性与操作规则。建议在西部输出的能源、资源加征生态补偿费。开展国家级自然保护区配额交易，按照公平的原则确定各省市国家级自然保护区的面积比例，面积不足的省份向富余省份认购。
- 开展了广东省域生态补偿案例研究。广东省地方也在实践中形成了很多有效的方法与模式，这为建立和完善广东省生态补偿提供了很好的基础。而生态补偿很大程度上是一个公共管理问题，需要在管理体制方面，做更多的外围铺垫工作：①在管理制度方面，应通过实施绿色GDP制度，体现生态保护的价值；通过建立环境保护责任考核制度，强化环境保护的政府责任。②在组织体系方面，可考虑建立领导小组协调机制和联席会议制度，促进各部门的无缝拼接与通力合作。③在政策方面，政府管理部门需要从整体观念和指导思想上进行转变，推动政策制定的出发点从鼓励资源开发向鼓励资源节约和环境保护的方向转变，在这个大前提下，对农、林、水利、国土、环保和财税等部门的相关政策进行梳理，逐步调整，建立有利于生态保护和协调发展整套政策支持。④在基础研究方面，需要就生态环境权属与相关责任人的界定问题、补偿标准和方式的问题、生态环境保护产业化问题，以及组织体系和管理方式的问题等方面开展深入研究，为实施生态补偿提供科学的依据。

- 开展了东江源生态功能区和流域生态补偿机制的案例分析。东江源区生态环境的优劣，取决于源区生态环境的治理和保护的力度。这不仅需要大量人力资源和技术的投入，更需要大量资金的投入。受益于源区良好生态环境的不仅是当地的居民，而且是东江整个流域包括下游地区，具有受益的社会性和广泛性。建立源区生态补偿机制实际上是形成流域生态利益共享机制，由社会受益各方共同公平、合理地承担提供生态效益所投入的费用，可缓解资金不足和当地财政和扶贫脱贫的压力，增加资金来源渠道，是打开制约源区生态环境保护“瓶颈”、从源头上保护生态环境和饮用水源的一个积极的、长远的措施。在水资源分配的基础上，鼓励流域开展水资源使用权交易。鼓励建立流域管理机构，签订流域环境保护和水质水量协议，明确上下游之间的责任与权利。建议一般的流域生态补偿由地方政府搭建平台，主要通过市场方法建立，政府充当“监督者”角色。
- 进行了山西省煤炭开采生态补偿机制案例研究。山西省煤炭工业生态补偿的基本思路是：落实“谁开发、谁保护，谁破坏、谁恢复，谁受益、谁补偿”的指导思想，明确煤炭开采者对其引起的环境污染与生态破坏负有治理、保护、恢复的责任和煤炭资源开采受益者对环境污染和生态破坏负有经济补偿的责任，实施煤炭开采生态环境补偿政策，中央和地方实施积极的财政支持政策，有计划地解决山西煤炭开发历史遗留的环境旧账问题。建立和实施煤炭开采生态环境补偿政策，征收山西省煤炭资源生态环境补偿费，为全国同类矿产资源开发地区实施生态补偿提供决策参考。根据对山西省的煤炭开采生态补偿问题的研究，提出了相应的生态补偿政策方案，按照动用煤炭资源量 16 元/t 标煤（按回采率 40%折算实际产量征收为 40 元/t 标煤）的标准征收，并从煤炭开采企业的生产成本中列支。
- 国家生态补偿政策应考虑四个尺度的补偿问题。考虑的 4 个尺度是国家东中西部、生态功能区、流域、生态或自然资源要素。在不同尺度上，生态保护与建设的外部性问题各不相同，都应该采取相应的补偿对策。在国家尺度上，西部地区被定位为我国的生态屏障区，西部生态保护对维护我国主要江河源头、风沙源地和珍稀濒危物种栖息地具有重要意义；同时西部地区是我国能源、原材料基地，在开发过程中产生沉重的生态环境代价，国家和东部地区是主要受益者。在生态功能区尺度上，包括国家级自然保护区在内的重要生态功能区，承担了维护国家生态安全的生态功能保护工作，受益者也主要是国家。在流域尺度上，上游地区为保护流域水环境平衡做了更多的努力，受益者是整个流域。在要素尺度上，水、土地、矿产、森林等生态要素的保护惠及整个区域，而生态要素的开发也会产生相应的生态成本，目前这些成本大都未纳入企业生产成本。
- 生态补偿政策应采用三种方式进行补偿。3 种补偿方式为纵向补偿、横向补偿和部门补偿。纵向补偿主要指中央对地方、上级对下级的补偿，包括资金的转移、税负的调整和项目的实施等。横向补偿主要指区域之间的补偿，如东中部对西部的对口支援，流域上下游之间的补偿等。部门补偿主要指部门通过资源管理，征收相应的补偿费用或实施的补偿项目。纵向补偿主要适用于生态功能十分重要、受益者广泛的生态补偿问题。横向补偿主要适用于生态服务价值提供者和使用者比较明确、采用协议合同方式达成的生态补偿问题。部门补偿主要适用于自然资源开发和使用中的生态补偿问题。

- 生态补偿主要采用政府和市场两种手段。在建立生态补偿政策时，主要采用政府手段和市场手段，或者政府与市场相结合的手段。政府手段主要是通过财政手段，一方面对保护生态环境的行为予以支持和补贴，另一方面是直接实施生态保护和建设项目。市场手段一方面包括政府通过制定相关政策使生态环境成本内部化，通过补贴和税收，调控市场发展方向；另一方面则是创造条件，将一些生态环境保护的行为打包推入市场或创造市场，如配额交易。两种手段都是实施生态补偿有效手段，针对不同的问题各有侧重。
- 近期重点开展生态补偿政策工作的建议。目前全国人大、全国政协、财政部、发改委、科技部以及有关资源部门对生态补偿政策表示出了极大的兴趣。建议国家环保总局应抓住当前的有利时机，与有关部门密切配合，在以下领域开展工作，争取生态补偿政策早日在一到两个领域取得突破：①西部生态补偿政策；②重要生态功能区和自然保护区补偿；③流域生态和污染补偿；④资源开发生态补偿。重要生态功能区和自然保护区补偿。以生态功能区保护与建设为平台，整合国家生态建设工程。生态功能保护的关键区域，土地使用权国家收购。建议争取财政部的支持，近期重点在 1～2 个国家级重要生态功能保护区、国家级的自然保护区管理资金方面突破，由中央财政对国家级自然保护区开展生态补偿。

9.5 制订规划环境影响评价技术

- 规划环境影响评价是落实科学发展观的重要工具。规划环境影响评价能够弥补建设项目环境影响评价的局限，扩大环境影响评价范围，是我国实施可持续发展战略，落实科学发展观的重要工具。在我国，大力推进规划环评，对解决我国发展中面临的资源和环境“瓶颈”至关重要。目前，对规划环评技术方法的研究不足是我国开展战略环评过程中的一大障碍。因此，要加快研究和制定重点领域规划环境影响评价技术方法。
- 规划环境影响评价工作程序和内容。规划环评的工作程序是指准备阶段—编制阶段—反馈阶段—跟踪管理阶段的全过程，包括管理程序和技术程序两部分。管理程序是指规划编制部门开展规划的环境影响评价工作时需要经历的过程总和；技术程序是指评价机构在接受委托后，开展规划的环境影响评价工作的步骤。
- 规划环评应在规划制定的早期介入。对国外管理程序的特点的分析表明，管理程序对技术程序和方法的影响很大，与国内的管理程序相比，国外战略环评的管理程序更加详细有效，总结起来以下几点经验值得借鉴：①鼓励战略环评在战略制定的早期介入；②鼓励管理部门实行自我评价；③环保部门的地位和作用必须确立。在以上 3 点经验中，早期介入和自我评价对规划环评的技术程序和方法影响很大。现有的《导则》基本与国际的工作程序相同，体现了国际上战略环评的基本思想，导则推荐的规划环评技术程序是基本合理的。但是，尽管在《导则》的内容中提到了规划的替代方案，但在导则的技术程序中并没有替代方案的有关内容。此外，尽管《导则》要求全面公众参与，但参与的时间和方式等有待进一步明确。

- 规划环境影响评价的技术程序。尽管推荐的 3 种技术程序不尽相同，但其涉及的主要步骤和内容是一样的，都包括规划分析、现状调查、分析与评价、筛选与识别、预测、分析与评价、确定较优方案、提出减缓措施及跟踪评价与环境管理几个部分。本研究在《导则》的基础上，提出了在规划环评的这些步骤中，应当开展的主要工作内容及其技术方法。
- 规划环境影响评价常用的技术方法。根据规划环评的对象、规划的类型、评价内容、评价方法特点、评价方法来源对常用的规划环评技术方法分类。根据评价对象分，可以将这些方法分为环境影响评价，资源可持续利用评价，社会影响评价和经济影响分析；根据规划的类型分，可分为“一地三域十个专项”14 种规划，对其中的 11 种规划以及重大政策的环境影响评价提出了相对应的主要评价方法；根据评价内容分，可分为规划相容性分析，可持续发展能力评价，环境容量和承载力分析，风险分析和不确定性评价，累积环境影响评价；根据方法的特点分，可分为定性方法、半定性半定量方法和定量方法；根据方法的来源分，可分为传统的项目环境影响评价方法、政策评价方法、区域评价方法和其他方法。通过分类可以对这些方法有更为全面和系统地了解，也便于对方法的学习和使用。
- 六个规划环评案例存在的主要问题。实际案例的技术程序分析结论：①规划环评的开展除技术问题外，还存在体制性的障碍。②现有案例在规划分析、现状调查、筛选识别、预测和评价阶段的内容能够基本能够按照导则推荐的工作的程序开展，可以基本达到规划环评的要求。而在确定替代方案、公众参与、环境管理与跟踪评价以及评价结论等方面存在较大不足，亟待提高。③在目前规划环评的案例中，现状调查中存在的问题是针对性不强，现状介绍中的大部分内容与规划联系不紧密；筛选和识别中大部分案例仍然停留在项目环评的层次上；实际案例中，确定规划的替代方案是规划环评的最大难点；预测和评价部分不全面；公众参与的不足；提出的环保措施和方案过于笼统，针对性不强。
- 完善规划环境影响评价案例建议。在筛选和识别阶段中，密切结合规划分析和现状调查，辅以多种技术方法，开展公众参与活动（以专家咨询和会议讨论的形式为主）后，得到全面的环境影响识别结果；在时间紧迫的情况下，可采用一些高效的定性或半定量的预测和评价方法，它产生的不确定性可以通过确定其范围加以限制；充实公众参与的内容；在落实环境管理措施时，必须明确问题的管理归口，以利于各政府部门各尽其责。
- 完善我国的规划环境影响评价制度。我国的规划环评还处在初级阶段，必须进一步加大力度，完善规划环评的管理体制，丰富规划环评的技术方法，全面推动规划环评在我国的加速开展。建议：①开展对国内外战略环评管理程序的研究，借鉴国外经验，加强管理体系的建设，完善规划环评的管理体制。②开展对土地利用、流域、能源、交通等不同专项的规划环评工作要点和指标体系的研究，分析各种方法在不同专项规划环评中的适用性和使用方法。③对规划环评方法体系中的若干重要方法，如叠图法＋地理信息系统集成法、生命周期法、费用效益分析、博弈分析法以及其他若干定性和半定量方法开展针对性地专题分析。

9.6 改革环境统计指标体系

- 系统地提出了中国环境统计指标体系框架。反映环境介质状态的主要是环境质量，环境压力是改变环境状态的最主要因素，压力对状态的改变最终体现在受体状况的变化中，状态变化的响应会产生对压力的反馈信息。由于关于环境状态方面的研究已经体现在环境质量的监测中，所以本文更多从影响环境状态的压力出发，研究污染物排放统计和数据质量的控制方法，体现环境管理绩效思想和反映生态环境和人群健康状况的指标体系。既是纵向的深入又是横向的扩展，提高了达到环境管理目标的确定性。
- 分层次设计环境统计系统指标体系。本研究将环境指标区分为 4 级，即类型指标、指标、直接参数和辅助参数。这种指标体系框架设计可以使申报中最重要、最具有代表性的信息可以通过简洁、有限的指标进行加总统计；而关于构成及影响指标的信息可以通过主要参数、间接参数进行说明，对参数则不需要进行加和。指标使排污统计所获得的管理需求信息更有系统性、代表性和针对性，指标所蕴涵的参数信息更丰富，数据更具有核查性。
- 按照流域管理要求设计了水排放统计指标体系。根据流域水污染物排放总量控制的原则，按照水污染物的产生、流出过程和最终归宿，给出 3 个层次的污染物排放统计，即水污染物通量、入河污染物排放量、规模以上污染源排放量。3 个统计层次之间具有理论上的逻辑关系，通量是按照断面计算的，排放量是按照区间统计的。根据质量守恒定律，在一定时间段内，进出某一河段的污染物通量应当是平衡的。通过三者之间的比较，可以在流域层次间对污染物排放状况进行核查分析。
- 按照生命周期要求设计固体废物统计指标体系。以促进循环经济开展为最终目的，从填埋理念的转变角度先对应该纳入统计的固体废物（尤其工业废渣）作了重新界定，接着对固体废物排放的整个生命周期过程，即排放、收集、运输、中转、处理、最终处置六个环节的统计指标都重新设计，从各环节主要指标之间的逻辑关系着手，理顺了固体废物排放后用于回收、利用、处理、填埋不同用途的量之间的关系，基本满足不同层次环境管理者和环保企业对固体废物信息的需求。
- 按照管理绩效的观点设计环境管理指标体系。环境管理应当是广义的管理，无论从管理的最终受体如环境质量、生态状况和人群健康状况，还是从管理所涉及的部门来说，本文的环境管理是一个大环境管理概念。环保部门是环境保护主管部门，除此以外，还应包括农业、林业、水利等部门的环境管理。环境管理统计主要从环境信息管理统计开始，包括环境规划的管理、环保投入的管理、环境管理行动实施的管理以及对环境管理的绩效评估的分析，通过指标体系的设计可以对环境管理的过程、状况进行掌握了解。

- 设计了统计数据质量控制框架。统计数据的质量涉及利益关系、技术条件和管理制度。本文主要就污染物排放数据的质量控制进行研究，通过指标界定、监测过程、统计处理等数据产生的全过程的考察，提出排放数据质量控制的政策和技术方案框架建议。研究的内容包括指标界定方法和程度，如界定到企业申报和基层环保局实际操作的层次；（指标）数据获得过程的描述和规定；统计和数据处理方法的规范、统计数据质量的检查方法等。通过数据质量控制框架的设计，确保数据的真实有效和完整及时性，保证整个环境数据的收集、分析处理和发布的过程的合理有效性。

9.7 实施国家环境科技发展战略

- 环境科技是实现全面小康社会的重要支持。要实现 2020 年 GDP 翻两番的经济发展和全面建设小康社会目标，如果按照现有的资源利用和污染排放水平，经济社会发展对环境影响将是现在的 4～5 倍；如果要保持现有环境质量，那么资源生产率就必须提高 4～5 倍；如果要求在实现经济发展目标的同时，环境质量在现有基础上有明显改善，则资源生产率必须提高 8～10 倍。因此，只有通过科技进步和实现可持续发展，不断提高资源利用率与利用效益，降低污染物排放，才能实现全面建设小康社会，达到“生产发展、生活富裕、生态良好”的文明发展道路等重要目标。
- 确定未来 15 年我国环境科技发展的重大需求。这些需求是：全面建设小康社会环境资源保障技术体系；城市化快速发展进程中面临的突出环境问题科技支撑；新型工业化和生态工业环境科技支持问题；农业现代化进程中的环境问题；生态保护、修复与重建环境科技问题；环境与生态监控管理技术支持；保障人体健康的关键环境科学技术；流域水污染和区域大气污染控制技术支持；循环经济的关键科学问题；全球化的环境影响和国际环境履约。
- 提出了未来 15 年国家环境科技发展战略指导思想。这些指导思想是：紧密结合“十一五”及 2020 年期间经济发展、国家安全和环境保护目标，以科学发展观为指导，统筹人与自然和谐发展，对生态环境领域的现状、发展趋势和存在的差距进行全面深刻的分析和预测；在全面、协调、可持续的科学发展观指导下，把握重大生态与环境问题的发展趋势和国际环境科技发展方向，紧密结合经济发展、国家安全、可持续发展；以统筹人与自然和谐发展为指导，以全球变化为背景，以解决我国环境中的重大问题和改善环境质量为基本出发点，以转变不可持续的发展方式为主线，对环境保护与可持续发展“瓶颈”问题深入剖析，抓住我国中长期所面临的重大环境科技问题，注重从战略层次遴选研究方向，凝练重大科技项目，开展深入系统的研究，重点突破具有带动作用的关键科学技术，优先落实针对重大区域性、战略性、前瞻性环境问题，注重环境科技的引领作用和战略指导作用。
- 提出了环境科技中长期发展战略目标。2010 年的环境科技目标：经过 5 年的努力，初步建立较完善的环境科技研究和创新体系，为全面控制人为因素产生新的生态破坏，提高能源和资源利用率，最大限度的减少环境污染，改善城乡环境质量、建成一批生态良性循环的城市和地区，恢复生态脆弱地区的生态环境，遏制环境质量恶化的趋势提供科技支撑。2020 年科技发展的目标是：在实现环境质量明显改善方面提供科技支撑，在生态环境重要科学理论、环境污染预防、控制与治理关键技术方面进一步缩小与发达国家之间的水平差距。

- 确定了未来 15 年国家环境科技发展的重点。重点领域确定为 11 个：全面小康社会的环境保障技术体系研究；循环经济共性技术与科技示范研究；生态建设与生物安全研究；区域性复合污染综合防治关键技术研究；环境质量和环境安全监控体系研究；环境标准体系的理论和技术方法研究；全球环境问题研究；核与辐射安全的关键技术研究；环境与健康研究；农村环境关键技术与控制对策研究；新的前沿性环境问题研究。
- 未来 15 年国家环境科技发展战略保障措施。主要有：①加大环境科技投入引导科技创新发展；②加大加强环境科技能力建设；③不断提高环境科技支撑国家决策的能力；④充分发挥环境科技在国际环境履约中的技术支持作用。